固体废物循环利用技术丛书

脱硝催化剂循环利用技术

张深根　张柏林　邓立锋　刘　波　编著

北　京
冶　金　工　业　出　版　社
2024

内 容 提 要

本书系统地阐述了脱硝催化剂的生产、应用、报废、再生和资源回收等前沿技术及其在生产中的应用，对失活脱硝催化剂的再生和废脱硝催化剂回收的技术原理、现有研究进展和企业生产技术应用成果等进行了重点介绍。全书共分为5章，主要内容包括大气污染与控制概论、选择性催化还原技术、废脱硝催化剂的产生及管理、失活脱硝催化剂的再生和废脱硝催化剂全组分资源化等。

本书可供从事脱硝催化剂及其循环利用领域工作的科研人员、工程技术人员和管理人员阅读，也可供高等院校材料循环利用、环境工程等相关专业的师生参考。

图书在版编目(CIP)数据

脱硝催化剂循环利用技术/张深根等编著. —北京：冶金工业出版社，2024.3

(固体废物循环利用技术丛书)

ISBN 978-7-5024-9782-8

Ⅰ.①脱…　Ⅱ.①张…　Ⅲ.①脱硝—催化剂—废物综合利用　Ⅳ.①X78

中国国家版本馆CIP数据核字(2024)第053150号

脱硝催化剂循环利用技术

出版发行	冶金工业出版社	**电　　话**	(010)64027926
地　　址	北京市东城区嵩祝院北巷39号	**邮　　编**	100009
网　　址	www.mip1953.com	**电子信箱**	service@mip1953.com

责任编辑　杜婷婷　美术编辑　彭子赫　版式设计　郑小利

责任校对　梅雨晴　李　娜　责任印制　禹　蕊

三河市双峰印刷装订有限公司印刷

2024年3月第1版，2024年3月第1次印刷

710mm×1000mm　1/16；13印张；254千字；199页

定价78.00元

投稿电话　(010)64027932　投稿信箱　tougao@cnmip.com.cn

营销中心电话　(010)64044283

冶金工业出版社天猫旗舰店　yjgycbs.tmall.com

(本书如有印装质量问题，本社营销中心负责退换)

前　言

目前，氮氧化物（NO_x）已成为我国首要的大气污染物。在钒钛系脱硝催化剂作用下，以 NH_3 还原 NO_x 生成 N_2 和 H_2O 的选择性催化还原（SCR）技术具有脱硝效率高、可靠性好等优势，被广泛应用于火电、钢铁、焦化、水泥、玻璃等行业烟气脱硝。截至 2022 年底，全国有关行业装填脱硝催化剂约 240 万立方米。脱硝催化剂由于中毒和磨损等因素导致失活，一般使用 3~5 年后就无法满足活性要求，年更换需求量约 60 万立方米。废钒钛系脱硝催化剂属于危险废物（废物类别：HW 50，废物代码：772-007-50），同时富含 V、W、Ti 战略金属资源，具有污染性强和资源回收价值高的特性。

为鼓励废脱硝催化剂循环利用，原环境保护部于 2010 年发布实施了《火电厂氮氧化物防治技术政策》，指出失效脱硝催化剂应优先进行再生处理，无法再生的应进行无害化处理；并于 2014 年先后发布了《关于加强废烟气脱硝催化剂监管工作的通知》和《废烟气脱硝催化剂危险废物经营许可证审查指南》等，鼓励培养一批利用处置企业，尽快提高废脱硝催化剂的再生、利用和处置能力，避免环境污染和资源浪费。可见，废脱硝催化剂的再生和资源回收是国家鼓励的重点产业方向，契合我国生态文明建设的绿色发展、循环发展、低碳发展的理念，对大气污染治理产业的高质量发展具有重要意义。

本书总结了编著者团队和国内外同行近年来在脱硝催化剂循环利用领域的主要研究与应用成果，力图系统地反映脱硝催化剂的生产、应用、报废、再生和资源回收等前沿技术。本书共分为 5 章，第 1 章从能源与环境之间的关系引出，介绍了我国主要大气污染物的种类、来源、危害及排放标准和法规；第2章详细介绍了SCR技术的原理、工艺和应用案例，总结了蜂窝式、平板式和波纹板式脱硝催化剂的特点和制备工艺；第3章介绍了脱硝催化剂失活、检测和更换，以及废脱硝催化剂的产生、特性和管理；第4章详细介绍了失活脱硝催化剂的再生机理、技术和规范；第5章介绍了废脱硝催化剂的全组分资源化技术和规范。

本书内容所涉及的研究成果是在国家自然科学基金项目（U2002212、52204414）、国家重点研发计划专项（2021YFC1910504、2019YFC1907101、2019YFC1907103）、宁夏回族自治区重点研发计划重大项目（2021BEG01003、2020BCE01001）、西江创新团队项目（2017A0109004）、中央高校基本科研业务费项目（FRF-TP-20-097A1Z、FRF-IDRY-20-005）和佛山市人民政府科技创新专项资金项目（BK22BE001）等支持下完成的。本书在编写过程中，北京科技大学金属材料循环利用研究中心、磁功能及环境材料研究室和江苏龙净科杰环保技术有限公司给予了大力支持，研究生邬博宇、张新远、黄鸣天和赵倩做了大量工作，同时参考了有关文献资料，在此一并表示衷心的感谢。

由于编著者水平所限，书中不妥之处，敬请同行专家及广大读者批评指正。

编著者
2023年10月

目　　录

1 大气污染与控制概论

1.1 能源与环境概述

能源是经济社会发展的驱动力，环境是人类生存和发展的基本前提。人类社会发展过程一直在努力调和能源消费与环境污染之间的矛盾，一方面积极开发新能源替代传统化石能源，另一方面大力治理化石能源消费过程的环境污染。《EI世界能源统计年鉴（第72版）》数据显示，2022年一次能源消费总量增长了1%，比2019年疫情前的水平高出约3%；可再生能源（不包括水电）在一次能源消费中的份额达到了7.5%，比2021年增加了近1%；化石燃料作为一次能源百分比的消费保持稳定，为82%；能源排放持续强劲上升，达到了39.3亿吨二氧化碳当量的历史新高，比2021年增长了0.8%；能源消费排放占全球总排放量的87%，能源消费仍是主要以二氧化碳为排放源。我国是可再生能源增幅最大的国家，太阳能和风能增长的大部分在我国，分别约占全球新增产能的37%和41%。全球能源需求量与碳排放量变化如图1-1所示。

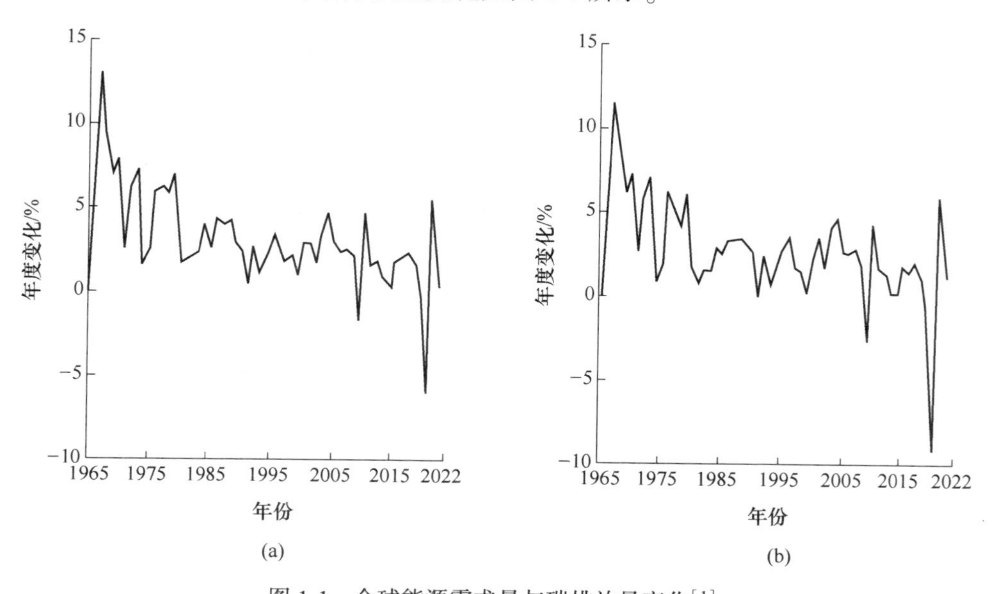

图1-1 全球能源需求量与碳排放量变化[1]

（a）一次能源消费；（b）能源使用产生的二氧化碳排放

2020年9月22日，习近平总书记在第七十五届联合国大会一般性辩论上指出，中国将提高国家自主贡献力度，采取更加有力的政策和措施，二氧化碳排放力争于2030年前达到峰值，努力争取2060年前实现碳中和。这是我国在应对全球气候变化方面向全世界人民作出的庄严承诺，也是我国开启能源结构向绿色低碳转型的新起点。截至2020年9月底，我国水电、核电、风电和太阳能发电装机容量合计已突破10亿千瓦大关，达到了10.1亿千瓦，占电力总装机容量的比重已提升至44.1%。为应对气候变化，中国已承诺在2030年风、光发电总装机量将达到12亿千瓦以上，任务非常艰巨但必须完成。随着风、光等新能源发电大规模并网，其发电的不稳定性给电网系统的协调带来了巨大的挑战，短期内我国仍难以摆脱对燃煤发电的依赖。电力、钢铁、水泥、焦化等化石能源消费主要领域的大气污染治理仍然任重道远。

1.2 主要大气污染物简介

大气污染物主要来源于化石能源的消费，工业烟气排放氮氧化物（NO_x）、硫氧化物（SO_x）、烟（粉）尘、挥发性有机物（VOCs）、汞（Hg）、砷（As）等多种大气污染物，可导致雾霾、酸雨、光化学烟雾、臭氧空洞等，并引起土壤和水体酸化等，严重影响人类社会发展和生态平衡。

根据污染物的形成过程，可将大气污染物分为一次污染物和二次污染物。一次污染物即污染物质直接由污染源排放进入大气，如NO_x、SO_2、CO、烟（粉）尘颗粒物等。二次污染物则指一次污染物在大气中经物理、化学和生物作用下形成的继发性污染物，其理化性质与一次污染物不同，且其毒性一般比一次污染物更强，如O_3、H_2SO_4、HNO_3及硝酸盐气溶胶等。根据污染物存在状态，可将大气污染物大致分为气溶胶状态污染物和气体状态污染物。气溶胶态污染物按其来源可分为以微粒形式直接从发生源进入大气的一次气溶胶和在大气中由一次污染物转化而生成的二次气溶胶[2]。不同污染物的理化特性不同，对大气造成的污染特性和形式均有所差异，以下将逐一介绍几种主要大气污染物的危害特性。

1.2.1 氮氧化物

N_2在大气中体积分数占比达到了78%，其化学性质十分稳定，而游离态N原子化学性质则十分活泼。N和O相结合的各类氧化物NO_x是主要污染物类型，包括一氧化二氮（N_2O）、一氧化氮（NO）、二氧化氮（NO_2）、三氧化氮（NO_3）及其化合体四氧化二氮（N_2O_4）、五氧化二氮（N_2O_5）等，如图1-2所示。N_2O和NO_2为较稳定氧化物，其他氮氧化物均不稳定，而N_2O_5是硝酸的酸酐，通常呈无色柱状结晶体。

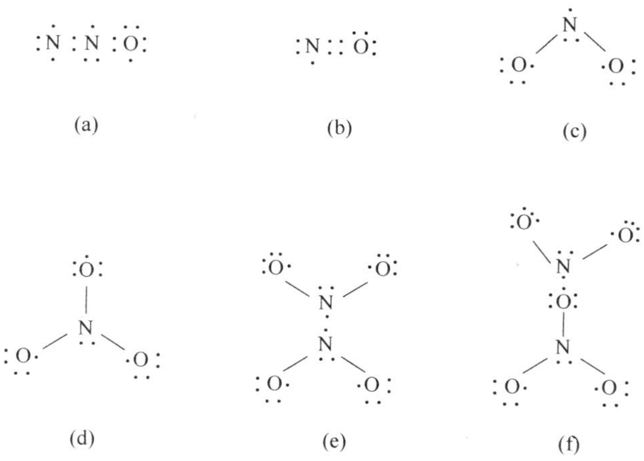

(a) (b) (c)

(d) (e) (f)

图 1-2 氮氧化物的电子式

(a) N_2O；(b) NO；(c) NO_2；(d) NO_3；(e) N_2O_4；(f) N_2O_5

N_2O 为无色气体且微有甜味，可作为火箭助推器的助燃剂。法国化学家 Joseph Priestley 在 18 世纪发现 N_2O 可减缓病人的痛觉，因而可作为吸入式麻醉剂。此外，N_2O 还是一种新型毒品，吸食可致人发笑，因而得名“笑气”。近几年，在西方国家的青少年群体中较为泛滥，长期吸食或大量吸入 N_2O 可引起高血压、晕厥，甚至心脏病发作，还可引起贫血及中枢神经系统损害，严重者可导致不可逆转的残废，甚至因缺氧而窒息死亡[3]。N_2O 因能够吸收中心波长为 7.78 μm、8.56 μm、16.98 μm 等几个波段的长波红外辐射而显现出温室效应，一般认为 N_2O 的增温潜势可达 CO_2 的 200 倍，因此，N_2O 也是温室气体治理的重要对象之一[4]。表 1-1 列出了已知 N_2O 的人为排放源和天然排放源及其全球排放情况（2016 年研究数据）。

表 1-1 N_2O 的人为排放源和天然排放源[5] (Mt/a)

排放源		N_2O 生成量	
		中间值	变化范围
人为源	生物质燃烧	0.6	0.5~0.8
	燃煤电厂	0.1	0.0~0.2
	氮肥生产	1.0	0.4~3.0
	污水	1.5	0.3~3.0
	农牧业	0.5	0.3~1.0

续表 1-1

排放源		N_2O 生成量	
		中间值	变化范围
人为源	蓄水-灌溉	1.4	0.8~2.0
	机动车尾气	0.8	0.1~2.0
	全球变暖	0.5	-1.7
	酰胺纤维生产	0.7	—
	土地使用变化	0.7	—
	垃圾焚烧	0.3	—
天然源	土壤	12.0	—
	海洋	3.4	2.5~4.3
合计		23.5	—

NO 是一种无色无味且难溶于水的气体，由于带有自由电子而表现出活泼的化学性质，易被大气中 O_2或 O_3氧化生成 NO_2，见式（1-1）和式（1-2）。

$$2NO + O_2 = 2NO_2 \tag{1-1}$$

$$NO + O_3 = NO_2 + O_2 \tag{1-2}$$

NO 还是一种重要的生物活性分子，具有促进血管舒张、调节植物生长发育、增强抗病抗逆反应等作用。美国科学家 Furchgott、Ignarro 和 Murad 因发现 NO 是促进心血管系统内皮舒张的一种信号分子而获得了 1998 年诺贝尔生理学或医学奖。在污染危害方面，NO 对人体和动植物均有直接危害。NO 和氟氯烃的耦合可催化促进臭氧层的损耗，对流层中 NO 催化氧化甲烷、CO 和非甲烷碳氢化合物，可间接促进温室效应[6]。1995 年，Paul Crutzen、Mario Molina 和 She Rwood Rowland 三位科学家因发现 NO 和氟氯烃对臭氧层的破坏作用而获得了诺贝尔化学奖。

NO_2是一种棕红色气体，具有腐蚀性和生理刺激性，长期吸入 NO_2可导致肺部疾病，对哮喘患者肺功能具有短期影响。NO_2溶于水可形成硝酸［见式（1-3）和式（1-4）］，是工业氨氧化法制硝酸的重要中间体。

$$3NO_2 + H_2O = 2HNO_3 + NO \tag{1-3}$$

$$4NO_2 + 2H_2O + O_2 = 4HNO_3 \tag{1-4}$$

NO_2在加压时易发生聚合反应而形成二聚体 N_2O_4。

$$2NO_2 = N_2O_4 \tag{1-5}$$

NO_2是大气中硝酸盐二次颗粒物的前体物，对大气污染物中 $PM_{2.5}$的形成具有重要影响；其是酸雨形成的主要源头，通过酸雨沉降至地表不仅危害地表动植物、腐蚀建筑等，还将渗入地下造成对地下水系的污染、水质酸化及富营养化等[7]。总之，NO_x污染的危害主要包括造成光化学烟雾、破坏臭氧层、形成酸雨、对人体及生物体造成伤害等。

NO_x产生的来源较为广泛，包括自然源和人为源。自然源排放NO_x即指自然界活动本身产生的NO_x，包括闪电、火山爆发、有机物及硝酸盐在土壤微生物作用下分解、海洋中NO_2^-的光解等[8,9]。人为源产生的NO_x主要来自化石燃料和生物质燃料的燃烧、石油化工、农药化肥生产等，产生的NO_x主要分布在对流层中下部。表 1-2 显示了全球的NO_x产生源及其排放情况（2002 年研究数据）。

表 1-2　全球的NO_x产生源及其排放情况[10]　（Mt/a）

源的类型	年产量（以纯氮计）	年产量变化范围（以纯氮计）	源的主要位置
闪电	5.0	2.0~20.0	热带大陆对流层
化石燃料燃烧	22.0	13.0~31.0	北半球中纬度大陆表面
生物质燃烧	7.9	3.0~15.0	热带大陆表面
土壤中的微生物	7.0	4.0~12.0	非极地大陆表面
NH_3的氧化	0.9	0.6~2.0	热带大陆表面
飞机	0.85	—	北半球 30°~60°
平流层中N_2O分解	0.64	0.4~1.0	平流层
海洋的NO_2^-光解	1.0	0.5~1.5	全球海洋
合计	45.29	23.5~82.5	

全球每天发生于雷暴云之间、雷暴云内或雷暴云与地面之间的闪电高达几百万次，闪电瞬间可产生急剧的高温使N_2和O_2分解产生游离态 N 和 O，进而反应形成 NO，而 NO 在O_3作用下可进一步形成NO_2。闪电是大气对流层上部NO_x的主要来源，直接影响大气中O_3的浓度，因此也间接影响着大气气候的变化。全球能源结构依然以石油、煤炭、天然气等化石能源为主，化石能源中天然含有的 N 元素在燃烧过程将转化形成NO_x，是全球NO_x污染的主要来源。

NO_x已成为我国首要大气污染物。根据《2015 年环境统计年报》和《2016 年中国生态环境统计年报》数据，2015 年全国NO_x排放量 1851.9 万吨，与全国

SO_2排放量的1859.1万吨相当，而2016年全国NO_x排放量为1503.3万吨，已远超当年全国SO_2排放量的854.9万吨。近年来，在大力治理下，我国NO_x年排放量已实现逐年下降。图1-3显示了2010—2021年我国NO_x的年排放总量及趋势。

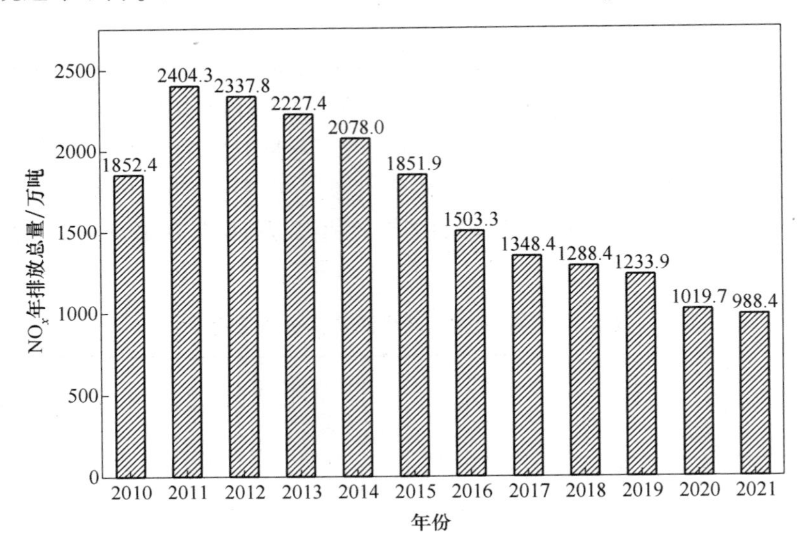

图1-3 2010—2021年我国NO_x的年排放总量及趋势

（数据来源：《中国生态环境统计年报》）

我国能源的地质储量为多煤少油少气型，煤作为最主要的一次能源，在火电锅炉、工业窑炉及供暖锅炉等领域的消耗量巨大，燃煤成为我国NO_x排放的主要来源之一。燃煤锅炉燃烧温度和烟气排放温度均较高，排放烟气中NO_x主要为NO，一般认为可达95%以上。燃煤发电是我国煤炭消费的最主要用途，火电厂也一度成为我国NO_x排放量最大、治理最严的领域。2011年，我国NO_x排放量达到峰值的2404.3万吨，其中工业行业排放量达到1719.7万吨，而电力、热力生产和供应业的NO_x排放量达到1147.0万吨[11]。2011年，我国发布了当时全球最严的强制性标准《火电厂大气污染物排放标准》(GB 13223—2011)，大力推进了燃煤电厂NO_x减排，并实现了NO_x排放量的逐年降低。

在经过近10年的NO_x排放控制后，电力、热力行业已基本实现NO_x超低排放，而黑色金属冶炼和压延加工业、非金属矿物制品业的NO_x排放量占比正逐年增大，现已成为工业领域NO_x排放的主要来源，如图1-4所示。近两年，我国正大力推进钢铁、水泥、焦化等行业NO_x超低排放的改造。

机动车尾气排放NO_x已成为当前最主要的来源，也称为NO_x排放的移动源，造成严重的城市空气污染。据公安部统计，截至2023年9月，全国机动

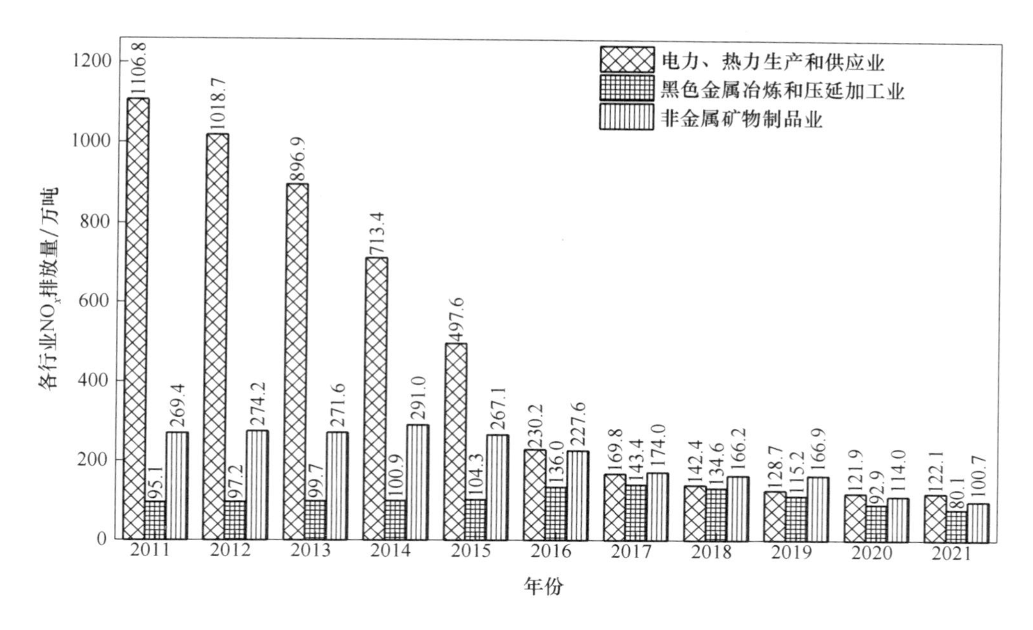

图 1-4 我国工业领域重点行业 NO_x 排放量变化情况

（数据来源：《中国生态环境统计年报》）

车保有量达 4.3 亿辆，其中汽车保有量为 3.3 亿辆，而新能源汽车保有量为 1821 万辆[12]。燃油汽车采用汽油或柴油为燃料，NO_x 主要产生于汽车燃料的燃烧，经由尾气排放到大气中，造成城市空气污染[13]。生态环境部数据统计，2018 年全国机动车排放 NO_x 总量达到了 644.6 万吨，首次超过了工业源排放总量的 588.7 万吨和生活源排放总量的 53.1 万吨的总和。由此可见，在工业领域燃煤电厂全国实现超低排放，钢铁、水泥等非电力行业有序推进超低排放改造之后，城市机动车尾气排放 NO_x 总量已跃居首位，将成为下一个重点治理对象。

图 1-5 列出了我国 2011—2021 年全国机动车尾气 NO_x 年排放总量及其在全国 NO_x 排放总量中的占比情况。由图 1-5 可知，2011—2021 年我国机动车尾气排放的 NO_x 总量变化较小，但其排放量在全国 NO_x 排放总量中的占比逐年上升，由 2011 年的 26.5%上升至 2021 年的 58.9%。

生活污染源排放 NO_x 主要来源于采暖、餐饮等日常生活，其排放总量在全国范围内依然占有较大的比例。2021 年，全国生活源排放 NO_x 总量为 35.9 万吨，占全国总量的 3.6%。近十余年，我国在 NO_x 排放控制方面取得了巨大的成效，NO_x 排放总量持续下降，而排放的重点领域也在悄然发生变化。2011 年，全国工业领域 NO_x 排放总量占比全国排放总量达 70.8%，其中电力、热力生产和供应业占比达 47.8%，至 2021 年全国工业领域 NO_x 排放总量占比下降至 37.4%，其中

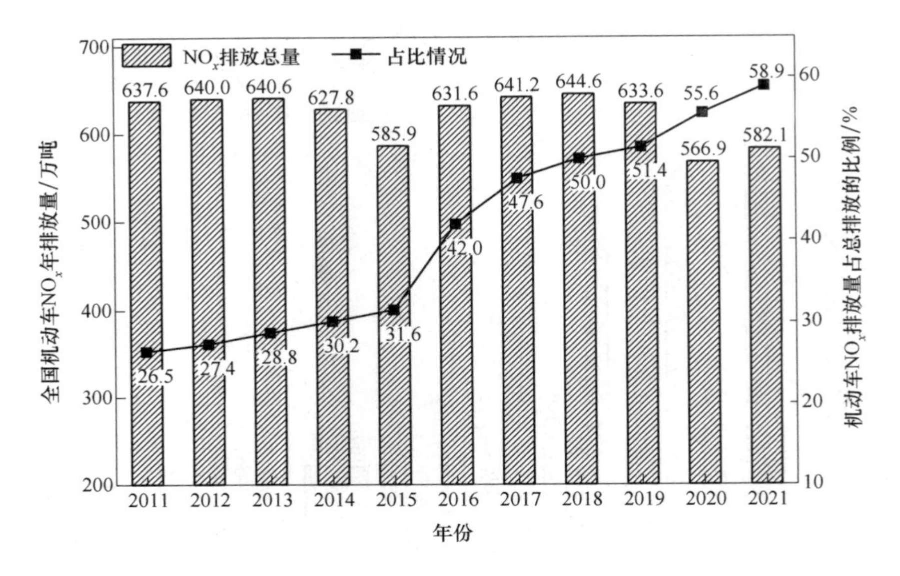

图 1-5 我国机动车 NO$_x$ 排放量及其占全国总排放量的比例

（数据来源：《中国生态环境统计年报》）

主要贡献为电力、热力生产和供应业的 NO$_x$ 排放量显著下降，占比下降至 12.4%，显然机动车尾气排放 NO$_x$ 已成为主角，将成为城市空气污染的重中之重，如图 1-6 所示。

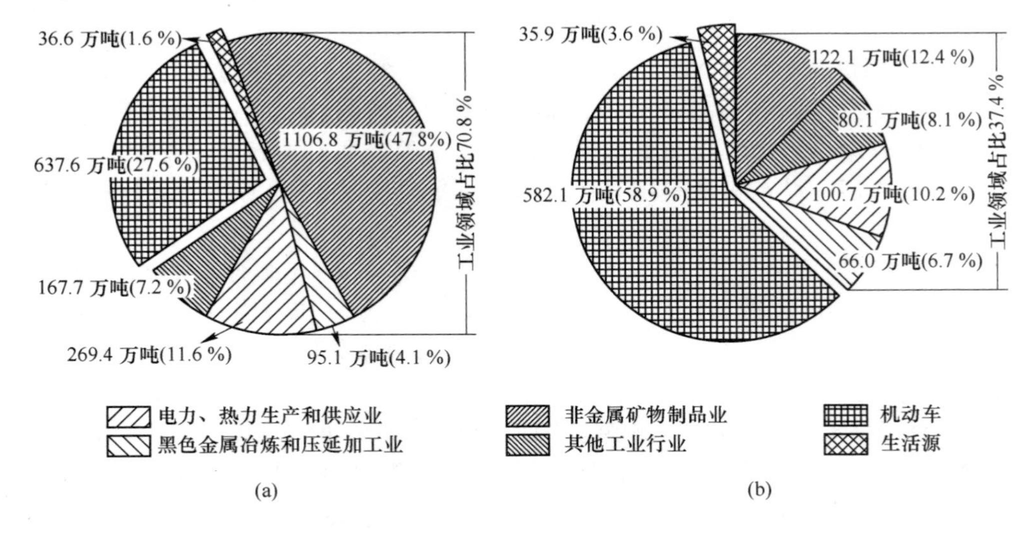

图 1-6 我国 2011 年和 2021 年全国 NO$_x$ 排放情况对比

（a）2011 年全国各领域 NO$_x$ 排放情况；（b）2021 年全国各领域 NO$_x$ 排放情况

（数据来源：《中国生态环境统计年报》）

1.2.2 二氧化硫

硫氧化物（SO_x）一度是我国排放量最大的大气污染物，年排放总量多次超过2000万吨，是对我国大气环境危害最严重的污染物，极大地影响了空气质量和居民健康，制约了工业企业的快速发展。SO_x主要包括一氧化硫（SO）、三氧化二硫（S_2O_3）、二氧化硫（SO_2）和三氧化硫（SO_3），其中SO_2最为主要，占比95%以上。大气中的SO_2主要来自化石燃料及矿物的燃烧，而自然产生的SO_2很少。SO_2在一定条件下可被氧化生成SO_3［见式（1-6）］，二者均为无色、有刺激性和腐蚀性的呈酸性有毒气体，均可溶于水形成亚硫酸或硫酸［见式（1-7）和式（1-8）］。

$$2SO_2 + O_2 = 2SO_3 \tag{1-6}$$

$$SO_2 + H_2O = H_2SO_3 \tag{1-7}$$

$$SO_3 + H_2O = H_2SO_4 \tag{1-8}$$

SO_2毒性较为复杂，吸入SO_2可导致支气管炎、肺气肿等呼吸道疾病，进而引起心脏衰竭等，此外SO_2还可导致氧化损伤、脱氧核糖核酸损伤等。短期吸入可导致上呼吸道平滑肌反射性收缩及气管阻塞，长期低浓度SO_2可导致气管炎等呼吸道疾病高发，而急性高浓度SO_2可致人或动物死亡[14]。

酸雨是大气因酸性物质污染而造成的酸性沉降污染形式，对林业、农业、城市建筑、水土等均有较为严重的破坏，损害阔叶、针叶植物的表面，降低植株抵抗灾害（如干旱、疾病、虫害和寒冷）的能力，抑制其生长和再生长等[15]。酸雨的类型包括硫酸型和硝酸型酸雨，我国的酸雨典型类型即为硫酸型酸雨。酸雨也是SO_2造成的重要危害之一。工业烟气、机动车尾气等排放到大气中的SO_2、NO_x等呈酸性气体经光化学反应等各类复杂的物理化学变化后，可通过酸雨沉降等方式沉降至地表，造成水土污染等危害，如图1-7所示[16]。

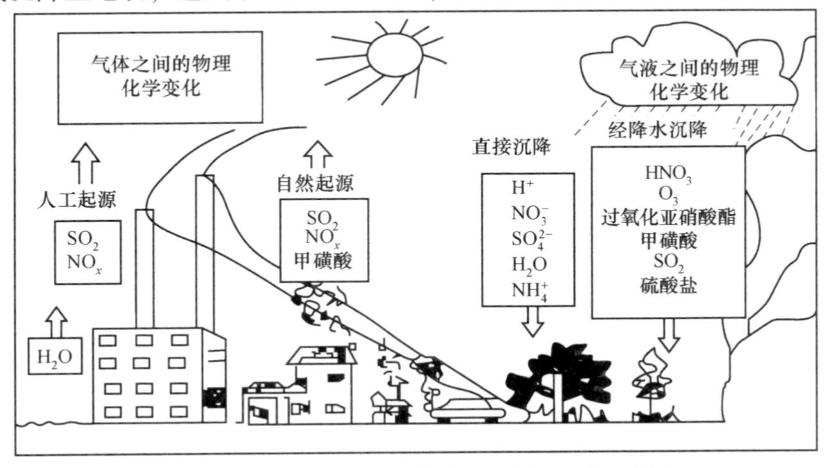

图1-7 大气中SO_2、NO_x等污染气体的沉降过程[16]

大气中的 HO · 自由基对 SO_2 和 NO_x 均具有较强的氧化作用，促进酸雨的形成，见式（1-9）和式（1-10）。该反应的速率与温度高度相关，在夏季的白天，OH · 自由基的浓度可以达到最高值，从而使得产生的硫酸和硝酸在夏季达到最大值[17]。

$$HO\cdot + SO_2(+M) \longrightarrow HOSO_2(+M) \longrightarrow H_2SO_4 \tag{1-9}$$

$$HO\cdot + NO_2(+M) \longrightarrow HONO_2(+M) \tag{1-10}$$

煤炭、石油、生物质燃料等燃烧是 SO_x 形成的主要来源。煤炭及其他含硫燃料中通常含有无机硫 FeS_2 和有机硫 CH-SH、CH-S-CH 等可燃性硫，在燃烧过程 S 元素被氧化即可生成 SO_2。表 1-3 给出了各类燃烧的含硫量范围。燃烧氛围的氧充足时，燃料中 90%以上的 S 元素在燃烧过程会被氧化生成 SO_2。燃煤锅炉、工业锅炉等用含硫燃料燃烧时，燃料中 S 元素最终会被氧化生成 SO_x，且其中大部分为 SO_2，而 SO_3 在通常的燃烧条件下生成量很少。

煤中硫转化为 SO_2 具有阶段性，第一阶段是由有机硫分解形成，第一阶段是由稳定性高的有机硫和无机硫分解形成。实际燃烧过程中，SO_2 的生成主要受温度影响，其次也受燃烧气氛、燃料停留时间等多种因素影响。随着温度的升高，SO_2 的析出率相应增加，氧化性气氛也有利于 SO_2 的生成；同时，延长燃料在燃烧室内的停留时间也会增加烟气中 SO_2 的生成[18]。

表 1-3　各类燃料的含硫量[19-23]

燃料类型	煤炭	天然气	生物质燃料	原油
含硫量	0.04%~9.6%	<350mg/m³	0.1%~0.5%	0.3%~4.5%

我国经历了防治 SO_2 大气污染的漫长历程。20 世纪 90 年代，在可持续发展战略的推动下，我国开始了对工业燃煤的 SO_2 治理工作，划定酸雨控制区或二氧化硫污染控制区（“两控区”），并实施污染物排放总量控制。经过十余年的努力，我国在 2006 年达到了全国 SO_2 排放总量的峰值 2588.8 万吨，并从 2007 年开始基本步入单调下降态势，SO_2 排放控制得到了强有力的保障[24]。我国在 2014 年首次明确了“超低排放”的概念，被称为“超低排放”元年。

2015 年 12 月 11 日，环境保护部（生态环境部）、国家发展和改革委员会（简称国家发改委）和国家能源局印发了《全面实施燃煤电厂超低排放和节能改造工作方案》的通知，全面推进了燃煤电厂大气污染物的超低排放改造，也拉开了全国工业领域全面推进超低排放改造的序幕。至 2016 年即取得了巨大成效，SO_2 排放量由 2015 年的 1859.1 万吨降至 2016 年的 854.9 万吨，2021 年，全国 SO_2 排放量已降至 274.8 万吨，如图 1-8 所示。

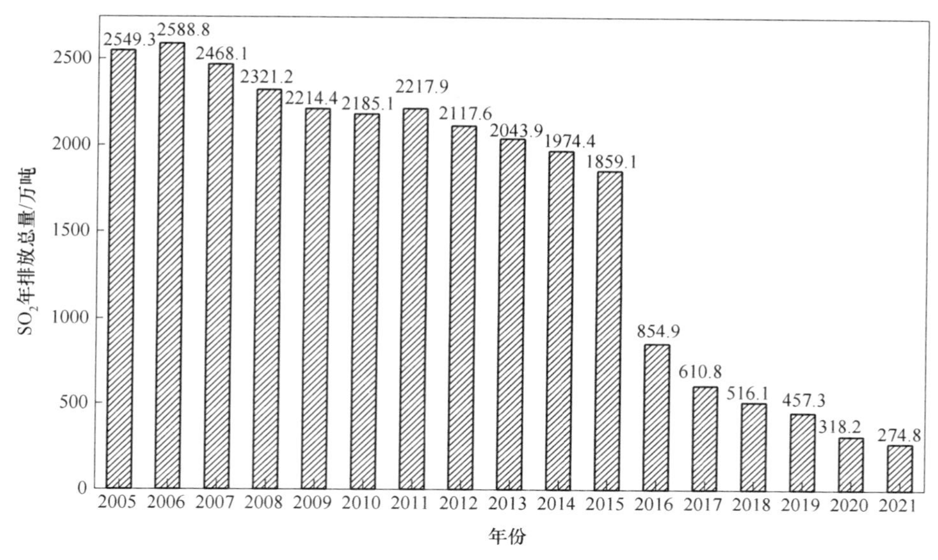

图 1-8　2005—2021 年我国 SO_2的排放总量及趋势

（数据来源：《中国生态环境统计年报》）

工业领域 SO_2 排放量是最主要的来源，其次是生活源燃煤取暖及生活等排放 SO_2。SO_2排放量位居前三位的工业行业依次是电力、热力生产和供应业，非金属矿物制品业，黑色金属冶炼及压延加工业，控制好工业领域 SO_2 排放即总体控制了全国 SO_2的排放。图 1-9 显示了 2010—2021 年我国工业领域 SO_2 排放量及占全国总排放量的比例。

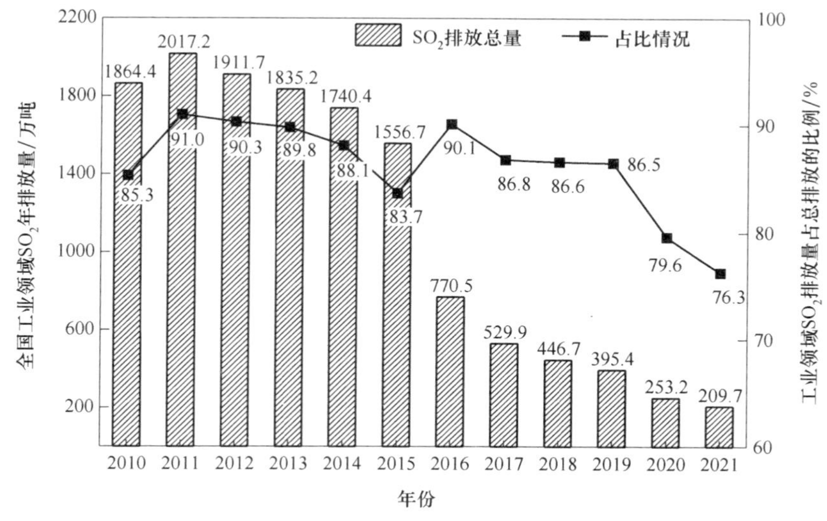

图 1-9　我国工业领域 SO_2 排放量及占全国总排放量的比例

（数据来源：《中国生态环境统计年报》）

由图 1-9 可知，自 2011 年起，我国工业领域 SO_2 排放量逐年降低，但工业领域 SO_2 排放量占全国总排放量的比例变化存在波动，至 2019 年依然保持在 86.5%，至 2021 年则下降至 76.3%。这是由于我国在推进工业烟气超低排放的同时，同步推进了生活领域散煤治理工作，推进北方地区集中供暖及以“电”和“气”代“煤”的改造工作，实现了生活领域 SO_2 的大幅减排，如图 1-10 所示。

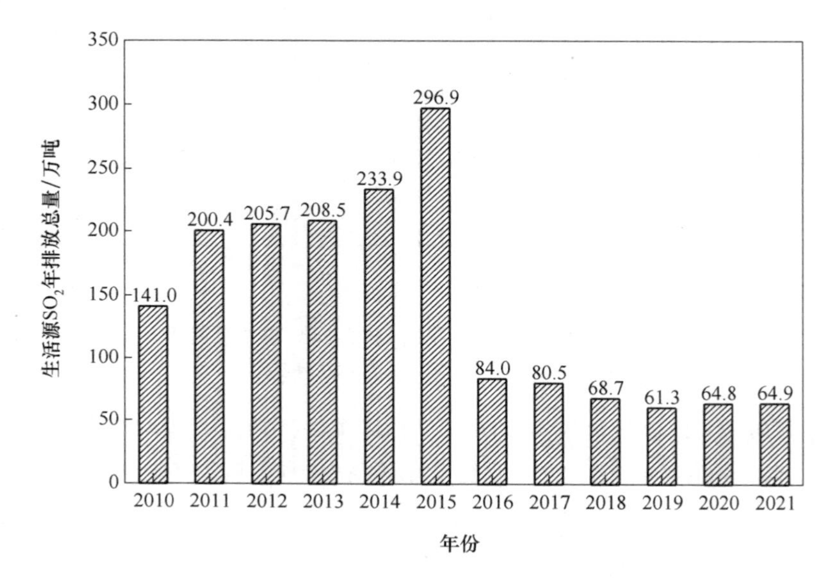

图 1-10　我国生活源 SO_2 排放量及其变化趋势

（数据来源：《中国生态环境统计年报》）

传统的烟气脱硫技术主要包括湿法、半干法和干法脱硫，湿法脱硫率高、反应充分，干法脱硫成本低、后处理简单，半干法则是由湿法和干法相结合获得的脱硫方法，具有工艺技术成熟、运行可靠稳定、脱硫效率较高，防腐要求低、耗水量小、无废水排放等优点。湿法脱硫技术主要有石灰石/石灰-石膏法、双碱法、氨法和海水脱硫法等，半干法脱硫技术主要有循环流化床法、旋转喷雾干燥法等，干法脱硫技术主要有石灰石法、氧化铁法、氧化锌法和活性炭法等。不同烟气脱硫技术的优缺点对比见表 1-4。

表 1-4　不同脱硫技术的优缺点对比[25]

脱硫技术	优　点	缺　点
湿法	脱硫反应速度快，设备简单，脱硫率高	腐蚀严重，运行维护费用高，易造成二次污染

续表 1-4

脱硫技术	优　　点	缺　　点
半干法	反应速率快、脱硫率高，无污水废酸排出，脱硫后的产物易于处理	脱硫率易受多方面因素的影响
干法	无污水废酸排出，设备腐蚀程度较轻，烟气在净化过程中无明显温降、净化后烟温高、利于排气扩散	脱硫率低，反应速度较慢，设备占地面积较大

1.2.3 颗粒物

颗粒污染物是主要大气污染物之一，是威胁心肺健康的主要污染物，包含了一系列复杂、不同特性和粒径的固体或液体悬浮颗粒。颗粒污染物一般可按颗粒的空气动力学直径大小分为粗颗粒物（coarse particles，PM_{10}：粒径≤10 μm）、细颗粒物（fine particulate matter，$PM_{2.5}$：粒径≤2.5 μm）和超细颗粒物（ultrafine particulate matter，$PM_{0.1}$：粒径≤0.1 μm）。粗颗粒物主要来源于磨损的土壤、道路扬尘、建筑工程碎片和石油燃烧等，表面的生物成分多为真菌、细菌、内毒素和花粉；细颗粒物和超细颗粒物除了来源于自然界的风沙和森林火灾外，还来源于燃烧过程，包括机动车尾气、工业废气、木材和煤炭燃烧[26]。

$PM_{2.5}$和PM_{10}均为可吸入型颗粒物，能够深入肺部，危害公共卫生安全。$PM_{2.5}$可通过呼吸道进入人体，并可在肺泡内沉积，引发各种呼吸系统疾病，甚至可穿透气-血屏障进入血液循环系统，引起全身疾病；孕妇接触$PM_{2.5}$可导致胎儿早产、新生儿体重轻等，而早产并发症是5岁以下儿童死亡的主要原因，会显著增加呼吸道感染、腹泻病、脑损伤、血液疾病和黄疸等。因此，$PM_{2.5}$的危害更为严重，近年来$PM_{2.5}$已成为人们生活中的热门词汇。

$PM_{2.5}$主要由SO_4^{2-}、NO_3^-、NH_4^+、有机碳（organic carbon）和元素碳（element carbon），以及少量金属元素等组成，由于其比表面积大，在空气中存留时间长，其表面吸附的有害物质多，是大气环境中化学成分最复杂、对人体健康危害最大的污染物之一，也是“霾”中最主要、危害最大的污染物[26]。$PM_{2.5}$可分为由污染源直接排放至大气的微细颗粒物形成的一次$PM_{2.5}$，如燃烧产生的粉尘、地面扬尘、海水的浪沫和盐粒、岩石风化以及植物花粉、孢子及细菌等，还有大气中的气态污染物在复杂物理化学作用下形成的二次$PM_{2.5}$。$PM_{2.5}$的主要化学成分及其来源见表1-5[27,28]。复杂的化学组成表明$PM_{2.5}$的形成应为多污染物耦合形成。

表 1-5 $PM_{2.5}$中主要化学成分及其来源

类 别	成 分	主要来源
水溶性离子	SO_4^{2-}	工业生产、化石燃料燃烧等
	NO_3^-	工业生产、化石燃料燃烧、汽车尾气等
	NH_4^+	畜牧业、养殖业、化肥使用、工业等
	Na^+	植物燃烧、土壤、岩石风化等
	K^+	海水溅沫、焚烧等
含碳物质	有机碳	冶金工业、焦炉、机动车尾气、植物燃烧等
	元素碳	冶金工业、焦炉、机动车尾气、植物燃烧等
	多环芳香烃	机动车尾气等
无机元素	Ca、Fe、Al、Si、Ti	地壳物质、土壤元素、岩石风化等
	Na、V、S	石油燃烧等
	Pb、Br	机动车排放等
	Cu、Zn、Mn	工业排放等

《2020 年全球空气状况报告（State of Global Air 2020）》数据显示，2019 年全球 90%以上的人口暴露于 $PM_{2.5}$年均浓度高于 10 μg/m³的环境中，其中亚洲、非洲和中东地区的 $PM_{2.5}$年均暴露风险最高。

2019 年，全球人口加权年均 $PM_{2.5}$暴露最严重的 10 个国家均分布于亚洲和非洲，见表 1-6。

表 1-6 2019 年全球年均 $PM_{2.5}$浓度最高的 10 个国家[29] （μg/m³）

国 家	$PM_{2.5}$浓度	95%置信区间
印度	83.2	76.1~90.7
尼泊尔	83.1	62.9~107
尼日尔	80.1	42.2~145
卡塔尔	76.0	59.2~96.6
尼日利亚	70.4	45.4~105
埃及	67.9	47.8~92.8
毛里塔尼亚	66.8	37.6~108

续表 1-6

国　家	$PM_{2.5}$浓度	95%置信区间
喀麦隆	64.5	43.8~92.6
孟加拉国	63.4	55.1~73.8
巴基斯坦	62.6	49.9~77.5

近年来，我国大气污染防治取得了显著成效，但大气污染物排放总量依然较大，大气污染形势依然严峻，空气 $PM_{2.5}$浓度仍远高于世界卫生组织的指导值（5 μg/m^3）。根据《2022 中国生态环境状况公报》数据，2022 年全国 339 个城市 $PM_{2.5}$和 PM_{10}年均浓度分别为 29 μg/m^{3}和 51 μg/m^3，比 2021 年分别下降了 3.3%和 5.6%；而空气质量超标天数中因 $PM_{2.5}$和 PM_{10}为首要超标污染物的天数分别占 36.9%和 15.2%，比 2021 年分别下降了 2.8%和 10.0%。可见，我国颗粒污染物防治工作取得了一定成效，但仍面临着较大挑战。

近十年，颗粒物排放总量总体上为先增加、后缓慢下降，2010 年统计全国颗粒物排放总量为 829.1 万吨，至 2014 年统计全国颗粒物排放总量为 1740.8 万吨，而至 2021 年统计全国颗粒物排放总量为 537.4 万吨，如图 1-11 所示。

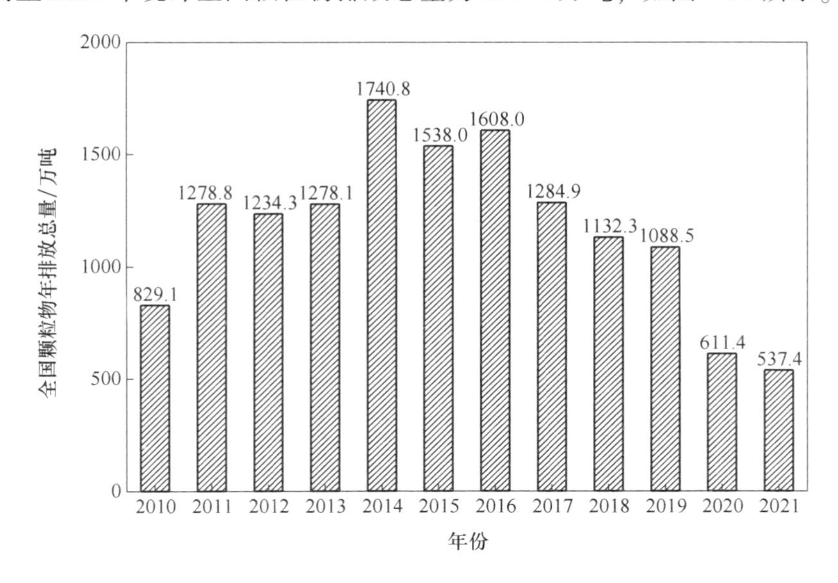

图 1-11　我国颗粒物排放量及其变化趋势

（数据来源：《中国生态环境统计年报》）

烟气中颗粒物的脱除即除尘技术主要包括静电除尘、布袋除尘和电袋一体除尘技术，其技术对比见表 1-7。

表 1-7　典型烟气除尘技术对比分析[30]

项目	静电除尘	布袋除尘	电袋一体除尘
除尘效率	受煤、灰成分影响	煤种变化排放都能达标	煤种变化排放都能达标
阻力/Pa	200~300	约 1200	约 1000
安全性	对烟气温度不敏感	对烟气温度敏感	对烟气温度敏感
检修	停炉检修	能在线分室检修	不能在线分室检修
占地	大	最小	小
投资费用	高	低	较高
运行费用	低	高	较低

1.2.4　挥发性有机物

挥发性有机物（VOCs，Volatile Organic Compounds）指常温下饱和蒸汽压大于 70 Pa、常压下沸点低于 260 ℃的有机化合物，或 20 ℃时蒸汽压不小于 10 Pa，或在特定适用条件下具有挥发性的全部有机化合物的统称，其种类复杂且繁多[31]。VOCs 包含烃类、醛类、酸类、酮类、烷烃、烯烃、醛类、芳香烃、卤代烃、含氧烃、含氮烃、含硫烃、低沸点多环芳烃等，一般带有恶臭、刺激性等气味，对人体有致癌、致畸、致基因突变的“三致作用”[32]。长期接触甲醛、甲苯等 VOCs 会对人类的神经系统、免疫系统、心血管系统以及肝肾等脏器造成急性或者慢性损伤，如刺激呼吸道、头痛、过敏，严重者甚至会出现神经系统疾病等症状[33]。

VOCs 作为光化学反应中的重要污染物，可与 NO_x 发生光化学反应，同时也可与 OH^- 发生反应，对生成臭氧和二次有机气溶胶至关重要，直接影响空气质量。我国挥发性有机物排放主要省份为广东、山东、江苏、浙江和河北。为积极推进环境空气 VOCs 监测体系和能力建设，掌握重点 VOCs 浓度水平和变化规律，生态环境部印发了《2019 年地级及以上城市环境空气挥发性有机物监测方案》和《2020 年挥发性有机物治理攻坚方案》，支撑开展臭氧污染防治工作，促进空气质量的改善[34]。

鉴于挥发性有机物的排放量大和污染性日益突出，国家统计局发布的《排放源统计调查制度》开始对挥发性有机物排放量开展统计，统计调查范围包括工业源、生活源和移动源三类排放源。工业源包括采矿业，制造业，电力、热力、燃气及水的生产和供应业 3 个门类的工业重点调查单位（不含军队企业），包含工业防腐涂料使用过程排放。生活源包括除工业重点调查单位以外的能源（煤炭和天然气）消费过程排放以及部分生活活动（建筑装饰、餐饮油烟、家庭日化用品、干洗和汽车修补）排放量，不包含液化石油气燃烧、沥青道路铺路、油品储运销、农村居民生物质燃烧等过程排放。移动源挥发性有机物统计调查范围为机动车污染排放，不包含非道路移动机械。机动车类型包括汽车、低速汽车和摩托车，不包含厂内自用和未在交管部门登记注册的机动车。

2020 年，全国挥发性有机物排放量为 610. 2 万吨。其中，工业源挥发性有机物排放量为 217. 1 万吨，占全国挥发性有机物排放量的 35. 6%；生活源挥发性有机物排放量为 182. 5 万吨，占全国挥发性有机物排放量的 29. 9%；移动源挥发性有机物排放量为 210. 5 万吨，占全国挥发性有机物排放量的 34. 5%[35]。

2021 年，在《排放源统计调查制度》确定的统计调查范围内，全国废气中挥发性有机物排放量为 590. 2 万吨。其中，工业源挥发性有机物排放量为 207. 9 万吨，占 35. 2%；生活源挥发性有机物排放量为 182. 0 万吨，占 30. 8%；移动源挥发性有机物排放量为 200. 4 万吨，占 33. 9%[36]。

VOCs 的治理同样可分为源头控制、过程控制和末端治理。源头控制即加强生产管理，通过控制含 VOCs 原辅料用量等方式来减少 VOCs 的产生；过程控制即控制产品生产过程含 VOCs 物料的泄漏等；末端治理即对产生的 VOCs 进行控制和处置，其应用最为广泛，当前主要技术及其比较见表 1-8。

表 1-8 VOCs 废气治理技术比较表[37]

治理技术	治理范围	主要机理	优 点	缺 点
吸收法	高水溶性	用洗涤液吸收，再用化学药剂氧化	投资低、可去除气态和颗粒物、对酸性气体去除率高	维护费用高、有后续废水处理问题、颗粒物浓度高会导致塔堵塞
吸附法	低浓度、高通量	利用多孔结构的固体吸附剂进行吸附	投资低、能耗低、去除率高、对单一品种废气可回收溶剂	维护费用高、吸附剂需补充和再生且处理费用高、复杂废气需预处理
催化氧化法	较低浓度	催化剂作用，在较低温下迅速氧化	去除率高	投资高、维护费用高、产生 NO_x 等二次污染、复杂废气需预处理
直燃式氧化法	高浓度、小流量	直接燃烧	去除率高	投资高、维护费用高
蓄热式氧化法	高浓度、成分复杂	通过蓄热燃烧室进行燃烧	去除率高	投资高、维护困难、产生 NO_x 等二次污染

续表 1-8

治理技术	治理范围	主要机理	优　点	缺　点
UV 光解法	高分子、低浓度	利用 UV 紫外线改变分子结构，使高分子降解成低分子	投资低、运行成本低	去除率低、中间产物多、产生 O_3 等二次污染物
低温等离子法	低浓度、大风量	在外加电场的作用下，使得分子基团化学键断裂	投资低、适应气体温度范围宽（-50~50 ℃）	去除率低、适合处理的气体种类少
生物氧化法	由碳氢氧或简单硫化物、氮化物组成	当有机废气经过微生物表面时被特定微生物捕获并消化掉	运行费用低、去除效率高、不产生二次污染	投资高、占地面积大、稳定性差

1.2.5　臭氧

臭氧（O_3）是氧气的一种同素异形体，在 20~25 km 高处可形成臭氧层，对地球大气层和生物圈具有保护作用。臭氧在近地面则具有较为严重的污染危害特性，长时间直接接触高浓度 O_3 的人会出现疲乏、咳嗽、胸闷胸痛、皮肤起皱、恶心头痛、脉搏加速、记忆力衰退、视力下降等症状，同时也会使植物叶片变黄甚至枯萎，对植物造成损害，甚至造成农林植物的减产、经济效益下降等。

近地面 O_3 主要是通过 NO_x、CO 和 VOCs 等多种前体物之间的复杂的光化学反应而产生的二次污染物。目前，我国的 O_3 污染已形成了相当规模，城市 O_3 污染严重区域主要集中在我国东部沿海发达地区，排放的各种污染物导致近地面大气臭氧浓度不断升高，对人体健康和生态系统危害极大。当前，我国大部分重要作物生长发育期的臭氧暴露值均超过了 40 nmol/mol，对主要农作物（如小麦、玉米、水稻和大豆）的产量构成严重的威胁[38]。

《2022 中国生态环境状况公报》数据显示[39]，2022 年全国 339 个地级及以上城市中，以 O_3 为首要污染物的超标天数占总超标天数的 36.2%，比 2021 年上升了 1.5%；京津冀及周边地区、长三角地区和汾渭平原以 O_3 为首要污染物的超标天数占总超标天数分别为 43.6%、57.8%和 41.2%，明显高于全国 339 个城市的平均结果。杨俊等[40]根据生态环境部公布的不同时期的《全国城市空气质量状况报告》总结了我国 338 个地级及以上城市各项污染物的月均值（见

图 1-12)，显示 2016 年以来 O_3浓度一直处于较高水平。全国臭氧浓度（第 90 百分位数）由 2016 年的 141.54 μg/m^{3}上升到 2018 年的 153.21 μg/m^3，而且在人口稠密和工业发达的地区臭氧浓度更高，臭氧分布有明显的聚集性和相似性规律[41]。

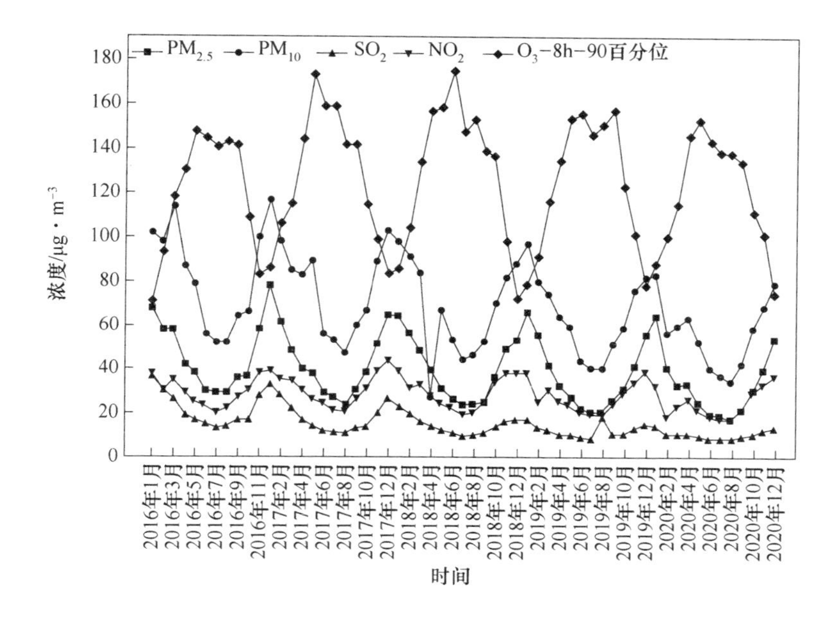

图 1-12 2016 年 1 月—2020 年 12 月各项空气污染物浓度变化趋势[40]

O_3污染来源的多样性造成了治理困难。以京津冀地区为例，该地区存在大量的中小型工业企业，分散的生产造成难以管理，而简单的关停处理又会影响经济，短期难以施策，只能推动长期治理。O_3污染治理中存在 O_3生成机理复杂、监测技术水平低、高效治理技术欠缺和环保法规执行不够精准等问题[42]。

1.3 氮氧化物控制技术

2015 年底，环境保护部、国家发改委与国家能源局联合发布了《全面实施燃煤电厂超低排放和节能改造工作方案》，针对燃煤电厂提出了超低排放标准，其中要求 NO_x排放浓度不大于 50 mg/m^3（标准状态），并要求到 2020 年，全国所有具备改造条件的燃煤电厂力争实现超低排放。燃煤锅炉的 NO_x排放浓度从《火电厂大气污染物排放标准》(GB 13223—2011) 要求的不大于 100 mg/m^3（标准状态），降低到不大于 50 mg/m^3（标准状态），并且将逐步推广至其他行业。严格的排放标准对 NO_x 排放控制技术提出了更高的要求。

如图 1-13 所示，NO_x 排放控制技术可分为前端控制[43]和末端治理[44]。前端控制即在燃烧前对燃料实施洁净化处置或在燃烧过程中控制 NO_x 的生成，达到从源头遏制 NO_x 排放的目的，如燃料脱氮技术和低氮燃烧技术等[45]。燃料脱氮技术是指在燃烧前脱除燃料中的 N 元素，从而降低燃料型 NO_x 的生成；低氮燃料技术是在燃烧过程中通过控制 NO_x 的形成条件来抑制其生成，包括分级燃烧技术、浓淡燃烧技术、低过量空气系数燃烧和烟气再循环技术等[46,47]。

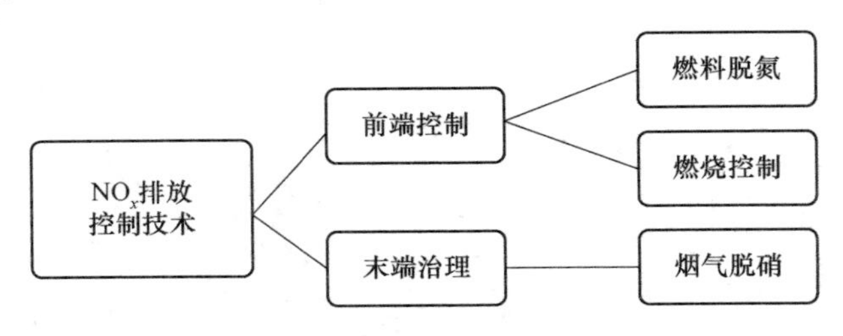

图 1-13 NO_x 排放控制技术分类

浓淡燃烧技术主要针对新型煤粉或气体燃料，通过调节过量空气系数来控制燃烧过程，即一部分燃料在空气不足的条件下燃烧，而另一部分燃料在空气过量的条件下燃烧，两种条件都偏离了理论当量比，以此来调节燃烧效率和抑制 NO_x 的生成[48,49]。前端控制有效地降低了燃料中的含氮量及 NO_x 的形成，但前期投入成本高，且常常会降低燃烧效率。

末端治理即将烟气中已生成的 NO_x 捕集或还原为 N_2，从而达到减排的目的，主要包括选择性催化还原（SCR，Selective Catalytic Reduction）技术、O_3 氧化脱硝技术和活性炭（焦）吸附催化等。SCR 技术是当前烟气脱硝中应用最为广泛的技术，在催化剂作用下以 NH_3 还原 NO_x 生成 N_2 和 H_2O，达到脱除 NO_x 的目的。SCR 技术将在第 2 章详细讲解。

O_3 氧化脱硝是采用 O_3 将烟气中 NO 氧化为水溶性强的 NO_2、NO_3 和 N_2O_5 等，进而与 SO_2 在脱硫塔中被碱性剂吸收脱除，达到同时脱硫脱硝的目的[50]。O_3 在 200 ℃时 1s 内分解率高达 40%，为提高其利用率，O_3 氧化脱硝温度均低于 200 ℃，一般在 100～150 ℃，该特性很好地适应了钢铁工业低温条件下脱硝的需求[51]。O_3 通常由 90%以上纯氧在高压放电条件下转化生成，因此纯氧和 O_3 制备为 O_3 氧化脱硝工艺的主要成本。图 1-14 显示了 O_3 氧化联合碱性吸收剂协同脱硫脱硝的大致流程及 O_3 的主要消耗分布，主要包括 NO 氧化为 NO_2、NO_3 和 N_2O_5 及亚硫酸根和亚硝酸根离子的氧化等[52]。

O_3 氧化脱硝温度低，适应非电力行业低温烟气脱硝，但单一的 O_3 氧化不能

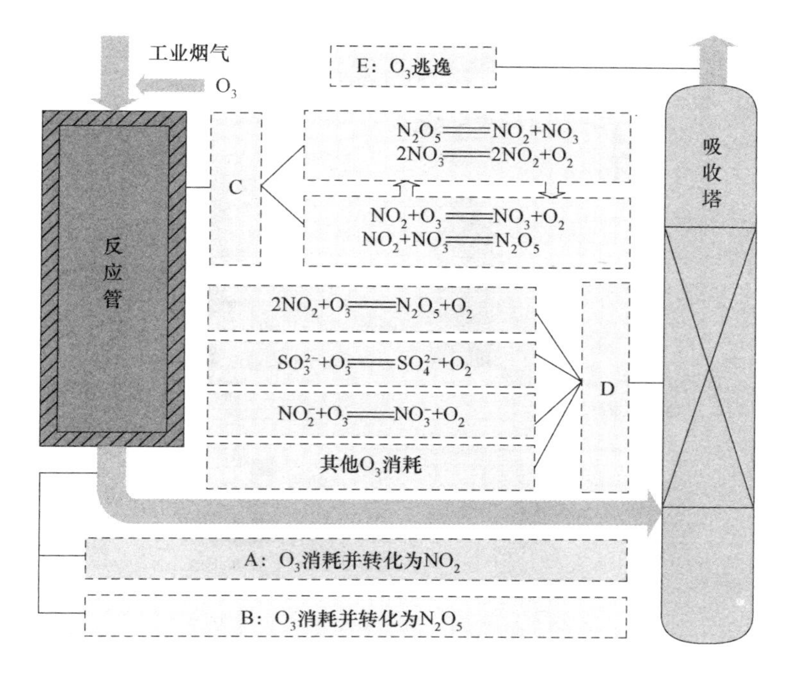

图 1-14　O_3氧化协同吸收工艺的 O_3消耗分布示意图[52]

实现脱硝，必须与湿法、半干法等脱硫工艺相结合实现协同脱硫脱硝。O_3氧化吸收形成的硝酸盐与脱硫形成的硫酸盐混合，使得脱硫副产物综合利用更为复杂，且同时面临 O_3逃逸的风险。

活性炭（焦）（AC）吸附催化技术主要采用 AC 吸附并催化还原 NO_x。活性炭是一种微晶形式的碳，具有高孔隙率和高比表面积，对 NO_x、SO_2、重金属、汞和烟尘颗粒等具有良好的吸附性能。因此，活性炭可用于工业烟气的吸附脱硫脱硝，但活性炭脱硫率较高而脱硝性能不足[53]。普通活性炭因灰分高、表面孔容小、比表面积小、吸附能力差等问题，需要采用改善原料配比或酸碱改性、金属氧化物负载等方式来优化其理化性质，提高吸附能力。目前，活性炭吸附脱硫脱硝主要应用于烧结烟气的污染治理。

图 1-15 为某烧结烟气活性炭净化工艺流程[54]。烧结烟气由主抽风机和旁路烟气挡板引入吸附塔，活性炭在吸附塔内吸附烟气中的 SO_2、NO_x，经吸附塔中的化学吸附处理后，排放的烟气中 SO_2、NO_x浓度显著降低。吸附塔内活性炭脱硫脱硝的化学反应可分为活性炭脱硫、活性炭脱硝及活性炭解析再生三部分[54,55]。

活性炭（焦）吸附催化技术的脱硝原理与 SCR 技术基本相同，是利用官能团的选择性催化还原作用，利用活性炭自身理化性能或在其中添加催化剂，促进

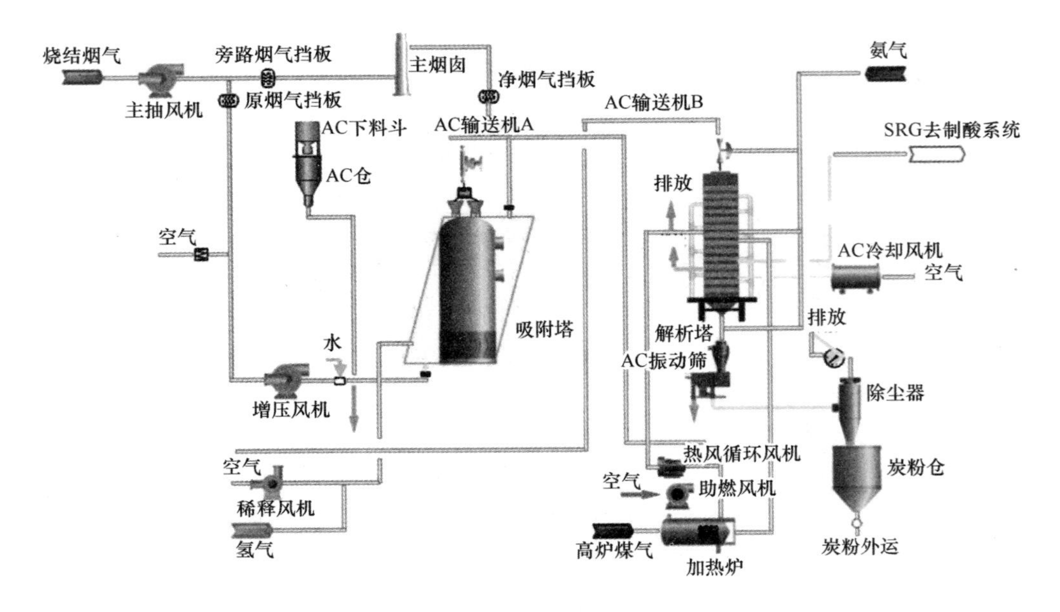

图 1-15　烧结烟气活性炭净化工艺流程[55]

NO_x被 NH_3还原为 N_2和 H_2O，因此其脱硝机理仍主要为选择性催化还原[55]。AC 吸附催化技术可在 120~150 ℃的低温下协同脱除 SO_2、NO_x、二噁英、重金属及粉尘等多污染物，具有脱硫效率高、副产物 H_2SO_4可利用和失效 AC 易处理等特性，但其脱硝效果不佳，宜用于低 NO_x浓度的烟气或进行多级吸附。

1.4　大气污染物排放标准与法规

《中华人民共和国大气污染防治法》最早于 1987 年 9 月颁布，经 1995 年、2000 年、2015 年和 2018 年多次修正、修订，针对燃煤和其他能源污染、工业污染、机动车船等污染等领域制定了大气污染防治措施，指出防治大气污染应当以改善大气环境质量为目标，坚持源头治理，规划先行，转变经济发展方式，优化产业结构和布局，调整能源结构；应当加强对燃煤、工业、机动车船、扬尘、农业等大气污染的综合防治，推行区域大气污染联合防治，对颗粒物、二氧化硫、氮氧化物、挥发性有机物、氨等大气污染物和温室气体实施协同控制。

我国能源结构以煤为主，燃煤电厂是大气污染防治的重点对象。早在 1991 年，我国即制定了《燃煤电厂大气污染物排放标准》(GB 13223—1991)，现行《火电厂大气污染物排放标准》(GB 13223—2011) 为最新版标准，规定火力发电锅炉及燃气轮机组大气污染物排放浓度限值（见表 1-9）及重点区域的特别排放限值（见表 1-10）。

表 1-9 火力发电锅炉及燃气轮机组大气污染物排放浓度限值[56]

（mg/m³，烟气黑度除外）

序号	燃料和热能转化设施类型	污染物项目	适用条件	限值	污染物排放监控位置
1	燃煤锅炉	烟尘	全部	30	烟囱或烟道
		二氧化硫	新建锅炉	100 200①	
			现有锅炉	200 400①	
		氮氧化物（以 NO_2 计）	全部	100 200②	
		汞及其化合物	全部	0.03	
2	以油为燃料的锅炉或燃气轮机组	烟尘	全部	30	
		二氧化硫	新建锅炉及燃气轮机组	100	
			现有锅炉及燃气轮机组	200	
		氮氧化物（以 NO_2 计）	新建燃油锅炉	100	
			现有燃油锅炉	200	
			燃气轮机组	120	
3	以气体为燃料的锅炉或燃气轮机组	烟尘	天然气锅炉及燃气轮机组	5	
			其他气体燃料锅炉及燃气轮机组	10	
		二氧化硫	天然气锅炉及燃气轮机组	35	
			其他气体燃料锅炉及燃气轮机组	100	
		氮氧化物（以 NO_2 计）	天然气锅炉	100	
			其他气体燃料锅炉	200	
			天然气燃气轮机组	50	
			其他气体燃料燃气轮机组	120	

续表 1-9

序号	燃料和热能转化设施类型	污染物项目	适用条件	限值	污染物排放监控位置
4	燃煤锅炉，以油、气体为燃料的锅炉或燃气轮机组	烟气黑度（林格曼黑度）/级	全部	1	烟囱排放口

①位于广西壮族自治区、重庆市、四川省和贵州省的火力发电锅炉执行该限值；

②采用W型火焰锅炉炉膛的火力发电锅炉，现有循环流化床火力发电锅炉，以及2003年12月31日前建成投产或通过建设项目环境影响报告书审批的火力发电锅炉执行该限值

表 1-10 重点地区火力发电锅炉及燃气轮机组大气污染物特别排放限值[56]

（mg/m^3，烟气黑度除外）

序号	燃料和热能转化设施类型	污染物项目	适用条件	限值	污染物排放监控位置
1	燃煤锅炉	烟尘	全部	20	烟囱或烟道
		二氧化硫	全部	50	
		氮氧化物（以 NO_2 计）	全部	100	
		汞及其化合物	全部	0.03	
2	以油为燃料的锅炉或燃气轮机组	烟尘	全部	20	
		二氧化硫	全部	50	
		氮氧化物（以 NO_2 计）	燃油锅炉	100	
			燃气轮机组	120	
3	以气体为燃料的锅炉或燃气轮机组	烟尘	全部	5	
		二氧化硫	全部	35	
		氮氧化物（以 NO_2 计）	燃气锅炉	100	
			燃气轮机组	50	
4	燃煤锅炉，以油、气体为燃料的锅炉或燃气轮机组	烟气黑度（林格曼黑度）/级	全部	1	烟囱排放口

2014年9月20日，国家发改委、环境保护部、能源局联合印发了《煤电节能减排升级与改造行动计划（2014—2020年)》的通知，对燃煤电厂提出了严控大气污染物排放的要求。2015年12月11日，环境保护部、国家发改委、能源局联合印发了《全面实施燃煤电厂超低排放和节能改造工作方案》的通知，对燃煤电厂首次提出了超低排放的要求，指出“到2020年，全国所有具备改造条件的燃煤电厂力争实现超低排放（即在基准氧含量6%条件下，烟尘、二氧化硫、氮氧化物排放浓度分别不高于10 mg/m^3、35 mg/m^3、50 mg/m^3）”。针对新建燃煤发电机组，全国有条件的机组均要达到超低排放水平。

实际上，广东省广州市于2014年2月即推出了《燃煤电厂“超洁净排放”改造工作方案》(“50355”工程)，要求广州市的燃煤锅炉企业在2015年底完成“超洁净排放”改造，使氮氧化物、二氧化硫和粉尘的排放浓度分别小于50 mg/m^3、35 mg/m^{3}和5 mg/m^3。此外，河南、河北、上海、山东、山西、浙江、天津等地均出台了燃煤电厂大气污染物超低排放标准。

燃煤锅炉超低排放要求比《火电厂大气污染物排放标准》(GB 13223—2011)中规定的重点地区烟尘、二氧化硫和氮氧化物特别排放限制分别下降50%、30%和50%，已成为燃煤发电机组大气污染物排放控制标准的新标杆，全面推动了火电厂的超低排放改造。

继燃煤电厂超低排放改造后，钢铁、水泥等行业已成为大气污染排放控制的重点。2018年9月19日，河北省发布了《钢铁工业大气污染物超低排放标准》(DB13/ 2169—2018）代替《钢铁工业大气污染物排放标准》(DB13/ 2169—2015)，对烧结（球团）烟气中烟尘、二氧化硫和氮氧化物提出了超低排放要求，要求分别达到10 mg/m^3、35 mg/m^{3}和50 mg/m^3。

2019年4月，生态环境部、国家发改委、工业和信息化部、财政部、交通运输部联合发布了《关于推进实施钢铁行业超低排放的意见》，要求推动现有钢铁企业超低排放改造，到2020年底前，重点区域钢铁企业超低排放改造取得明显进展，力争60%左右产能完成改造，有序推进其他地区钢铁企业超低排放改造工作；到2025年底前，重点区域钢铁企业超低排放改造基本完成，全国力争80%以上产能完成改造。表1-11显示了钢铁企业超低排放指标限值。

表1-11 钢铁企业超低排放指标限值

生产工序	生产设施	基准含氧量(体积分数)/%	污染物浓度/mg·m^{-3}		
			颗粒物	二氧化硫	氮氧化物
烧结(球团)	烧结机机头球团竖炉	16	10	35	50
	链篦机回转窑带式球团焙烧机	18	10	35	50
	烧结机机尾其他生产设备	—	10	—	—

续表 1-11

生产工序	生产设施	基准含氧量（体积分数）/%	污染物浓度/mg · m^{-3}		
			颗粒物	二氧化硫	氮氧化物
炼焦	焦炉烟囱	8	10	30	150
	装煤、推焦	—	10		—
	干法熄焦	—	10	50	—
炼铁	热风炉	—	10	50	200
	高炉出铁场、高炉矿槽	—	10	—	—
炼钢	铁水预处理、转炉（二次烟气）、电炉、石灰窑、白云石窑	—	10	—	—
轧钢	热处理炉	8	10	50	200
自备电厂	燃气锅炉	3	5	35	50
	燃煤锅炉	6	10	35	50
	燃气轮机组	15	5	35	50
	燃油锅炉	3	10	35	50

《关于推进实施钢铁行业超低排放的意见》的发布全面推动了钢铁企业的超低排放改造。2019 年 8 月 23 日，四川省生态环境厅等五部门联合印发了《四川省推动钢铁行业超低排放改造实施清单》，要求新改扩（含搬迁和置换）钢铁项目达到超低排放水平。推动现有钢铁企业超低排放改造，力争到 2025 年底前，全省现有钢铁行业 80%以上产能完成超低排放改造。其中，烟气脱硝应采用活性炭（焦）、选择性催化还原（SCR）等高效脱硝技术。

2019 年 12 月 27 日，山东省发布了《山东省钢铁行业超低排放改造实施方案》，要求推动现有钢铁企业超低排放改造，2020 年 10 月底前全面完成钢铁行业生产全过程超低排放改造，全省新建（含搬迁）钢铁项目必须达到超低排放水平。

2020 年 6 月，山西省印发了《山西省钢铁行业超低排放 2020 年决战计划》，要求全省各有关部门要精准对标钢铁行业超低排放目标任务，以京津冀及周边地区 4 市、汾渭平原 4 市和太原及周边“1+30”重点区域为主战场，深入推进产业结构调整，全面实现钢铁行业超低排放。

参考文献

[1] Energy Statistical Review of Wrold. bp 世界能源统计年鉴（第 70 版）[Z]. 2021.

[2] 王新宇．大气污染物的种类、来源与治理 [J]. 清洗世界，2021，37 (3)：46-47.

[3] 欧阳冬．"笑气" 滥用的危害及思考 [J]. 江西警察学院学报，2017 (6)：68-71.

[4] Lavelle P, Rodriguez N, Arguello O, et al. Soil ecosystem services and land use in the rapidly changing Orinoco River Basin of Colombia [J]. Agriculture Ecosystems & Environment, 2014, 185: 106-117.

[5] Tian H, Xu R, Canadell J G, et al. A comprehensive quantification of global nitrous oxide sources and sinks [J]. Nature, 2020, 586 (7828): 248-256.

[6] 刘春颖，田野，姜源庆，等．一氧化氮的海洋生物地球化学研究进展 [J]. 中国海洋大学学报（自然科学版），2018，48 (5)：66-71.

[7] 梁晶，郑健，韩苗苗，等．氮氧化物危害及其处理技术 [J]. 科技创新与应用，2021，11 (24)：120-122.

[8] Almaraz M, Bai E, Wang C, et al. Agriculture is a major source of NO_x pollution in California [J]. Science Advances, 2018, 4 (1): 3477.

[9] Wasiuk D K, Khan M A H, Shallcross D E, et al. The impact of global aviation NO_x, emissions on tropospheric composition changes from 2005 to 2011 [J]. Atmospheric Research, 2016, 178: 73-83.

[10] 周筠珺，郄秀书．闪电产生 NO_x 机制及中国内陆闪电产生 NO_x 量的估算 [J]. 高原气象，2002，21 (5)：501-508.

[11] 生态环境部．2011 年中国环境统计年报 [Z]. 2013.

[12] 全国机动车达 4.3 亿辆 驾驶人达 5.2 亿人 新能源汽车保有量达 1821 万辆 [EB/OL]. https://www.gov.cn/lianbo/bumen/202310/content_6908193.htm.

[13] 胡灿伟．机动车已成空气污染主力 [J]. 生态经济，2016，32 (4)：10-13.

[14] 吉鹏宇．二氧化硫与砷联合染毒对肝脏和肾脏的毒性作用 [D]. 太原：山西大学，2019.

[15] 田海军，宋存义．酸雨的形成机制·危害及治理措施 [J]. 农业灾害研究，2012，2 (5)：20-22.

[16] 蓝惠霞，周少奇，廖雷，等．酸雨形成机制及其影响因素的探讨 [J]. 四川环境，2003 (4)：41-43.

[17] 凌琪．酸雨的形成机制研究进展 [J]. 安徽建筑工业学院学报（自然科学版），1995 (1)：55-58.

[18] 李伟，耿瑞光，金大桥．锅炉硫氧化物生成机理及控制技术研究 [J]. 黑龙江工程学院学报，2019，33 (6)：6-9.

[19] 聂虎，余春江，柏继松，等．生物质燃烧中硫氧化物和氮氧化物生成机理研究 [J]. 热力发电，2010，39 (9)：21-26.

[20] 范生军，王航，靳磊，等．多元硫化物对煤体微观形貌和自燃特性影响的研究 [J]. 煤炭与化工，2021，44 (2)：135-140.

[21] 刘宗社，胡超，王小强，等．万州分厂商品天然气总硫达标技术研究 [J]. 石油与天然气化工，2021，50 (2)：1-8.

[22] 张春兰，陈淑芬，杨兴锴，等．青海混合原油评价与加工方案的选择 [J]. 石油化工应用，2021，40 (8)：88-92.

[23] 张洪，张宇烽，褚天琛．伊拉克出口原油性质及计价规则变化［J］. 国际石油经济，2021，29（5）：93-98.
[24] 柴发合．我国大气污染治理历程回顾与展望［J］. 环境与可持续发展，2020，45（3）：5-15.
[25] 运明雅，辛清萍，张玉忠．烟气脱硫技术的研究进展［J］. 山东化工，2019，48（7）：68-71.
[26] 赵璨，廖纪萍，王广发．颗粒物质的基本特性及我国细颗粒物污染现状［J］. 中国医学前沿杂志（电子版），2014，6（2）：26-28.
[27] US EPA Office of Air and Radiation. Office of air quality planning and standards［Z］. 1997.
[28] 蒋滨繁．复合污染环境下大气多元成核及 $PM_{2.5}$ 形成机制［D］. 北京：北京科技大学，2020.
[29] Health Effects Institute. State of global air 2020 special report［Z］. Boston，MA：Health Effects Institute，2020.
[30] 王岳．热源厂燃煤烟尘低排放控制技术研究［J］. 建筑技术开发，2022，49（8）：116-118.
[31] 魏倩，田晋平，杜飞鹏，等．废气中挥发性有机物治理技术综述［J］. 中国资源综合利用，2022，40（9）：105-110.
[32] 范雪滢，赖伟，梁诗捷，等．市政污泥挥发性有机物及浸出液毒性相关性分析［J］. 工业水处理，2022：1-17.
[33] 余淼霏，杜胜男，张学佳，等．挥发性有机物吸附材料研究进展［J］. 现代化工，2022，42（11）：54-58.
[34] 许冬梅．泉州市城区大气挥发性有机物污染特征分析［J］. 环境科学导刊，2022，41（6）：33-37.
[35] 中华人民共和国生态环境部．2020 年中国生态环境统计年报［EB/OL］. https：//www. mee. gov. cn/hjzl/sthjzk/sthjtjnb/202202/W020220218339925977248. pdf.
[36] 中华人民共和国生态环境部．2021 年中国生态环境统计年报［EB/OL］. https：//www. mee. gov. cn/hjzl/sthjzk/sthjtjnb/202301/W020230118392178258531. pdf.
[37] 陈臻．我国挥发性有机废气治理现状与思考［J］. 广东化工，2021，48（22）：178-179.
[38] 彭林，李淇，蔡青旺，等．2015—2020 年臭氧对中国主要粮食作物产量及其经济效益的影响［J］. 安全与环境学报，2023：1-11.
[39] 中华人民共和国生态环境部．2022 中国生态环境状况公报［EB/OL］. https：//www. mee. gov. cn/hjzl/sthjzk/zghjzkgb/202305/P020230529570623593284. pdf.
[40] 杨俊，布多，刘君，等．我国城市臭氧污染防治现状研究综述［J］. 环境与可持续发展，2022，47（4）：86-90.
[41] 周明卫，康平，汪可可，等．2016—2018 年中国城市臭氧浓度时空聚集变化规律［J］. 中国环境科学，2020，40（5）：1963-1974.
[42] 李铭裕．生态环境监测臭氧污染特征与治理对策思考［J］. 皮革制作与环保科技，2022，3（16）：178-180.
[43] 周昊，邱坤赞，王智化，等．煤种及煤粉细度对炉内再燃过程脱硝和燃尽特性的影响

[J]. 燃料化学学报, 2004 (2): 146-150.

[44] Zhang S, Zhang B, Liu B, et al. A review of Mn-containing oxide catalysts for low temperature selective catalytic reduction of NO_x with NH_3: Reaction mechanism and catalyst deactivation [J]. Rsc Advances, 2017, 7 (42): 26226-26242.

[45] Liu B, Wang Y H, Xu H. Numerical study of the effect of staged gun and quarl on the performance of low-NO_x burners [J]. Journal of Energy Engineering, 2016, 142 (3): 04015040.

[46] 高明. 低氮燃烧及烟气脱硝国内外研究现状 [J]. 广州化工, 2012, 40 (17): 18-19.

[47] Liu B, Bao B B, Wang Y H, et al. Numerical simulation of flow, combustion and NO emission of a fuel-staged industrial gas burner [J]. Journal of the Energy Institute, 2017, 90 (3): 441-451.

[48] 刘丽珍. 浓淡燃烧低 NO_x 燃烧器研制的探讨 [J]. 煤气与热力, 2000 (5): 349-351.

[49] 辛国华, 胡前平, 雷辉光, 等. 浓淡燃烧技术的应用研究 [J]. 动力工程, 1994 (5): 29-33.

[50] Rovira M, Engvall K, Duwig C. Detailed numerical simulations of low-temperature oxidation of NO_x by ozone [J]. FUEL, 2021, 303: 121238.

[51] 纪瑞军, 徐文青, 王健, 等. 臭氧氧化脱硝技术研究进展 [J]. 化工学报, 2018, 69 (6): 2353-2363.

[52] Zou Y, Liu X, Zhu T, et al. Simultaneous removal of NO_x and SO_2 by MgO combined with O_3 oxidation: The influencing factors and O_3 consumption distributions [J]. ACS Omega, 2019, 4 (25): 21091-21099.

[53] 李婉君, 黄帮福, 杨征宇, 等. 活性炭改性及其脱硫脱硝性能研究与展望 [J]. 硅酸盐通报, 2022, 41 (4): 1318-1327.

[54] 汪庆国, 朱彤, 李勇. 宝钢烧结烟气活性炭净化工艺和装备 [J]. 钢铁, 2018, 53 (3): 87-95.

[55] 向思羽, 张朝晖, 邢相栋, 等. 烧结烟气脱硫脱硝活性炭的研究进展 [J]. 钢铁研究学报, 2022: 1-18.

[56] 环境保护部, 国家质量监督检验检疫总局. GB 13223—2011 火电厂大气污染物排放标准 [S]. 北京: 中国环境科学出版社, 2011.

2 选择性催化还原技术

2.1 催化脱硝原理

2.1.1 NO_x 的选择性催化还原

选择性催化还原（SCR）技术的脱硝原理是在脱硝催化剂作用下，以 NH_3 为还原剂，选择性地将 NO_x 还原为 N_2 和 H_2O，其主要反应见式（2-1）~式（2-3）[1,2]。

$$4NH_3 + 4NO + O_2 = 4N_2 + 6H_2O \tag{2-1}$$

$$4NH_3 + 6NO = 5N_2 + 6H_2O \tag{2-2}$$

$$4NH_3 + 2NO_2 + 2NO = 4N_2 + 6H_2O \tag{2-3}$$

由于工业烟气中95%以上的 NO_x 均以 NO 的形式存在，且在有 O_2 条件下脱硝效果更佳，因此式（2-1）即 SCR 脱硝的主要反应[3]。该反应由若干中间反应过程构成。Langmuir-Hinshelwood（L-H）机理和 Eley-Rideal（E-R）机理通常用以阐释 SCR 催化剂表面存在的两种不同反应路径[4]。其一为 NH_3 和 NO 均吸附于催化剂表面而后发生氧化还原反应，即遵循 L-H 机理（双吸附机制）；其二为 NH_3 吸附于催化剂表面并与气态 NO 发生反应，即遵循 E-R 机理（单吸附机制）。NH_3 吸附于催化剂表面被认为是 SCR 反应的第一步[5,6]。L-H 机理揭示的中间反应过程如下[7]：

$$NH_{3(g)} \longrightarrow NH_{3(ad)} \tag{2-4}$$

$$NO_{(g)} \longrightarrow NO_{(ad)} \tag{2-5}$$

$$M^{n+}=O + NO_{(ad)} \longrightarrow M^{(n-1)+}—O—NO \tag{2-6}$$

$$\begin{aligned} NH_{3(ad)} + M^{(n-1)+}—O—NO &\longrightarrow M^{(n-1)+}—O—NO—NH_3 \\ &\longrightarrow M^{(n-1)+}—OH + N_2 + H_2O \end{aligned} \tag{2-7}$$

$$M^{(n-1)+}—OH + \frac{1}{4}O_2 \longrightarrow M^{n+}=O + \frac{1}{2}H_2O \tag{2-8}$$

式中 M——金属原子活性中心，如 V、Mn、Ce、Cu、Fe、Ti 等。

式（2-4）和式（2-5）为 NH_3 和 NO 在催化剂表面的吸附，NH_3 通常可吸附在 Lewis 酸性位点形成配位态 NH_3，或吸附在 Brønsted 酸性位点形成离子态 NH_4^+。通常，配位态 NH_3 比离子态 NH_4^+ 具有更高的活性。MnO_x 表面能够提供较多的 Lewis 酸性位点。吸附态的 NO 将被高价态的金属阳离子 M^{n+}（如 Mn^{4+}、Ce^{4+}、Fe^{3+}等）氧化，形成单齿亚硝酸盐 $M^{(n-1)+}—O—NO$，并与 NH_3 结合形成 $M^{(n-1)+}—O—NO—NH_3$，见式（2-6）和式（2-7）最后 $M^{(n-1)+}—O—NO—NH_3$ 脱水并发生氧化还原反应生成 N_2，见式（2-8）。

E-R 机理揭示的中间反应过程如下[8,9]：

$$NH_{3(g)} \longrightarrow NH_{3(ad)} \tag{2-9}$$

$$NH_{3(ad)} + M^{n+}=O \longrightarrow [NH_2]_{(ad)} + M^{(n-1)+}—OH \tag{2-10}$$

$$[NH_2]_{(ad)} + NO_{(g)} \longrightarrow NH_2NO \longrightarrow N_2 + H_2O \tag{2-11}$$

$$M^{(n-1)+}—OH + \frac{1}{4}O_2 \longrightarrow M^{n+}=O + \frac{1}{2}H_2O \tag{2-12}$$

式中 M——金属原子活性中心。

配位态 NH_3 被自由氧或化学吸附氧夺去一个 H 原子而形成 $[NH_2]$，见式（2-10）。在催化剂表面，$[NH_2]$ 可以与 NO 反应生成 NH_2NO，随后 NH_2NO 分解形成 N_2 和 H_2O，见式（2-11）。

此外，Qi 等[10]认为在 Mn 基低温 SCR 催化剂上 NH_4NO_2 是一种重要的中间产物。其形成及演化过程如下：

$$—OH + NO_{2(ad)} \longrightarrow —O + HNO_{2(ad)} \tag{2-13}$$

$$NH_{3(ad)} + HNO_{2(ad)} \longrightarrow NH_4NO_{2(ad)} \longrightarrow NH_2NO_{(ad)} + H_2O \tag{2-14}$$

$$NH_2NO_{(ad)} \longrightarrow N_2 + H_2O \tag{2-15}$$

NO_2 参与的 SCR 反应被称为“快速 SCR（Fast SCR）”，其相比于“标准 SCR（Standard SCR）”具有更快的反应速率，是 SCR 反应中另一重要反应路径。“快速 SCR”最先由 Koebel[11]研究，其反应如下：

$$4NH_3 + 2NO_2 + O_2 \longrightarrow 3N_2 + 6H_2O_{(g)} \tag{2-16}$$

$$4NH_3 + 2NO + 2NO_2 \longrightarrow 4N_2 + 6H_2O_{(g)} \tag{2-17}$$

然而，工业烟气中 NO_x 主要为 NO，“快速 SCR”反应并非主要的 NO_x 还原路径。

在催化反应中，催化剂使得氧化还原反应的活化能更低，催化剂与反应物之间的电子迁移在其中起着重要作用。Topsøe[12]最早研究了 V 基催化剂的催化循环反应机理，发现表面酸性和氧化还原性是影响 V 基催化剂活性的关键特性，其催化循环过程如图 2-1 所示。

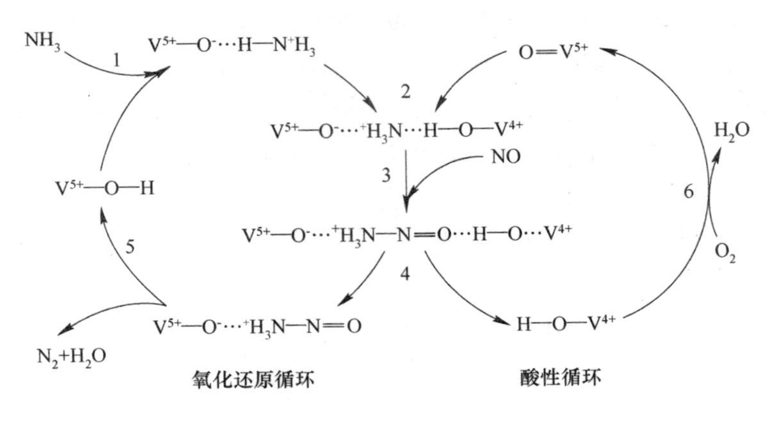

图 2-1 V 基催化剂的催化循环过程[12]

复合金属氧化物之间的协同作用进一步促进了电子迁移效率。复合金属氧化物催化剂中各金属元素表现出的特性不同，其作用往往具有互补性。如 Mn-Ce 复合金属氧化物中 Mn 表现出优异的活性，而 Ce 的加入进一步提高了催化剂对 NO 和 O_2 的吸附性能，同时增强了对 SO_2 的抵抗能力。然而，单一的 MnO_x 抗硫性能不佳，单一 CeO_2 的催化性能及热稳定性能均不理想。Liu 等[13]研究了 Mn-Ce-Ti 复合金属氧化物催化剂的反应机制，发现其中存在图 2-2 所示的双氧化还原循环。

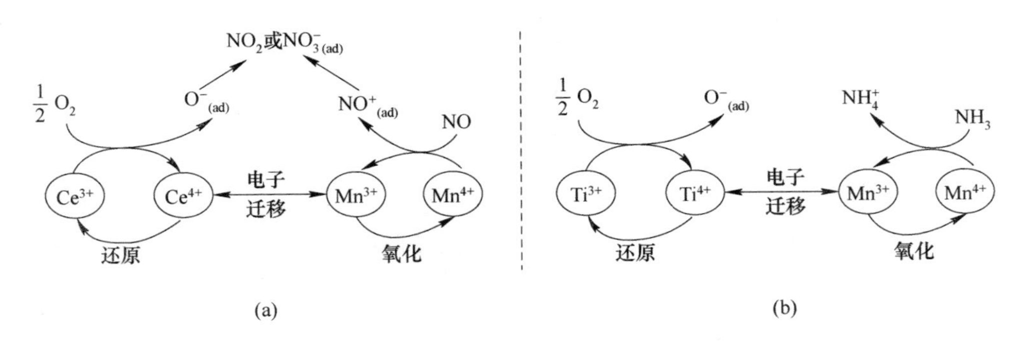

图 2-2 Mn-Ce-Ti 催化剂 SCR 过程中的双氧化还原示意图[13]
（a）Mn-Ce 氧化还原循环；（b）Mn-Ti 氧化还原循环

如图 2-2（a）所示，Mn^{4+} 为 NO 的主要吸附位点，吸附并氧化 NO 形成 NO^+，Mn^{4+} 则被还原成 Mn^{3+}，Ce^{4+} 则将 Mn^{3+} 氧化重新形成 Mn^{4+}，从而加速了氧化还原循环过程；图 2-2（b）则描述了 Mn、Ti 之间的相互作用。Kwon 等[14,15]研究 MnO_x/CeO_2-TiO_2 催化剂时，发现其中形成了 Mn-O-Ce 桥氧，并为 Mn 与 Ce 之间提供了电子迁移的通道，从而加速了 $Mn^{3+}\rightarrow Mn^{4+}$ 过程。

Fe 的添加能够提高 Mn/TiO_2 催化剂的性能。Mn-Fe 复合氧化物之间存在相似的电子迁移通道，其过程如下[16,17]：

$$Fe^{3+} + Mn^{3+} \rightleftharpoons Fe^{2+} + Mn^{4+} \tag{2-18}$$

$$NO + Mn^{4+} \longrightarrow NO^{+}_{(ad)} + Mn^{3+} \tag{2-19}$$

$$\frac{1}{2}O_2 + Fe^{2+} \longrightarrow Fe^{3+} + O^{-}_{(ad)} \tag{2-20}$$

$$NO^{+}_{(ad)} + O^{-}_{(ad)} \longrightarrow NO_2 \tag{2-21}$$

生成的 NO_2 可通过上述“快速 SCR”反应被还原形成 N_2。此外，Liu 等[18]发现 Mn、W 之间也存在类似的协同作用，如图 2-3 所示。

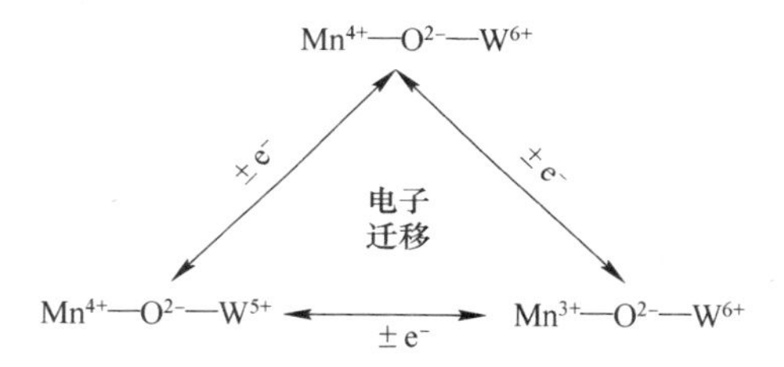

图 2-3 Mn^{4+}/Mn^{3+} 和 W^{6+}/W^{5+} 之间的电子迁移示意图[18]

如图 2-4 所示，SCR 反应的催化循环过程包括酸性位点循环和氧化还原循环，其催化循环过程取决于催化剂表面酸性位点及其氧化还原性能。因此，SCR 催化剂的设计原则是提高催化剂表面酸性位点浓度以及增强活性位点氧化还原性能[19]。基于上述分析，在复合金属氧化物催化剂中，一组分应表现出较高的表面酸性，另一组分则应表现出较好的氧化还原性能。

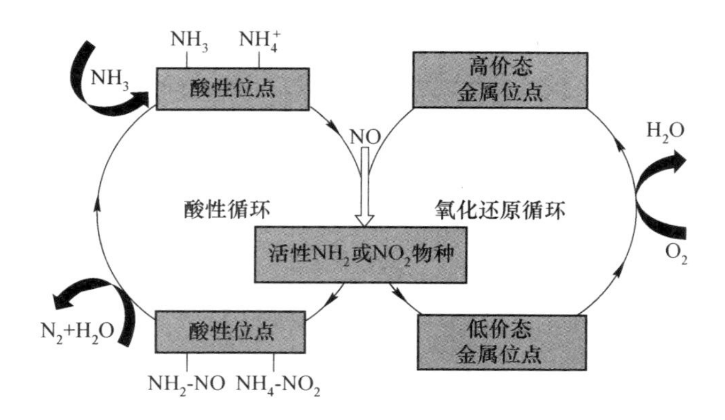

图 2-4 SCR 反应过程的酸性位点循环与氧化还原循环[19]

SCR 反应过程是在催化剂作用下由 NH_3 将 NO_x 选择性地还原为 N_2，在无 O_2

条件下，该反应也能够发生，而在 O_2 条件下，该反应通常效率更高。由此可见，O_2 在 SCR 反应中发挥了重要作用。

2.1.2 副反应与 N_2 选择性

SCR 反应过程不仅存在如式（2-6）的主要反应，同时还存在着多种副反应。研究表明，还原剂 NH_3 的供给量影响 NO_x 的还原，尤其是对其中副反应的发生有着重要的影响。SCR 反应过程中的副反应可以分为三类，即 NH_3 的氧化、铵盐的形成及 N_2O 的形成。NH_3 可以被氧化形成 NO_x，一方面降低了还原剂 NH_3 的利用率，而生成的 NO_x 需要更多的 NH_3 来还原，从而增加了 NH_3 的消耗量；另一方面，NH_3 氧化生成 NO_x 过程同样是催化反应过程，占据催化剂表面活性位点，并阻碍了 SCR 反应的进行，从而降低催化剂的活性。

影响 NH_3 氧化的因素主要包括催化剂的催化作用、氨气浓度以及反应温度等。当烟气中 NH_3 浓度适当时，NH_3 被 O_2 直接氧化的可能性降低，一般情况下控制烟气中摩尔比 $NH_3/NO_x = 0.8 \sim 1.0$ 为适宜的比例[20]。NH_3 可直接被 O_2 氧化生成 N_2、N_2O 和 NO 等，见式（2-22）~式（2-24）[4]。NH_3 氧化反应主要通过式（2-24）发生，式（2-22）和式（2-23）虽在热力学上可能发生，但实际烟气中较难发生[21]。Wang 等[22]研究发现在 MnO_x/TiO_2 催化剂上，当温度高于 175 ℃时，式（2-24）将取代式（2-1）成为主要反应。

$$4NH_3 + 3O_2 = 2N_2 + 6H_2O_{(g)} \tag{2-22}$$

$$2NH_3 + 2O_2 = N_2O + 3H_2O_{(g)} \tag{2-23}$$

$$4NH_3 + 5O_2 = 4NO + 6H_2O_{(g)} \tag{2-24}$$

此外，NH_3 还存在逃逸现象，即 NH_3 在反应器中未发生任何反应而随烟气排出，将对大气造成污染。

铵盐主要是由于 NH_3 与烟气中的 SO_2 和 NO_x 反应形成，可沉积在催化剂表面，对催化剂造成堵塞等，并降低催化剂活性。N_2O 的形成是 SCR 催化剂的研究重点之一，即催化剂的 N_2 选择性。Mn 基金属氧化物催化剂在条件下的 NO 转化率可以达到 90%以上，甚至接近 100%，然而其 N_2 选择性不佳。Mn 基催化剂的 N_2 选择性通常随着反应温度的升高而降低，在 200 ℃以上，N_2O 的生成浓度将显著增加。N_2O 生成的反应式如下：

$$4NH_3 + 4NO + 3O_2 = 4N_2O + 6H_2O_{(g)} \tag{2-25}$$

遵循 L-H 机理和 E-R 机理的中间反应过程分别表现为 $Mn^{(n-1)+}$—O—NO 进一步氧化形成 $Mn^{(n-1)+}$—O—NO_2 和 [NH_2] 进一步被夺去 H 原子而形成 [NH]，分别见式（2-26）和式（2-27）：

$$\begin{aligned} Mn^{(n-1)+}\text{—O—}NO_2 + NH_{3(ad)} &\longrightarrow Mn^{(n-1)+}\text{—O—}NO_2\text{—}NH_3 \\ &\longrightarrow Mn^{(n-1)+}\text{—OH} + N_2O + H_2O \end{aligned} \tag{2-26}$$

$$[NH] + NO_{(g)} \longrightarrow N_2O + H \tag{2-27}$$

Yang 等[8]以 Mn-Fe 尖晶石为催化剂研究了 N_2O 生成机理，结果表明在 Mn-Fe 尖晶石催化剂上，N_2O 的形成主要遵循 E-R 机理而非 L-H 机理，并进一步以 Mn-Ce 催化剂研究得到相同结果。N_2O 的生成量随 NH_3 浓度的增高而增加，而 NO 浓度增高并不导致 N_2O 生成量的增加[23]。反应温度可影响 NO_x 还原或 N_2O 生成的反应路径。当温度低于 150℃时，反应遵循 L-H 机制，而当温度较高时，SCR 反应将遵循 E-R 机理[24]。

此外，Suárez 等[25]指出 N_2O 可通过配位态 NO_3^- 与 NH_x 反应生成。其中，配位态 NO_3^- 由吸附的 NO 或 NO_2 在 O_2 条件下生成。Zhu 等[26]研究发现 SCR 反应过程中的 NH_4NO_3 可以分解形成 N_2O 和 H_2O，见式（2-28）：

$$NH_4NO_3 = N_2O + 2H_2O \tag{2-28}$$

2.2 SCR 脱硝催化剂及其制备

2.2.1 脱硝催化剂概述

SCR 技术的脱硝原理是在催化剂作用下，以 NH_3 还原烟气中的 NO_x 生成 N_2 和 H_2O，因此采用 SCR 技术的脱硝系统中需要安装大量的脱硝催化剂。脱硝催化剂是 SCR 技术的核心，决定了烟气脱硝系统的工作条件、脱硝效率和运行成本等。脱硝催化剂的研发一直是烟气脱硝领域的重要研究内容。选择性催化还原 NO_x 涉及氧化还原反应，基于金属催化剂能带理论和金属氧化物催化剂的半导体催化理论，二者均可承担 NO_x 还原的催化媒介。美国 Engelhard 公司于 1957 年首次研发了由 Pt、Rh 和 Pb 等贵金属为活性物质的 SCR 脱硝催化剂，其具有优异的脱硝活性，但成本高昂，在工业烟气脱硝领域难以推广[27]。目前，以贵金属为活性物质的催化剂主要用于汽车尾气净化的三效催化剂。

20 世纪 70 年代，日立、三菱等公司研发出以 TiO_2 为载体的 V_2O_5 系脱硝催化剂，其脱硝效率高，具有良好的抗 SO_2 中毒性能，并于 1975 年在日本 Shimoneski 电厂建立了第一个 SCR 脱硝应用工程[28]。日本在 20 世纪 80 年代初已基本实现钒钛系脱硝催化剂在燃煤电厂的推广应用，德国从 20 世纪 80 年代中期开始也在燃煤电厂推进 SCR 烟气脱硝技术，而美国则从 20 世纪 90 年代才开始推进 SCR 烟气脱硝技术的商业应用[29]。当前，钒钛系脱硝催化剂的生产与应用技术已在国内普及。国内钒钛脱硝催化剂的生产企业已达到数十家，但核心技术仍由美国康宁公司（Cormetech）、日本日挥触媒化成株式会社（CCIC）、丹麦托普索公司（Topsoe）、英国庄信万丰公司（Johnson Matthey）、德国巴斯夫公司（BASF）、韩国 SK 公司、荷兰皇家壳牌公司（Shell）等国外大型公司掌握。我国脱硝催化剂的产品质量与国外仍有较大差距，特别是在薄壁小孔径的高孔催化剂生产方面，而进口脱硝催化剂的价格也远高于国产品牌。近年来，我国在新型脱硝催化剂的研发方面取得了较大进展，稀土基、锰基、铁基等新型脱硝催化剂均得到了产业化应用。以下根据脱硝催化剂的活性物质划分来介绍不同的催化剂类型。

2.2.1.1 不同活性物质的脱硝催化剂

A 钒钛系脱硝催化剂

钒钛系脱硝催化剂以 V_2O_5 为主要活性物质。V_2O_5 为两性氧化物，其酸性显著而碱性较弱，表面丰富的酸性位点是催化反应的优良属性，常用于制硫酸、石化、有机合成、烟气脱硝等领域的催化剂。V_2O_5 还是世界卫生组织认定的 2B 类致癌物。钒钛系脱硝催化剂以 TiO_2 为载体，通过添加 WO_3 和 MoO_3 可提升 TiO_2 载体的热稳定性以及催化剂的高温脱硝活性[30]。V_2O_5 的性能较稳定，烟气中 SO_2 对其影响较小，可在含高浓度 SO_2 的燃煤锅炉烟气中稳定运行，因此，钒钛系脱硝催化剂一直以来都是工业烟气脱硝催化剂的主流。常见钒钛系脱硝催化剂的主要化学成分见表 2-1。

表 2-1 钒钛系脱硝催化剂主要化学成分 (%)

成　分	V_2O_5	WO_3	MoO_3	TiO_2	SiO_2	Al_2O_3
含量（质量分数）	1~5	2~8	0~4	80~90	1~4	0~2

钒钛系脱硝催化剂最早应用于燃煤锅炉烟气脱硝，目前已获得广泛应用。一般认为，钒钛系脱硝催化剂的工作温度区间为 300~450 ℃，通常称该温度区间为高温脱硝。随着钢铁、水泥、玻璃、焦化等非电行业超低排放的推进，SCR 技术在非电行业逐步应用，其采用的脱硝催化剂仍然主要为钒钛系脱硝催化剂。火电厂燃煤锅炉烟气脱硝采用的钒钛系脱硝催化剂，其 V_2O_5 含量（质量分数）一般低于 1.5%。这是由于燃煤锅炉冷端存在省煤器等设备，V_2O_5 含量的增加可提升 SO_2 氧化为 SO_3 的硫转化率，从而形成 NH_4HSO_4，导致制冷端设备腐蚀和堵塞。非电行业通常没有太多的冷端设备，因此可通过增加 V_2O_5 含量来改进脱硝催化剂。

研究表明，增加 V_2O_5 含量可提高钒钛系脱硝催化剂在中低温段的脱硝活性，将 V_2O_5 含量（质量分数）提升到 2.0%~4.0%，可将钒钛系脱硝催化剂应用于 200~300 ℃的中温段烟气脱硝[31]。此外，钒钛系脱硝催化剂目前已经应用于 180 ℃甚至更低温度的低温脱硝[32]。

B 稀土基脱硝催化剂

由于 V_2O_5 具有生物毒性，研究人员一直在试图开发无毒、高效的新型脱硝催化剂，其中稀土基脱硝催化剂在我国较早被研究和应用。稀土元素在地壳中储量并非稀有，其中含量较丰富的铈、钇、钕、镧等丰度甚至超过钨、钼等常用金属，其价格则远低于当前商用脱硝催化剂主要活性组分钒。稀土元素具有独特的未充满的4f及空的5d电子轨道结构，4f电子在f-f或f-d组态可实现能级跃迁，使晶格氧易于实现脱离与重新捕获，因而表现出优异的储释氧能力，适合应用于催化领域，在加氢、脱氢、裂解、聚合、氧化、还原、合成等多类均相或非均相催化反应中都得到了广泛应用[33]。

《国家鼓励的有毒有害原料（产品）替代品目录（2016年版）》鼓励研发镧、铈、钇等稀土元素脱硝催化剂替代现有V基脱硝催化剂，以用于电厂、窑炉等工业脱硝。2017年，我国发布了《稀土型选择性催化还原（SCR）脱硝催化剂》（GB/T 34700—2017）国家标准，对稀土型脱硝催化剂限定了相关技术指标和要求。2021年，国家重点研发计划启动实施“稀土新材料”重点专项，部署了“复杂工况工业烟气深度净化稀土脱硝催化剂及应用”的共性关键技术研发任务。

稀土元素在脱硝催化剂中的应用可通过增加氧空位和提升储释氧能力以改善氧化还原性能，通过调整催化剂表面电荷改善表面酸性及对NH_3、NO_x的吸附特性，通过抑制SO_3形成或转移活性组分的硫酸盐化改善抗SO_2中毒性能等。早在2014年，山东天璨环保科技有限公司即报道了稀土基蜂窝式脱硝催化剂在300 MW燃煤机组的应用，将18×18孔蜂窝式催化剂采用初装2层+预留1层方式布置，烟气量约为130万立方米/时（标准状态），脱硝温度为340 ℃，入口NO_x浓度（以NO_2计）为450 mg/m^3（标准状态），设计脱硝率不低于80%。该项目稳定运行，NO_x排放达到国家排放标准要求[34]。国华太仓发电有限公司报道了以稀土元素为主的新型无毒脱硝催化剂在630 MW发电机组的应用情况，烟气量约为449万立方米/时，脱硝温度为378 ℃，入口NO_x浓度为350 mg/m^3，$[SO_2]=0.037\%$（质量分数），$[H_2O]=8.93\%$（体积分数），催化剂在360 MW、500 MW和600 MW三个工况下运行均可实现NO_x达标排放[35]。

南京工业大学祝社民等[36,37]发明了以钛基或铝基陶瓷为载体的CeO_2基脱硝催化剂的制备方法，以钛基或铝基陶瓷为第一载体，通过涂覆TiO_2-ZrO_2复合溶胶作为第二载体层，然后以浸渍法负载Ce的硝酸盐、硫酸盐或磷酸盐。该方法可避免因气体逸出致开裂的问题，但浸渍法较难突破对高活性组分的负载。此外，大唐南京环保科技有限责任公司纵宇浩等[38]公开了一种稀土基平板式脱硝催化剂的制备方法，其要点为将钽、铈、镧溶液加入TiO_2载体中搅拌，并通过氨水调节pH值和加入其他助剂搅拌得到膏料，然后涂覆、干燥、煅烧即可得到稀土基平板式脱硝催化剂。目前，内蒙古希捷环保科技有限责任公司已建成年产5万立方米的稀土基脱硝催化剂生产线。

C 锰基脱硝催化剂

锰基脱硝催化剂是近年来国内低温 SCR 脱硝催化剂的研究热点。锰元素的 d 轨道电子处于半充满状态，具有多种可变价态，使锰氧化物（MnO_x）具有很强的催化脱硝活性，尤其是锰基催化剂在低温段的脱硝活性优良。Kapteijn 等[39]发现 MnO_x 催化剂上 NO 转化率按 MnO_2、Mn_5O_8、Mn_2O_3、Mn_3O_4 的顺序降低，即 MnO_x 催化剂的催化脱硝活性随着 Mn 的价态的升高而提升。氧化还原性能及表面酸性是影响 NO_x 还原路径的重要因素，强氧化性可致 NH_3 等过度氧化而形成 N_2O。尽管 MnO_x 具有良好的中低温 SCR 活性，但 N_2 选择性低，易将 NO_x 还原为温室气体 N_2O。

过渡金属元素掺杂是改善 Mn 基催化剂活性和 N_2 选择性的常用方法。CeO_2 具有优异的储释氧特性，因而表现出良好的氧化还原性能。以 CeO_2 掺杂 MnO_x 催化剂，结合 CeO_2 优异的氧化还原性能和 MnO_x 良好的表面酸性，可改善 Mn 基脱硝催化剂性能[40]。

与钒钛系脱硝催化剂不同，MnO_x 易在 SO_2 作用下转化为硫酸盐，而形成的硫酸锰等硫酸盐在低温下不容易分解[41]。因此，锰基催化剂的 SCR 脱硝活性易受烟气中的 SO_2 和 H_2O 的毒化作用而失活。此外，在低温条件下脱硝时，SO_2、H_2O 与 NH_3 反应生成 NH_4HSO_4 处于分解温度以下，其占据脱硝催化剂表面活性位，从而可导致脱硝活性降低。

锰基脱硝催化剂在 SO_2 作用下易失活是阻碍其工业应用的关键难点。目前，湖北思搏盈环保科技股份有限公司通过网络报道锰基脱硝催化剂的应用，其生产的锰基脱硝催化剂呈深黑色，可应用于 200~320 ℃的烟气脱硝，且于 200 ℃应用时烟气中的 SO_2 浓度要求低于 500 mg/m^3（标准状态），化学使用寿命可保证达到 3 年[42]。

2.2.1.2 不同结构类型的脱硝催化剂

根据脱硝催化剂的结构类型划分，现有商用的工业烟气脱硝催化剂主要包括蜂窝式、平板式和波纹板式三大类（见图 2-5），其中蜂窝式脱硝催化剂是当前应用最广泛的工业烟气脱硝催化剂，其市场占有率超过 80%，其次依次是平板式和波纹板式脱硝催化剂，此外还有三叶草形和颗粒状等类型。

A 蜂窝式脱硝催化剂

蜂窝式脱硝催化剂为均质整体成型，一般以 TiO_2 为主要载体，采用挤出成型工艺制备，其单元体结构为蜂窝状，标准的截面为 150 mm×150 mm，其长度根据实际需要设计。截面内的开孔数是蜂窝式脱硝催化剂的重要特征，目前国产蜂窝式脱硝催化剂一般在 10~60 孔，即 150 mm×150 mm 截面内开 10×10 至 60×60 个蜂窝孔，而国外进口蜂窝式催化剂已达到 108 孔，甚至更高孔数。蜂窝式脱硝催

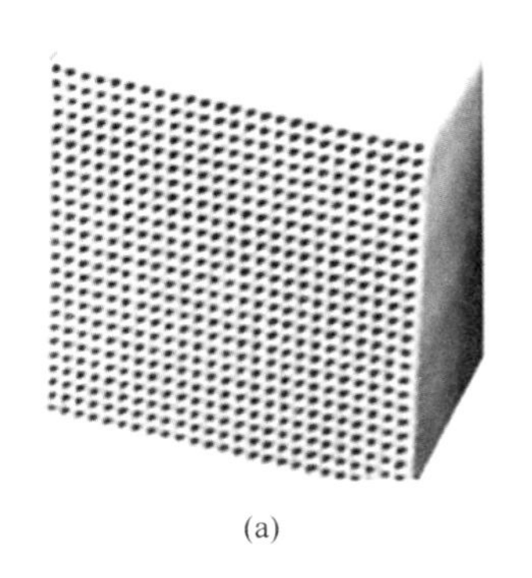
(a)

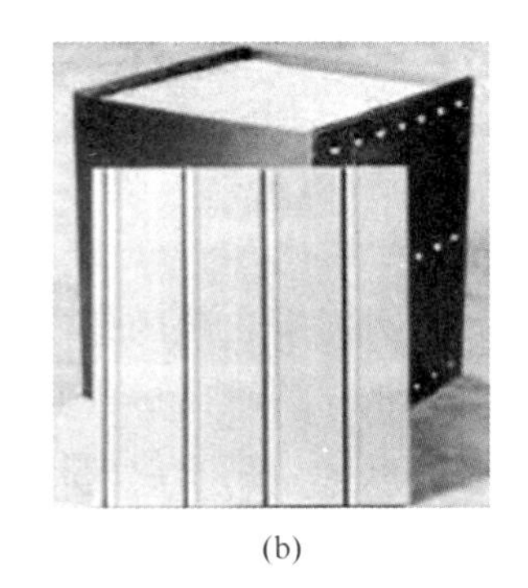
(b)

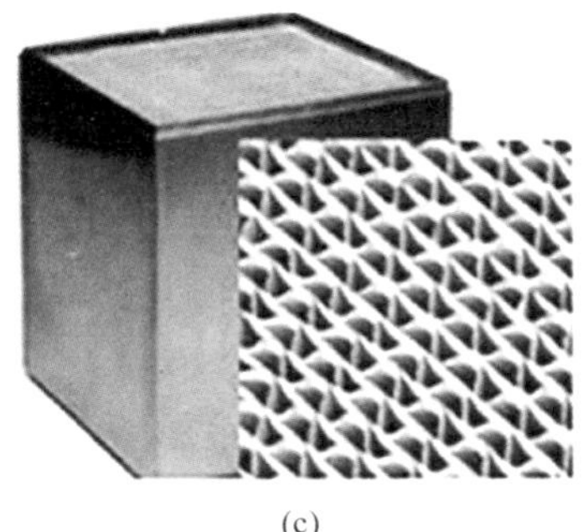
(c)

图 2-5 不同类型的脱硝催化剂结构[43]
（a）蜂窝式；（b）平板式；（c）波纹板式

化剂的力学性能良好、孔隙率高且单位体积的几何比表面积大，因此可在一定程度上减小所需催化剂的体积量，常见蜂窝式脱硝催化剂的结构参数见表 2-2。

表 2-2 常见蜂窝式脱硝催化剂的结构参数

开孔数	节距/mm	壁厚/mm	几何比表面积/$m^2 \cdot m^{-3}$
13×13	11.3	1.50	295
16×16	9.2	1.02	364
20×20	7.4	0.95	455
22×22	6.7	0.90	499
25×25	5.9	0.80	567
30×30	4.9	0.65	680
35×35	4.2	0.56	793
40×40	3.7	0.49	907
45×45	3.3	0.45	1019
50×50	2.9	0.42	1036

《蜂窝式烟气脱硝催化剂》(GB/T 31587—2015）和《火电厂烟气脱硝催化剂检测技术规范》(DL/T 1286—2013）定义了蜂窝式脱硝催化剂的如下术语。

（1）单元：截面尺寸为 150 mm×150 mm 的蜂窝式催化剂单体。

（2）模块：由一定数量的催化剂单元在模块框内组装而成。

（3）开孔率：烟气流通催化剂通道的截面积与催化剂总截面积的比值。

（4）几何比表面积：烟气通过催化剂通道的总表面积与催化剂体积的比值。

（5）节距：蜂窝孔径与内壁厚度之和。

（6）磨损率：催化剂经磨损前后质量损失的百分比，与所使用磨损剂质量的比值。

（7）缺口：催化剂单元端面及外壁上出现的开口。

（8）孔变形：构成催化剂孔道的壁出现变形，偏离了水平线或垂直线。

（9）轴向挤压强度：沿催化剂孔道方向单位面积所承受的最大压力。

（10）径向抗压强度：与催化剂孔道垂直方向单位面积所能承受的最大压力。

以上术语同时也是蜂窝式脱硝催化剂的重要评判指标。

B 平板式脱硝催化剂

平板式脱硝催化剂一般采用不锈钢制筛网板作为催化剂单板骨架，通过双面加压在不锈钢制筛网板涂覆与蜂窝式脱硝催化剂类似的活性物质，并在筛网板上压制褶皱形成平板式催化剂单板。平板式脱硝催化剂拼装过程是将单板叠加，单板之间形成的孔隙为长方形，相较于蜂窝式脱硝催化剂，其通孔大、开孔率高，因此平板式催化剂通过具有更好的防堵塞性，一般在高尘烟气中应用较多[44]。

《平板式烟气脱硝催化剂》(GB/T 31584—2015）定义了平板式脱硝催化剂的如下术语。

（1）单板：金属网表面均匀涂覆活性物质，按照一定的规格褶皱并剪切而成的催化剂板，是平板式脱硝催化剂的基本组成部分。

（2）单元：由一定数量的催化剂单板在金属盒内组装而成。

（3）模块：由一定数量的催化剂单元在模块框内组装而成。

（4）节距：催化剂单元内相邻两单板中心层之间的距离。

（5）几何比表面积：烟气通过催化剂通道的总表面积与催化剂体积的比值。

（6）开孔率：烟气流通催化剂通道的截面积与催化剂总截面积的比值。

（7）耐磨强度：当平板式催化剂受到外力摩擦时，其表面活性物质涂层能抵抗摩擦力而不形成碎屑或粉末的能力。

C 波纹板式脱硝催化剂

波纹板式脱硝催化剂一般以高性能耐高温的玻璃纤维为基材，经压延成型制备为波纹板状骨料，其组装一般以玻璃纤维平板和波纹板交替叠加组成催化剂单元体，通过浸渍法负载活性物质。与蜂窝式脱硝催化剂相似，波纹板式脱硝催化剂的通孔可通过波纹参数调节，其单位体积的质量则远低于平板式和蜂窝式脱硝催化剂，有利于减轻反应器承重。

《波纹板式脱硝催化剂检测技术规范》(GB/T 39703—2020) 定义了波纹板式脱硝催化剂的如下术语。

(1) 单元：由一定数量的波纹板和平板在金属壳内组装而成的集合。

(2) 节距：相邻平板内壁中心层之间的距离。

(3) 几何比表面积：气体流通通道的总表面积之和与催化剂体积的比值。

(4) 开孔率：气体流通通道的截面积与催化剂总截面积的比值。

(5) 磨损率：催化剂经磨损前后相对于对比样质量损失的百分比与所消耗的磨损剂质量的比值。

2.2.2 蜂窝式脱硝催化剂制备

蜂窝式脱硝催化剂采用 V_2O_5 作为主要活性物质，一般以钛白粉（TiO_2）为催化剂载体，以 WO_3 或 MoO_3 为催化助剂。蜂窝式脱硝催化剂的主要生产工艺流程如图 2-6 所示[45,46]。

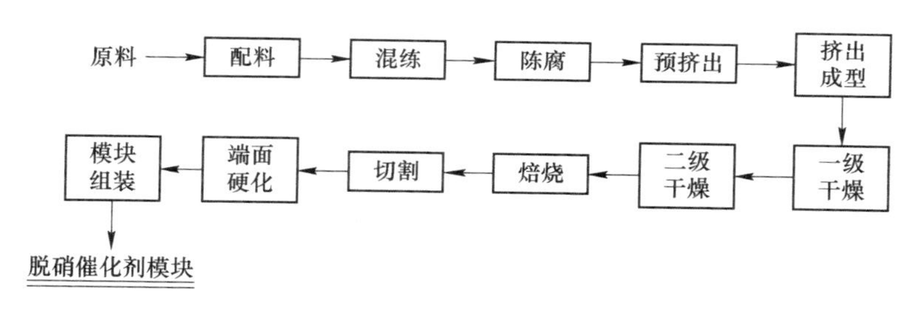

图 2-6　蜂窝式脱硝催化剂的生产工艺

2.2.2.1　配料

蜂窝式脱硝催化剂的主要原料有钛白粉、偏钒酸铵（NH_4VO_3）、钨酸铵（或 WO_3）、钼酸铵（或 MoO_3）、玻璃纤维、黏结剂、脱模剂、蒙脱石黏土等。配料过程根据所生产脱硝催化剂的配方计算添加以上原料。由于脱硝催化剂最终要经过高温焙烧，其中的水分及可分解组分均将分解逸出，因此配料过程应根据原料的干基质量计算加入量，如计算钛白粉的添加量时应减扣钛白粉的含水量，而黏结剂和脱模剂等有机组分则不应计入脱硝催化剂的最终成分。

锐钛矿型钛白粉是 TiO_2 的三种同素异构体之一，属于四方晶系（$a=b=0.3782$ nm、$c=0.9502$ nm），其催化化学活性优于金红石型与板钛矿型 TiO_2，为最常用的催化剂载体，是制备钒钛脱硝催化剂最为主要原料，占催化剂总质量的85%~90%[47]。目前，我国暂无脱硝催化剂用钛白粉质量要求的相关国家与行业标准，但一般对钛白粉的比表面积、孔容、粒径分布等参数有一定要求，如一些厂家通常要求制备脱硝催化剂的钛白粉 BET 比表面积不小于 80 m^2/g、孔容不小于 0.25 cm^3/g 等。

脱硝催化剂用钛白粉生产技术一直被日本及欧美少数几个发达国家所掌控，如日本石原（ISK）、日本堺化学公司（Sakai Chem）、美国科麦奇（Keep Mcgee）、德国莎哈利本化学（Sachtleben Chemie GmbH）等[48]。“十二五”时期之前，国内脱硝催化剂用钛白粉生产技术与质量明显落后于西方国家，钛白粉生产工艺技术落后、产能分散，主要生产化工、染料领域的通用型钛白粉。“十二五”期间则进行了大量的相关基础与生产技术研究，并取得了显著的成果，基本打破了国外对核心技术的垄断。江苏龙源催化剂有限公司汪德志等[49]于 2013 年研究了国产钛白粉制备脱硝催化剂的成型及性能特性，其催化剂生产应用研究结果表明，国产钛白粉能够满足蜂窝式脱硝催化剂的生产要求，并基本确定了脱硝催化剂用钛白粉理化性质指标，见表 2-3。

表 2-3 脱硝催化剂用钛白粉理化性质指标要求

指标	比表面积/$m^2 \cdot g^{-1}$	粒度 D50/μm	$w(SO_4^{2-})$/%	$w(Fe)$/%	$w(K_2O)$/%	$w(Na_2O)$/%
要求	90±10	1.0~2.0	1.5~3.5	≤0.01	≤0.01	≤0.01

偏钒酸铵的化学式为 NH_4VO_3，钒元素含量（质量分数）为 43.6%，白色粉末，含有少量杂质时显暗黄色，有毒性，在生产中应注意职业卫生安全。偏钒酸铵微溶于冷水，可溶于热水和稀氨水，水溶解呈弱酸性。偏钒酸铵在水中的溶解度随温度的升高而逐渐增大，在 313 K（40 ℃）时的溶解度仅有 11 g/L，在 343 K（70 ℃）时的溶解度为约 30 g/L，而在 363 K（90 ℃）时饱和偏钒酸铵溶液的浓度可达约 55 g/L。图 2-7 显示了偏钒酸铵的溶解度曲线[50]。

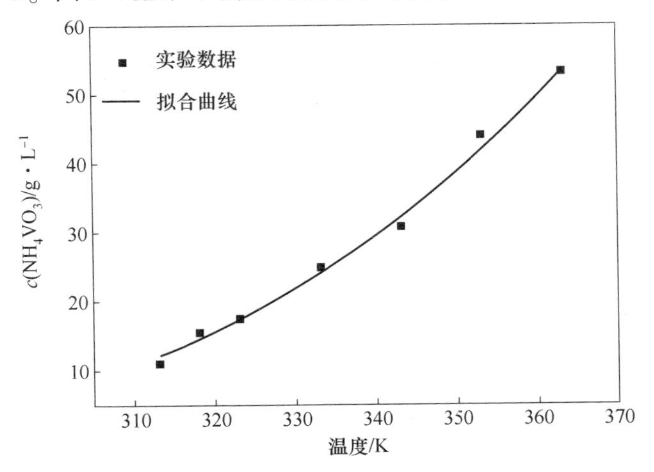

图 2-7 偏钒酸铵溶解度曲线[50]

由于室温下偏钒酸铵在水中的溶解度较小，因此在原料配制时可适当添加单乙醇胺、氨水等碱性氨基分子，以提高偏钒酸铵的溶解度[51]。在原料配制时，采用溶液加热、添加助溶剂等方式将偏钒酸铵、钨酸铵先行溶解也是常用的方法，可提高钒、钨在 TiO_2 载体表面的分散度。为使工艺简单，直接添加偏钒酸铵固体粉末及助溶剂等，使其在混练过程溶解同样可行，但其分散效果应低于先行充分溶解后添加的方法。

WO_3 和 MoO_3 作为钒钛脱硝催化剂的催化助剂，一般可通过添加其可溶性盐的形式，也可直接添加氧化物，也有在生产钛白粉时就添加 WO_3 和 MoO_3 组分。玻璃纤维的主要成分是 SiO_2，在蜂窝式脱硝催化剂中的主要作用是增强催化剂的机械强度。蒙脱石黏土同时被用于增强机械强度，可根据需要选择是否添加。蜂窝式脱硝催化剂生产中常用聚氧化乙烯等作为黏结剂，采用羧甲基纤维素作为脱模剂和保水剂等。羧甲基纤维素有铵基和钠基之分，一般在低孔数催化剂生产中采用羧甲基纤维素铵，而在高孔数催化剂生产中采用羧甲基纤维素钠。为提升泥料的保水性和润滑性等特性，配料时还常加入乳酸、硬脂酸、甘油和木棉浆等组分，并用氨水来调节泥料的 pH 值，使泥料保持弱碱性，可提升其润滑性。

2.2.2.2　混练

混练是将原料进行混合，使各组分达到均匀分散的目的。混练过程加料顺序和各种原料每次的添加量，以及搅拌速度、方向和时间等对泥料的性能具有重要的影响，直接关系到后续成型的质量好坏。王伟等[45]总结了混练的 6 个阶段，混练过程各阶段泥料的指标要求见表 2-4。

表 2-4　混练过程各阶段泥料的指标要求[45]

阶　　段	pH 值	水分/%	塑性/N
第 1 阶段	9.0~10.0	40~42	—
第 2 阶段	8.0~9.0	24~26	—
第 3 阶段	8.5~9.3	26~29	—
第 4 阶段	7.8~8.8	27~30	—
第 5 阶段	7.8~8.6	27~30	1600~2500
第 6 阶段	7.8~8.6	27~30	1600~2500

第 1 阶段将部分钛白粉、WO_3、MoO_3 和蒙脱石黏土加入混练机，正向低速搅拌，并加入硬脂酸、乳酸、水和氨水，然后正向高速搅拌。第 2 阶段是将剩余的钛白粉和回收料加入混练机，正向低速搅拌下加入水和氨水，然后正向高速搅

拌至升温到90℃以上，然后开排气阀抽湿降低水分含量。其中，回收料一般是生产过程生产的废料或边角料。第3阶段加入活性液、木棉浆、玻璃纤维和水，并正向高速搅拌。第4阶段加入部分羧甲基纤维素、聚氧化乙烯和水，并反向高速搅拌。第5阶段加入剩余的羧甲基纤维素和聚氧化乙烯，并反向高速搅拌。第6阶段则根据第5阶段的泥料情况，进一步加入水和氨水，并反向高速搅拌。其中，第3阶段加入的活性液一般为提前溶解好的偏钒酸铵溶液，同样可直接添加偏钒酸铵固体粉末进入混练机，但活性物质的分散效果不如添加活性溶液。

2.2.2.3 陈腐

陈腐类似于和面之后的“醒面”，将混练后的泥料在一定条件下静置一段时间（见图2-8），可使泥料中的偏钒酸铵、钨酸铵、羧甲基纤维素、聚氧化乙烯、硬脂酸等组分充分溶解和扩散，使活性溶液充分扩散到 TiO_2 载体的微孔，静置过程同时可以消除混练过程泥料中残余的应力，有利于后续的成型。陈腐的过程一般是将混练后的泥料装袋或装入框中，密封放置于室内室温阴暗条件下，或放置于30 ℃左右的高湿陈腐室中，静置24~72 h不等。

图2-8 泥料装箱进行陈腐

2.2.2.4 预挤出

预挤出一般是采用网筛模具将泥料挤出为细面条状，然后进一步挤出为柱条状，其主要作用是将泥料在一定压力挤出压实，以除去泥料中的气泡，经网筛过滤除去泥料中的颗粒、杂质等，并检验判断泥料的挤出性能，如图2-9所示。特别是混料过程加入的回收边角料颗粒，在预挤出过程可通过网筛过滤去除，以防止挤出成型时堵塞模具。因此，在预挤出时应及时清理出料口周边的泥料，并在发现预挤出料堵塞或异常时及时更换过滤网筛。经预挤出的泥料可再次密封进行陈腐。

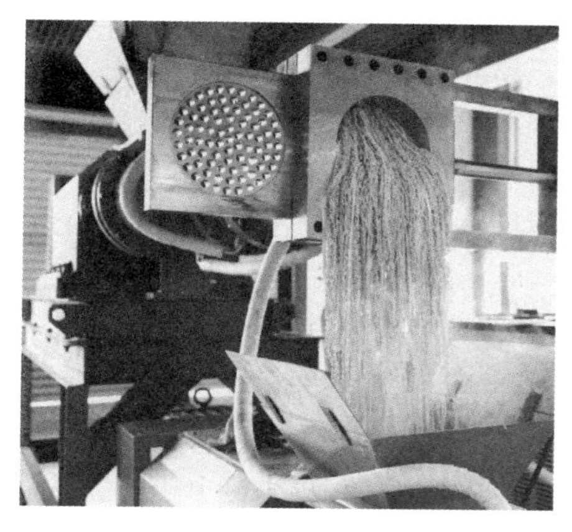

图 2-9 泥料预挤出过程

2.2.2.5 挤出成型

挤出成型是将泥料通过真空挤出机挤出成蜂窝状的泥坯，是蜂窝式脱硝催化剂生产的关键步骤之一。泥料性能和挤出成型工艺决定了泥坯的结构好坏，泥坯中的应力残余还会影响后期干燥效果，残余应力过高将导致泥坯在干燥过程中开裂。挤出成型的挤出速度一般控制在 1~1.5 m/min，根据蜂窝式催化剂的开孔数设计挤出压力为 2.5~5.5 MPa，泥料挤出温度为 10~30 ℃，真空度小于-0.095 MPa。一般根据最终产品设计采用钢线切割泥坯，将泥坯长度控制为 300~1300 mm，挤出坯体截面则根据含水率控制为 155.5~157.5 mm，挤出的泥坯单体最终采用带海绵内衬的纸箱包装密封，下一步进入干燥工艺[45]，如图 2-10 所示。

图 2-10 蜂窝式脱硝催化剂挤出成型过程

此外，挤出时泥料受较大压力易产生热量使泥料升温，应通过冷却水进行冷却，将泥料控制在较低温度，避免较大的热胀冷缩使泥坯中产生内应力。挤出成型的泥坯出口应与接料传输带保持水平，避免挤出时泥坯受重力使其弯曲，挤出速度与传输带速度要保持一致，钢线向下切割时应同步保持与传输带水平运动。

2.2.2.6 一级干燥

经挤出成型的泥坯为湿坯，含水率为30%左右，需经两道干燥工序逐步缓慢脱水，以防止其开裂与变形。一级干燥是蜂窝式脱硝催化剂生产过程中尤为重要的一环，其影响因素多，控制要求严格，且工序时长最长，一般要耗时 7~12 d。蜂窝式脱硝催化剂开孔极多，蜂窝体内孔壁特别薄，且其坯体材料的导热性能差，因此干燥过程要求特别严格，如果过程控制不好，极易使蜂窝体变形、开裂，影响产品质量。一级干燥一般采用传统的以水蒸气为热源的热力干燥方式，此种干燥方式的特点是从物料外部开始加热，因此物料的温度分布和热传递方向与湿度梯度方向正好相反，这就阻碍了水分子由内部向表面的移动，故热阻大。王伟等[45]总结了为期 8 d 的一级干燥工序干燥车间的温湿度控制参数，见表 2-5。

表 2-5 一级干燥的温湿度控制参数

时间/h	温度/℃	湿度/%
24	25±5	90±5
48	30±5	85±5
72	30±5	80±5
96	40±5	75±5
120	45±5	70±5
144	50±5	60±5
168	55±5	45±5
192	60±5	30±5

华攀龙等[46]将一级干燥总结为 4 个阶段。第 1 阶段为恒湿升温阶段。此过程主要是使蜂窝式脱硝催化剂均匀地加热到一定温度，并确保蜂窝体内外温度一致。该阶段需保证干燥车间湿度恒定，以避免蜂窝体表面干燥过快而使内外收缩不一致，从而引起变形与开裂。第 2 阶段为恒湿恒温阶段。在第 1 阶段升温结束后，将干燥车间湿度下调，并在恒湿恒温状态保持一段时间。该阶段可使蜂窝体由内向外逐步扩散水分，并保证由蜂窝体中水分由内向外扩散的速度与水分在蜂窝体表面蒸发的速度保持一致，即维持恒定的蒸发速度。第 3 阶段为恒温降湿阶段。缓慢升温至一定温度并保持，同时缓慢下调车间湿度，然后再经过升温-恒

温-降湿过程，重复3~4次以上过程，使蜂窝体含水率逐步降到指定目标。第4阶段为平缓降温阶段。干燥脱水结束后仍需缓慢降温，避免过快冷却使蜂窝体开裂，降温过程应保持车间封闭，降至室温后方可取出，然后进入二级干燥工序。一级干燥车间如图2-11所示。

图2-11 一级干燥车间和包裹的蜂窝式脱硝催化剂

2.2.2.7 二级干燥

经一级干燥后的脱硝催化剂含水率一般为15%左右，将其从带海绵内衬的纸箱中拆解取出，然后进入二级干燥。二级干燥一般采用隧道窑，将脱硝催化剂放置于干燥小车上传送进入隧道窑，控制温度为60 ℃左右，湿度为20%左右，进行鼓风干燥，一般可干燥至催化剂含水率为3%以下。干燥过程将产生较大量的氨气，应注意职业卫生安全。图2-12所示为经一级干燥后将催化剂从带海绵内衬的纸箱中取出和通过干燥小车进入二级干燥隧道窑。

图2-12 从带海绵内衬的纸箱中取出催化剂并进入二级干燥隧道窑

2.2.2.8 焙烧

焙烧是蜂窝式脱硝催化剂生产的最后一道关键工序，一般采用网带窑或辊道窑进行焙烧，将蜂窝体中的活性物质前驱体热解形成 V_2O_5 活性物质，而加入的单乙酸胺、硬脂酸、木棉浆等组分均热解逸出，并在催化剂中形成微孔，以提高催化反应的接触面。焙烧过程还会将钛白粉载体、蒙脱石黏土与玻璃纤维等组分烧结，形成高强度的蜂窝体。图 2-13 为网带窑焙烧蜂窝式脱硝催化剂。

图 2-13　网带窑焙烧蜂窝式脱硝催化剂

焙烧工艺参数根据具体生产情况而定。由于催化剂中钛白粉的晶型应保持为锐钛矿型，而在 625 ℃时锐钛矿型 TiO_2 可发生相变转化为金红石型 TiO_2，因此一般最高焙烧温度不宜超过 600 ℃，常见为 550 ℃左右。焙烧过程的温度曲线如图 2-14 所示。

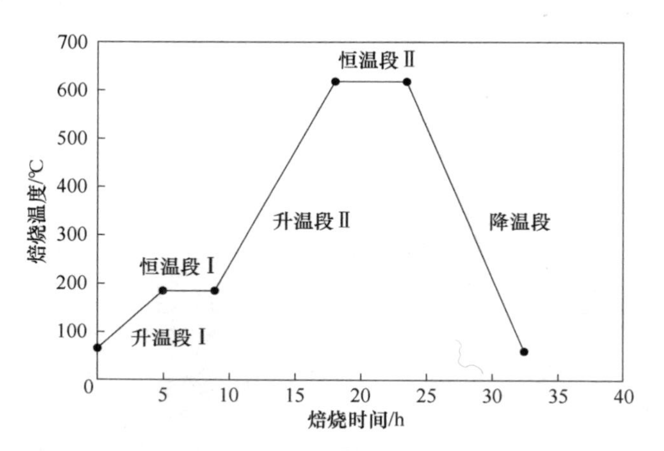

图 2-14　蜂窝式脱硝催化剂生产的焙烧温度曲线[45]

焙烧过程应注意控制窑内各段的温度场、热风流场和排气管道静压，温度和湿度场不均会导致催化剂各部位脱水和受热不均，在冷却定型阶段则横纵方向收缩不一致，从而导致变形、开裂。焙烧的不同温度段会发生一系列热解反应，单乙醇胺在 70 ℃、硬脂酸在 100 ℃、乳酸在 122 ℃、聚环氧乙烷在 165 ℃、偏钒酸铵在 210 ℃、羧甲基纤维素在 252 ℃开始挥发、热解或碳化[45]。活性物质 V_2O_5 即由偏钒酸铵热解形成，反应如下：

$$2NH_4VO_3 = V_2O_5 + 2NH_3\uparrow + H_2O\uparrow \tag{2-29}$$

2.2.2.9 切割

切割是将蜂窝式脱硝催化剂单元条统一切割为指定长度，以便后续组装为模块。一般采用双端面切割锯床进行切割。切割时应注意保持蜂窝体平衡，以避免导致切割过程出现掉角或截面倾斜等。此外，切割工序一般在焙烧之后进行，同样也可以在二级干燥之后进行。焙烧之后蜂窝体机械强度高，切割效果好，但边角料已经过焙烧，回用效果差；二级干燥之后切割则蜂窝体强度稍差，对切割过程的要求更高，但边角料未经过焙烧，可直接回混练工序进行回用。图 2-15 为采用锯床对蜂窝体进行切割。

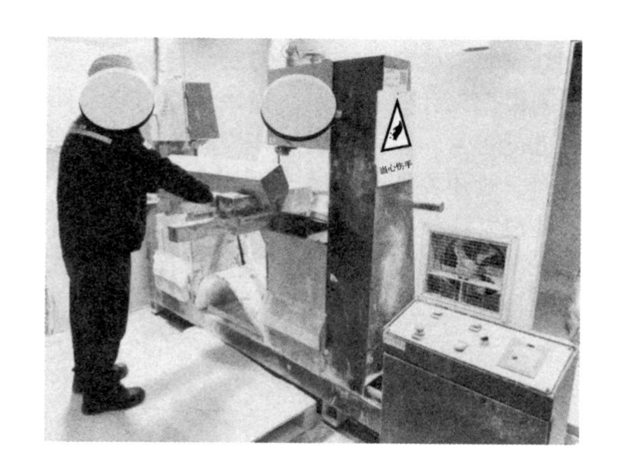

图 2-15 采用锯床对蜂窝体进行切割

2.2.2.10 端面硬化

脱硝催化剂在使用过程中烟气气流从一端进入，通过催化剂通孔从另一端流出，因此催化剂存在迎风端和背风端。迎风端受气流冲刷严重，因此在制备过程一般会对脱硝催化剂的一端进行端面硬化，以提高其耐磨损性能，延长催化剂的使用寿命。硬化过程只需将催化剂一端的 2~5 cm 浸渍硬化液，然后晾干即可。硬化液一般为铝的可溶性盐溶液，如硫酸铝、磷酸二氢铝、硬脂酸铝溶液等。浸渍负载的铝盐在催化剂的使用过程可逐步分解形成 Al_2O_3，从而提高催化剂的强度。图 2-16 为蜂窝式脱硝催化剂浸渍硬化液的过程。

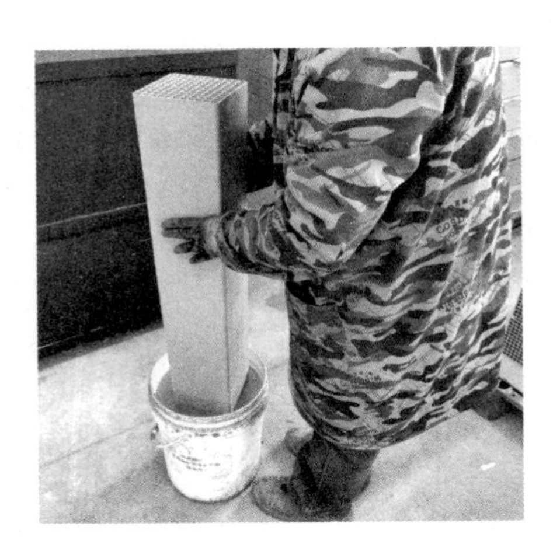

图 2-16 蜂窝式脱硝催化剂浸渍硬化液的过程

2.2.2.11 模块组装

模块组装是脱硝催化剂生产的最后一道工序，是将蜂窝式脱硝催化剂单元体采用铁框组装为催化剂模块，以便使用过程的安装与拆卸。模块长宽尺寸一般为 2 m×1 m 左右，高度则根据设计要求而定。模块铁框与蜂窝催化剂及蜂窝体之间一般采用陶瓷纤维毯进行密封，以防止漏气并提高抗震能力，避免运输和使用过程破损。模块的顶板面一般还要加装金属滤网，以防止使用过程的大颗粒灰尘和催化剂脱落碎片堵塞孔道。模块组装完成后，采用塑料薄膜打包密封，并添加干燥剂防潮。图 2-17 为蜂窝式脱硝催化剂模块组装过程及模块成品。

图 2-17 蜂窝式脱硝催化剂模块组装及模块成品

蜂窝式脱硝催化剂的以上生产工艺为最常见的工艺，此外还有先制备蜂窝式载体，然后再将载体在偏钒酸铵活性液中浸渍负载活性组分，最后进行模块组装的工艺。目前，高孔数的蜂窝式脱硝催化剂常采用先制备载体、后浸渍负载活性组分的工艺生产。

2.2.3 平板式脱硝催化剂制备

平板式脱硝催化剂在防止飞灰堵塞、抗磨损和抗中毒等方面具有很大的优势，特别适合于我国燃煤电厂煤种不稳定、燃煤烟气中含尘量高等情况，因此在我国烟气脱硝工程中同样占据较大的市场份额。平板式脱硝催化剂是以不锈钢丝网为主要载体，在不锈钢丝表面涂覆活性成分，活性成分以 V_2O_5 为主，WO_3 或 MoO_3 为催化助剂。

平板式脱硝催化剂的制备工艺一般为原料准备—涂覆压制—褶皱压制和切割—单元组装—焙烧—模块组装，其工艺流程如图 2-18 所示。

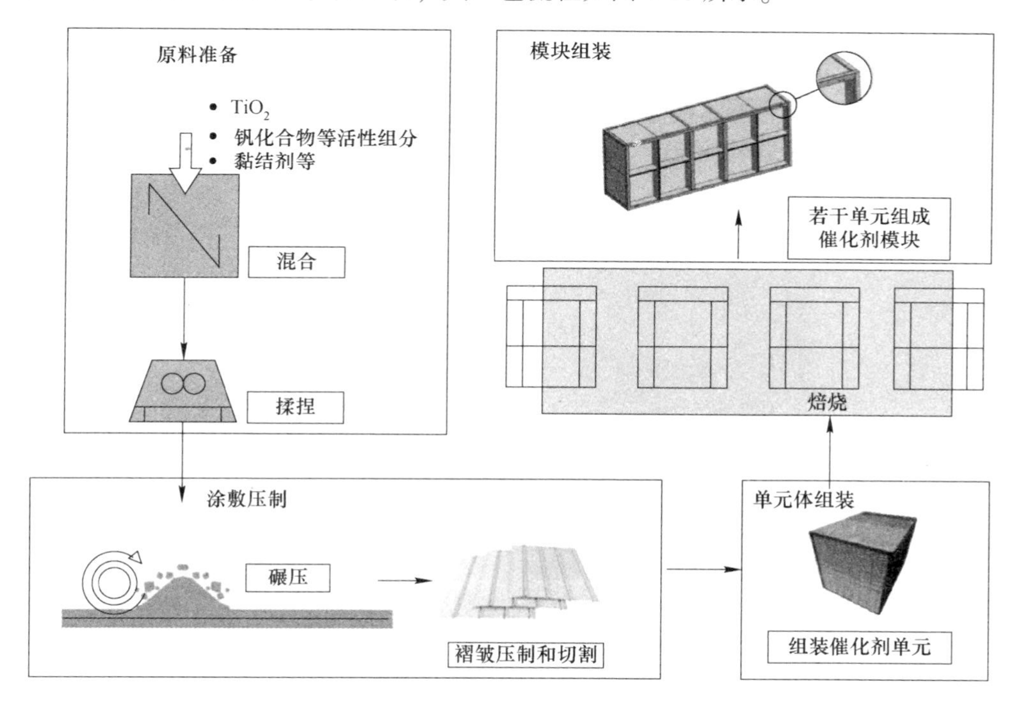

图 2-18 平板式脱硝催化剂制备的工艺流程

2.2.3.1 原料准备

平板式脱硝催化剂的主要原料有钛白粉、偏钒酸铵、钨酸铵（或 WO_3）、钼酸铵（或 MoO_3）、玻璃纤维、羟丙基甲基纤维素、单乙醇胺、黏结剂（聚环氧乙烷等）等。平板式脱硝催化剂的生产和蜂窝式催化剂的生产过程类似，最终要经过高温焙烧，故配料过程应根据原料的干基质量计算加入量，黏结剂和脱模剂等有机组分则不应计入脱硝催化剂的最终成分。

一般来说，V_2O_5 的添加量在一定范围内，占比越多，脱硝效率越高，但

SO_2 转化为 SO_3 的转化率也越高，为了提升 V_2O_5 的添加量，一般配料时相应地加入单乙醇胺、单乙酸胺等组分助溶。WO_3 和 MoO_3 作为催化助剂，一般可通过添加其可溶性盐的形式，也可直接添加氧化物。WO_3 可以增加金属分散度，带来更多氧化反应活性位点，促进 NO 氧化；同时提供了更多酸性位点，有助于吸附 NO_x 和 NH_3[52]。

玻璃纤维、羟丙基甲基纤维素等可以提升催化剂的耐磨、耐腐蚀性能。总的来说，配料过程要依据催化剂的实际使用环境进行计算，合适的原料配方有助于生产在使用环境下催化活性优异、抗中毒性能优秀的催化剂。根据配方，在准备好原料后，将其在 75~85 ℃、500~600 r/min 机械混合均匀得到膏料，一般需要搅拌 2~3 h[53]。

2.2.3.2 涂覆压制

将准备好的膏料均匀地涂覆在不锈钢扩张网表面，一般厚度为 0.5~1.0 mm，辊压平整，并通过红外线等方式干燥、压制出褶皱、切割后组成单元。涂覆压制过程已由成熟的自动生产线完成，如图 2-19 所示。

图 2-19 平板式脱硝催化剂涂覆工艺

涂覆压制工艺装置一般由涂布机、供给机、成型机、切断机组成，先由涂布机在不锈钢网上涂覆催化剂膏料，厚度为 0.5~1.0 mm。供给机具有移动钢网和压制膏料的作用，由一对转辊组成。钢网下方旋转辊的表面加热到 120~180 ℃，防止催化剂浆料黏附；钢网旋转辊上方的转辊经过水冷，安装防附着薄片，此辊与钢网间摩擦力较大，可以辊平膏料，并为钢网能被挤出提供动力。成型机则对连续移动的催化剂板材进行冲压成型（见图 2-20），切断机则将成型的催化剂板材切断为催化剂单元需要的长度。

2.2.3.3 单元组装

将切断的单板整齐排列，并用铁框将其封装形成单元。组装好的单元需要经过陈腐，一般是将组装完成的催化剂单元密封放置于室内室温阴暗条件下，或放

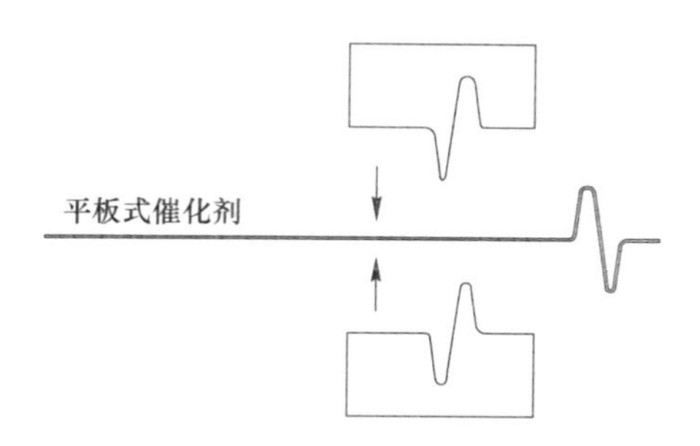

图 2-20 平板式催化剂的冲压成型[54]

置于 30 ℃左右的高湿陈腐室中，静置 24~72 h 不等。可使涂覆好的膏料中的偏钒酸铵、钨酸铵、羧甲基纤维素、聚氧化乙烯等组分充分溶解和扩散，使活性溶液充分扩散到 TiO_2 的微孔，静置过程同时可以消除混练过程涂覆膏料中残余的应力，有利于提升催化剂的耐磨损性能。

2.2.3.4 焙烧

焙烧是平板式脱硝催化剂生产的一道关键工序，一般通过连续式网带焙烧炉焙烧活化，焙烧温度一般为 500~600 ℃，焙烧时间为 3~5 h，如图 2-21 所示。焙烧过程将活性物质前驱体热解形成 V_2O_5 活性物质，而加入的单乙醇胺、单乙酸胺等组分均热解逸出，并在催化剂中形成微孔，以提高催化反应效率。

图 2-21 平板式脱硝催化剂单元的焙烧[55]

焙烧工艺参数需要参考原料成分和催化剂形状决定。一般分为两个恒温阶段：140~180 ℃进行干燥 1~2 h，400~600 ℃进行焙烧 3~5 h，常见焙烧温度为 500~600 ℃。平板式脱硝催化剂焙烧过程中发生的反应和温度曲线与蜂窝式催化剂类似，但由于其不锈钢网基底可带来更优秀的机械强度，变形、开裂等现象较少。

2.2.3.5 模块组装

组装是平板式脱硝催化剂生产的最后一道工序。平板式脱硝催化剂单元通常是柱体形，边长为450~750 mm，将单元装入金属模块框并进行固定，在蜂窝式等催化剂更换为平板式脱销催化剂的情况下也可以安装于原催化剂的模块框中，如图2-22所示。模块组装完成后，采用塑料薄膜打包密封，并添加干燥剂防潮，打包发送至现场。

图2-22 平板式脱硝催化剂的模块组装[55]

2.2.4 波纹板式脱硝催化剂制备

波纹板式脱硝催化剂以高性能耐高温的玻璃纤维为基材，涂覆高活性催化材料，集成了蜂窝式和板式脱硝催化剂的优点，具有活性高、轻质、抗热冲击性能好等特点[56]。波纹板式脱硝催化剂的生产工艺可分为两类，一是采用先制备波纹板载体，再通过浸渍法负载活性组分；二是采用涂布工艺在玻璃纤维板带上涂覆活性组分，后压制成波纹板，该工艺类似于平板式脱硝催化剂的制备工艺[57,58]。

浸渍法负载活性物质生产波纹板式催化剂，其浸渍液一般由Ti、W、V等组成。为提高波纹板式脱硝催化剂的机械强度和活性物质负载能力，Umicore提出了一种采用浸渍法涂覆TiO_2层的方法，先将波纹板浸渍于TiO_2悬浊液中以涂覆0.3~0.5 mm的TiO_2涂层，进行干燥和焙烧后再进行V、W活性物质的浸渍负载[58]。

涂布法生产波纹板式脱硝催化剂可以采用平板式脱硝催化剂的生产设备，其流程如图2-23所示。该工艺生产可提高活性物质的利用率，减少活性物质的使用。由于该工艺生产过程和平板式脱硝催化剂生产工艺类似，本节主要介绍其生产步骤中与平板式的不同点。

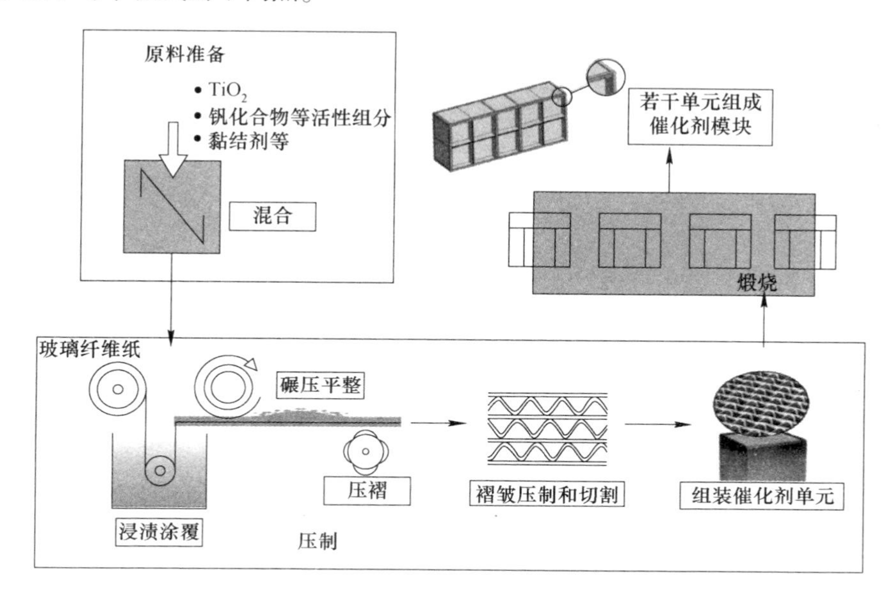

图2-23 波纹板式脱硝催化剂生产流程示意图

2.2.4.1 原料

黏结剂对波纹板式催化剂的成型十分重要，合理地添加黏结剂可以提高机械强度，日立公司在生产中使用硅溶胶作为黏结剂，以V、W为主要的活性物质，并且在涂覆前400 ℃开炉焙烧以去除玻璃纤维基体内的有机物，从而增强表面硬度[59]。韩国Nano公司在添加硅溶液作为主要黏结剂的同时，添加Al_2O_3、MgO悬浊液以增强表面硬度，提升了波纹板式脱硝催化剂的抗磨损性能[60]。

2.2.4.2 涂布

波纹板式脱硝催化剂的涂覆过程是将活性物质浆料涂布在玻璃纤维基底上，利用玻璃纤维基底的吸附性吸收活性物质，随后将浆料压制平整，活性组分负载量在250~500 g/m^2[61]。

2.2.4.3 成型

美国Corning公司公开的波纹板式催化剂自动生产流程与平板式催化剂生产中的主要不同在于冲压方式，波纹板式催化剂由指定尺寸的锯齿齿轮挤压成型，同时与另一条未经抗压的板带组合，形成波纹板式催化剂的基本单元[62]。如图2-24所示，基底卷1转动拉伸，基底条2被拉入容器4中涂覆活性物质3，托辊5确保基底条浸泡在活性物质3中，加热器6通过加热蒸发基底条上的部分水分，张紧辊 7 更改基底条方向，加热器 8 进行二次加热，滚轮 9 对涂覆的活性物质压制褶皱，形成压制出褶皱的板带条 10，通过收线盘 11 将带褶皱的板带条和不带褶皱的板带条同时绕收线轴 12 卷起，二者相互重叠成卷。成型后的波纹板装入内壁铺有玻璃纤维布的金属单元壳中，一般单元为边长在 60~130 cm 的铁框中。

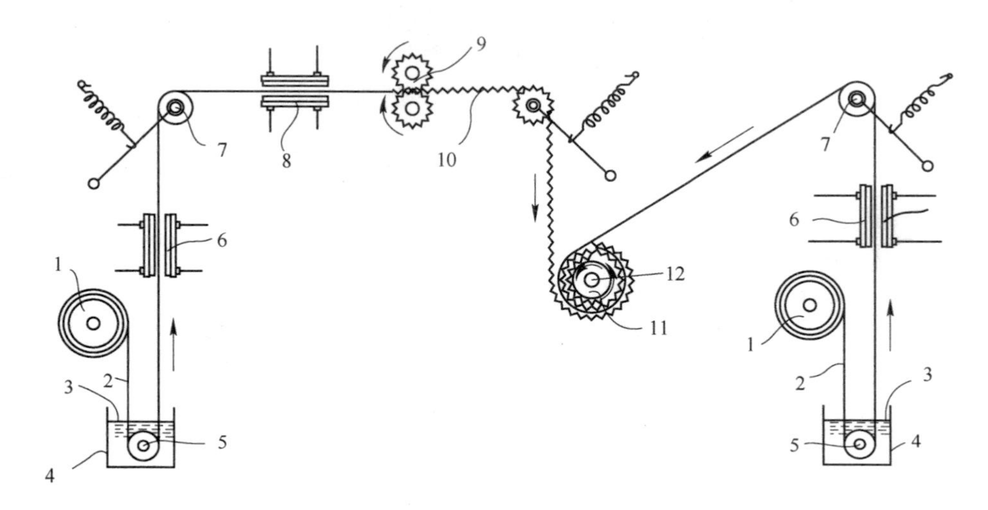

图 2-24　Corning 公司波纹板式催化剂成型工艺[62]

1—基底卷；2—基底条；3—活性物质；4—容器；5—托辊；6，8—加热器；7—张紧辊；9—滚轮；10—板带条；11—收线盘；12—收线轴

2.2.4.4　焙烧

焙烧工艺也与平板式催化剂的焙烧工艺类似，一般通过连续式网带焙烧炉焙烧活化，焙烧温度一般为 300~600 ℃，焙烧时间为 1~3 h。焙烧过程将活性物质前驱体热解形成 V_2O_5 活性物质，黏结剂链接各层。玻璃纤维布中的有机物组分均热解逸出，并在催化剂中形成微孔，以提高催化反应效率。

2.3　SCR 脱硝工艺和催化剂选型

2.3.1　SCR 脱硝系统

SCR 脱硝系统主要包括 SCR 脱硝反应器、储氨和喷氨系统和吹灰系统等，如图 2-25 所示。

2.3.1.1　SCR 脱硝反应器

SCR 脱硝反应器为烟气脱硝的核心装置，是脱硝催化剂以 NH_3 为还原剂催

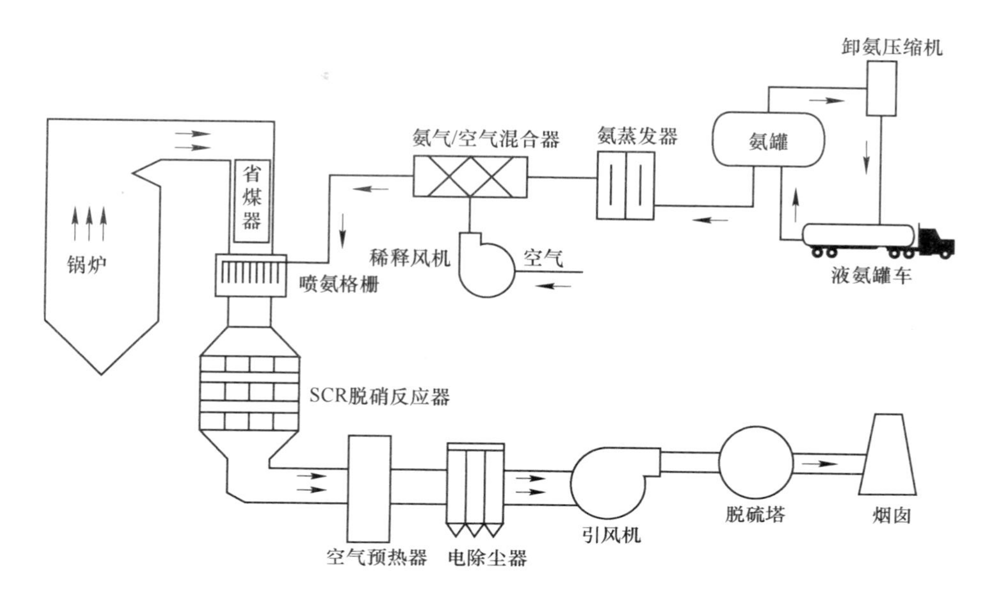

图 2-25 SCR 脱硝系统示意图[62]

化还原 NO_x 生成 N_2 和 H_2O 的部位，其主要功能是承载脱硝催化剂及其配套装置，以及调整烟气流场等。烟气经过 SCR 脱硝反应器的流场分布及烟气中 NO_x、NH_3、O_2、粉尘的分布均对脱硝效果及催化剂寿命具有重要影响。

SCR 脱硝反应器中主要包括外壳、喷氨格栅、烟气导流板、脱硝催化剂层、吹灰装置、出入口烟道、烟气监测探头和支撑结构等[63]。烟气导流板是烟气进入 SCR 系统后其流向与流场分布的引导结构，可保证脱硝反应器内部流场分布的均匀性。因此，脱硝反应器内部结构的设计通常利用有限元分析等进行数值模拟，以实现对流场的优化。为保证较高的脱硝效率，氨/烟气混合物进入第一层催化剂入口之前应满足以下条件：

（1）速度最大偏差为平均值的±15%；

（2）温度最大偏差为平均值的±10 ℃；

（3）氨氮摩尔比的最大偏差为平均值的±5%；

（4）入射催化剂角度（与垂直方向的夹角）为±10°[64]。

《燃煤电厂 SCR 烟气脱硝流场模拟技术规范》(DL/T 1418—2015）规定，在催化剂入口截面（与催化剂竖直距离 500 mm）处，速度分布相对标准偏差需小于 10%。

脱硝催化剂在反应器中采用固定床方式安装，催化剂首先通过模块组装形成构件，然后在反应器中按层铺装固定，并做好模块与模块及模块与反应器内壳之间的密封。烟气从脱硝催化剂上端流向下端，因此脱硝催化剂模块上端为催化剂的端面硬化端。脱硝反应器中一般设计布置 2~4 个催化剂层，工程设计中通常要在反应器底部或顶部预留 1~2 个备用层空间，即常见的 2+1 或 3+1 布置方案。

2.3.1.2 储氨和喷氨系统

NH_3 是 SCR 催化还原 NO_x 的还原剂，在 SCR 脱硝系统中 NH_3 由专门的储氨和喷氨系统提供，主要包括氨的储存、蒸发、输送与喷氨系统。目前，NH_3 的来源主要有液氨（纯氨 NH_3，也称无水氨或浓缩氨）、氨水（氨的水溶液，浓度通常为 20%~25%）和尿素（CON_2H_4，40%~50%的尿素颗粒溶液）[65]。

目前，电厂锅炉 SCR 脱硝系统主要采用液氨作为氨源，但液氨属于危险化学品，需采用专门的储氨储罐贮存，并且液氨的管理具有非常严格的规程。氨水作为氨源则可以避免液氨的危险特性和管理规程，但与液氨相比制备等量的 NH_3 需要蒸发大量的水，导致氨水用量大、能耗高、运输和储存成本高，而且工业氨水中的 Na^+、K^+对催化剂寿命和催化还原效率有一定影响。因此，目前采用氨水作为氨源的较少，一般都采用液氨或者尿素。

以液氨为氨源，液氨由槽车运送至液氨储罐，液氨经输送泵送至蒸发器蒸发为氨气，氨气经缓冲罐后送到氨气/空气混合器中与空气混合，然后经喷氨系统送入反应器脱硝，如图 2-26 所示。液氨蒸发一般用蒸汽或热水将水浴加热到 70 ℃左右，再以温水浴将液氨汽化并加热至 45 ℃左右，即得到氨气，其工艺简单，无副产物和废水排放，且运行费用低[67]。

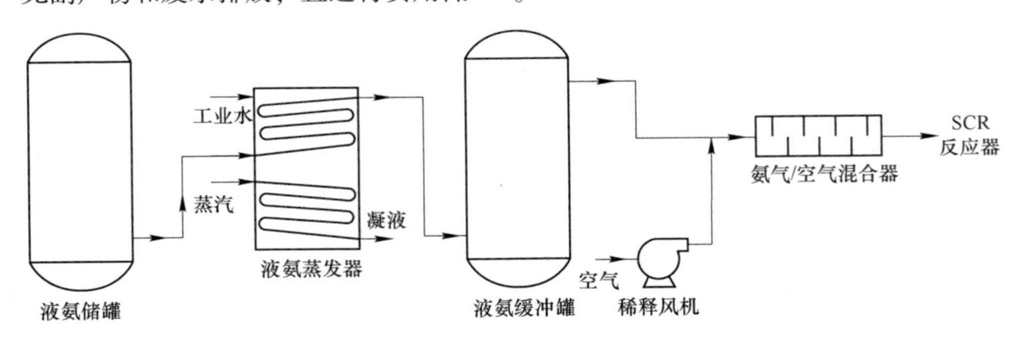

图 2-26 液氨蒸发制备 NH_3 的工艺流程[66]

为了提高电力行业的运行安全，国家能源局曾先后发布了《关于切实加强电力行业危险化学品安全综合治理工作的紧急通知》和《电力行业危险化学品安全风险集中治理实施方案》，要求将电厂的液氨一级、二级重大危险源采用尿素替代，因此以尿素为氨源将成为 SCR 脱硝工艺的主流，其原理是尿素分解产生 NH_3，见式（2-30）：

$$CO(NH_2)_2 + H_2O = CO_2 + 2NH_3 \tag{2-30}$$

尿素的分解可采用水解工艺和热解工艺。尿素水解是尿素溶液在一定的温度和压力下，生成中间产物氨基甲酸铵（NH_2COONH_4），NH_2COONH_4 进一步水解生成 NH_3 和 CO_2。其工艺流程是将尿素配制成质量分数为 40%~60%的尿素溶液，然后通过输送泵送入水解反应器，尿素溶液在水解反应器中经蒸汽加热在一定温度、压力下水解生成 NH_3 和 CO_2，然后通过喷氨系统将 NH_3 送入 SCR 脱硝反应器进行脱硝。尿素水解过程通常还可添加催化剂，以提高尿素的水解速率。尿素热解同样是配制质量分数为 40%~60%的尿素溶液，经雾化喷入热解室，在高温下热解生成 NH_3 和 CO_2，然后通过喷氨系统将 NH_3 送入 SCR 脱硝反应器进行脱硝。尿素制氨过程会产生副产物 CO_2[66]。

表 2-6 列出了以液氨、尿素和氨水作为氨源的优劣势对比。

表 2-6 液氨、尿素和氨水作为氨源的对比[67]

项　　目	液氨	尿素	氨水
存储设备的安全防护	国标及法规要求	不需要	—
设备初投资	便宜	贵	贵
还原剂对人的影响	有毒	无害	有害
存储条件	高压	常压、干燥	低压
存储方式	压力容器（液态）	料仓（固体颗粒）	压力容器（液态）
还原剂费用	较贵	较贵	便宜
NH_3 质量分数	99.6%	需水解或热解	20%~25%
运输费用	便宜	便宜	贵
运输线路	可能规定路线	无	可能规定路线
运行费用	单价贵、总量便宜	单价便宜、总量贵	单价便宜、总量贵
卸料操作人员	特殊培训、持证上岗	无	特殊培训、持证上岗

2.3.1.3 吹灰系统

吹灰系统是 SCR 脱硝必备的装置。目前，火电厂、水泥、钢铁、焦化、玻璃等行业烟气中均存在一定浓度的粉尘，特别是采用高灰布置的 SCR 脱硝系统，催化剂中极易形成积灰，若不及时吹扫，则可导致催化剂孔道的堵塞，从而增加风阻和能耗，降低脱硝效率。清除催化剂表面的积灰、保证催化剂的活性和使用寿命是 SCR 脱硝系统高效稳定运行的关键。

SCR 脱硝系统常用地吹灰方式有声波吹灰和耙式吹灰，实际应用中通常是二者相结合的组合清灰方式。声波吹灰器主要是由声波发生头将压缩空气携带的能量转化为高声强声波，通过声波的作用力使灰粒子和空气分子产生振动，破坏和阻止灰粒子在催化剂表面结合，使之处于悬浮流化状态，以便烟气或自身重力将其带走[68]。声波吹灰器需安装在脱硝催化剂的上方，一般 SCR 反应器中每一层的各个方向都需要安装多个声波吹灰器。图 2-27 为声波吹灰器实物图。

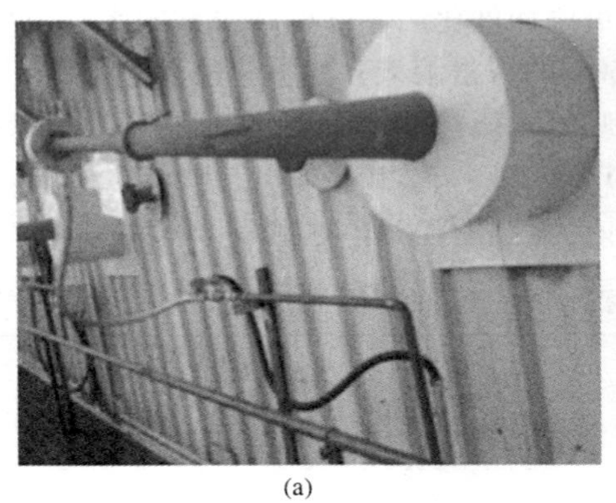

(a)

(b)

图 2-27 SCR 反应器的声波吹灰器[69]
（a）外部视图；（b）内部视图

耙式吹灰器是采用喷嘴将压缩气体靶向吹扫脱硝催化剂上的积灰，吹扫介质一般为水蒸气或压缩空气，其结构为在母管上每距 3 m 左右（一个行程）开一个支管，支管上开有距离 150 mm 左右的喷嘴[69]如图 2-28 所示。采用耙式吹灰时需注意所用的脱硝催化剂所能承受的最大表面吹扫压力，以便调节吹灰器的阀后压力，使之更有效地进行吹扫，同时减轻吹灰过程对催化剂的磨损。

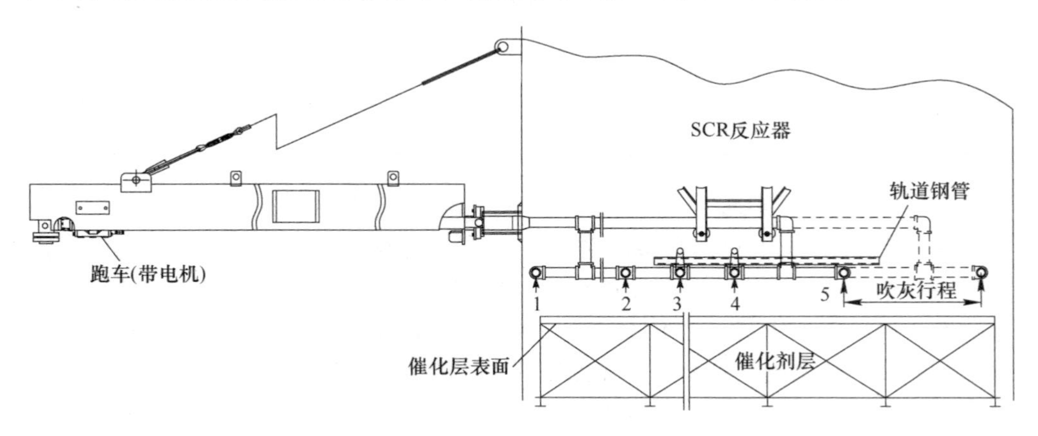

图 2-28 耙式蒸汽吹灰器安装示意图[69]
1—第一排喷嘴静止位置点；2—第二排喷嘴起吹点；3—第三排喷嘴起吹点；
4—第四排喷嘴起吹点；5—第五排喷嘴起吹点

2.3.2 SCR 脱硝系统的布置

SCR 脱硝技术最早应用于火电厂燃煤锅炉烟气脱硝。目前广泛使用的 SCR 脱硝系统主要采用热段高灰布置（见图 2-29），即所谓高温段（300~420 ℃）烟气脱硝，将 SCR 脱硝系统设置在省煤器与空气预热器之间。此处的烟气温度较高，然而烟气中烟尘、SO_2 等有害物质浓度高，将对催化剂造成腐蚀、堵塞等，高温气流则对催化剂具有强的冲蚀作用。采用热段高灰布置的约束条件是催化剂所要求的工作温度较高，目前研发的 SCR 脱硝催化剂主要为 V 基（V_2O_5-WO_3-TiO_2）催化剂，其工作温度要求为 300~420 ℃。

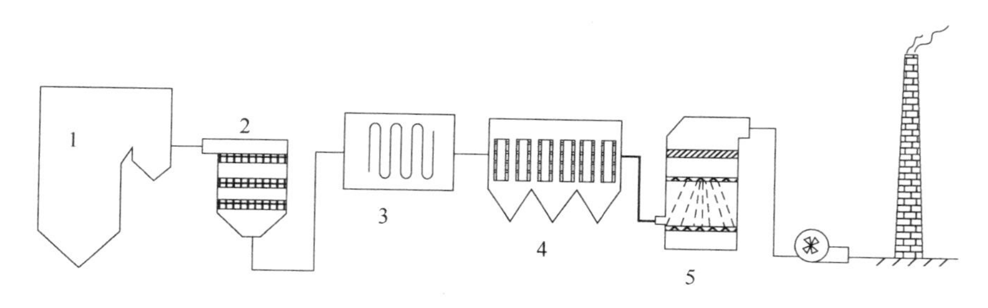

图 2-29 火电厂燃煤锅炉常用的烟气净化工艺流程[70]
1—锅炉；2—SCR 反应器；3—空预器；4—除尘器；5—脱硫塔

一种降低催化剂冲蚀作用延长其使用寿命的方法是将 SCR 脱硝系统布置于除尘器和脱硫塔之后，由于烟气温度降低而采用二次加热烟气，即可适用于 V 基催化剂。此方法无疑造成了额外的能源消耗。如不将烟气进行二次加热，即采用冷段低灰布置，则需要研发具有低温脱硝活性的催化剂，此即低温 SCR 脱硝技术。低温 SCR 脱硝技术的优势在于脱硝效率高、能耗低，且烟气对催化剂的磨损较小，可有效地延长催化剂使用寿命[70]。

随着脱硝催化剂技术的不断发展，现有商业脱硝催化剂可适用的温度区间逐步拓宽，其可适用的烟气条件也更为宽泛，但不同行业的特性不同，具体选择哪种工艺流程仍需综合考虑催化剂特性、烟气条件及成本投入等多重因素。以作为当前 NO_x 超低排放控制重点的水泥行业为例，水泥窑烟气具有粉尘浓度高、粒径小、黏度大及 NO_x 含量高等特性，可主要采用高温高尘、高温中尘和中低温低尘等几种 SCR 脱硝工艺。

2.3.2.1 高温高尘布置

在水泥窑烟气净化中，SCR 脱硝系统的高温高尘布置一般是将其设置于预热器出口与余热发电的 PH 锅炉之间，如图 2-30 所示。预热器出口烟气温度一般为 280~400 ℃，该温度达到了现有钒钛系脱硝催化剂的常用温度，但烟气中的粉尘浓度可高达 80~120 g/m³（标准状态），使催化剂堵塞风险加大，且粉尘中的碱性物质易造成催化剂中毒，降低催化剂使用寿命。因此，高温高尘布置的优点是烟气温度适应现有脱硝催化剂的工作要求，其脱硝效率高，无须对烟气进行加热，且该温度段的催化剂价格较低；缺点是需采用大孔径的催化剂，在一定程度上增加了催化剂的体积，并且系统吹灰频繁，运行能耗大，催化剂受破损的可能性大[71]。

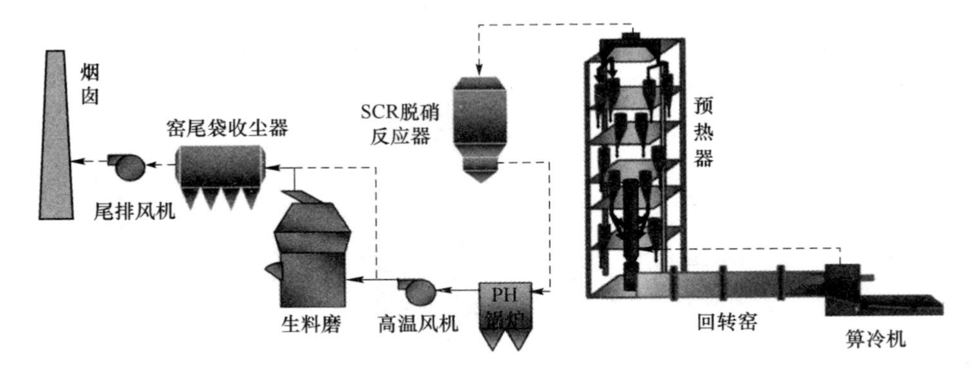

图 2-30 高温高尘 SCR 脱硝工艺流程[71]

2.3.2.2 高温中尘布置

高温中尘布置方案同样将 SCR 脱硝系统设置于预热器出口与余热锅炉之间，而在 SCR 脱硝系统前端增设高温电除尘器，如图 2-31 所示。高温电除尘后烟气温度可保持在 280~350 ℃，粉尘浓度则可降至 20~40 g/m³（标准状态）。此时，如果仍然采用大孔径的脱硝催化剂，配合声波+耙式组合吹灰，可较好地避免催化剂堵塞，从而延长催化剂的使用寿命。因此，高温中尘布置的优点是保持了较高的烟气温度，降低了进入 SCR 脱硝系统的粉尘浓度，有效地减缓了粉尘对催

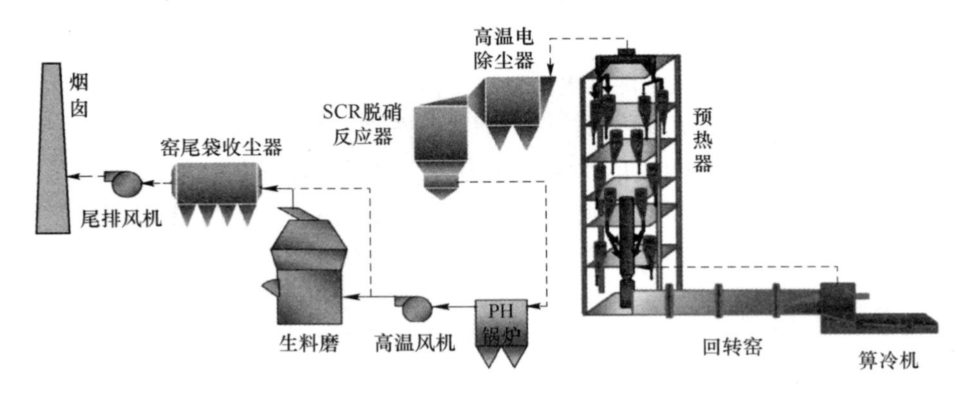

图 2-31 高温中尘 SCR 脱硝工艺流程[71]

化剂的磨损，从而延长了催化剂的使用寿命；缺点是增设了高温电除尘器，增加了运行成本，且粉尘浓度仍然很高，吹灰系统工作仍然频繁。

2.3.2.3 中低温低尘布置

中低温低尘方案可将 SCR 脱硝系统设置于余热发电 PH 锅炉出口或窑尾布袋除尘器后端，如图 2-32 所示。此时，SCR 脱硝反应器入口温度为 120～240 ℃，粉尘浓度可达到 10 mg/m^3（标准状态），有效地避免了粉尘对催化剂堵塞和磨损，同时减缓了催化剂的中毒失活现象，可延长催化剂使用寿命[72]。因此，中低温低尘布置的优点是脱硝催化剂工作的烟气较洁净，可延长催化剂的使用寿命；缺点是脱硝温度过低，会导致硫酸氢铵的形成及在催化剂上的沉积，从而使催化剂失活，因此需依赖性能良好的低温脱硝催化剂，或对脱硝反应器进行间歇性的在线热解析等[73]。

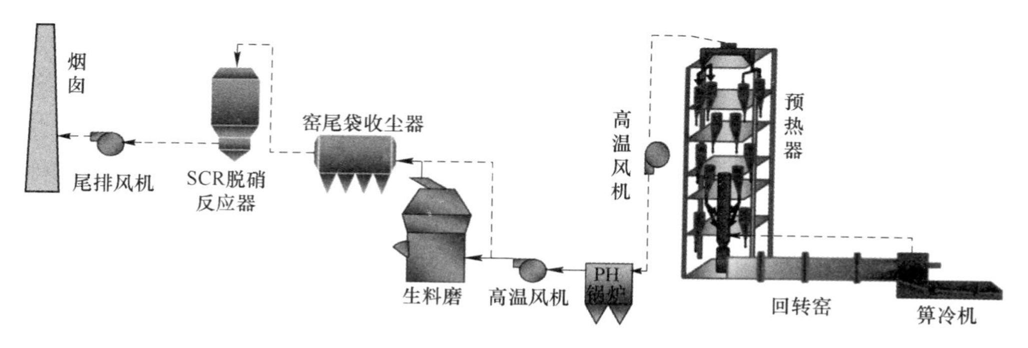

图 2-32 中低温低尘 SCR 脱硝工艺流程

综上所述，SCR 脱硝系统的布置关系到脱硝系统的脱硝效率、催化剂的使用寿命以及运行成本等，同时脱硝系统的布置方式还要结合现场场地和已有的烟气处理设备，应综合考虑各方面的因素。

2.3.3 脱硝催化剂的选型

脱硝催化剂的选型需综合考虑烟气温度、烟气流量、粉尘含量、SO_2 等毒化因子浓度、目标脱硝效率、氨逃逸和使用寿命以及成本等多重因素。图 2-33 列出了脱硝催化剂设计选型需考虑的部分因素。

对于脱硝催化剂应用企业来说，催化剂用量少、排放达标和使用寿命长是其考虑的主要因素。市场上广泛应用的脱硝催化剂为 V_2O_5-WO_3(MoO_3)/TiO_2，其结构可分为蜂窝式、平板式和波纹板式。一般而言，同等节距情况下，蜂窝式催化剂的单位体积几何比表面积大于平板式，而波纹板式单位体积几何比表面积要比蜂窝式稍高一些。因此，在同等设计条件下，波纹板式催化剂体积用量最少，蜂窝式次之，平板式催化剂的体积用量则最多[74]。

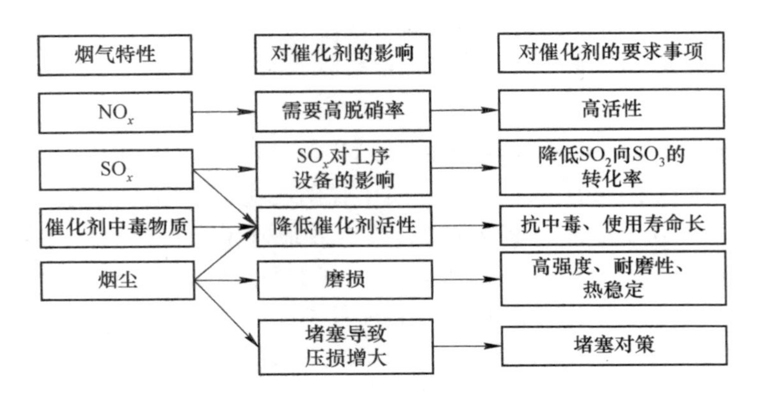

图 2-33 脱硝催化剂设计选型需考虑的部分因素[71]

烟气中的粉尘含量是催化剂选型的重要参考之一。平板式催化剂开孔率较高，压降小，不易堵灰，可适用于灰含量较高的工况。蜂窝式催化剂则根据节距的大小可适用不同的工况，大节距的蜂窝式催化剂可在高灰工况下使用，小节距催化剂则可在低灰工况下使用。一般而言，波纹板式催化剂的耐磨性相对较弱，目前主要应用于燃气机组等灰含量较低的工况。蜂窝式、平板式和波纹板式催化剂的对比见表 2-7。

表 2-7 蜂窝式、平板式和波纹板式催化剂的对比[75]

项 目	蜂窝式	平板式	波纹板式
基材	整体挤压成型	不锈钢网	玻璃纤维
加工工艺	均匀挤出	涂覆	涂覆
几何比表面积/$m^2 \cdot m^{-3}$	1.5~1.8	1.0	1.27
同等条件下所需体积/m^3	1.0	1.4	1.2
开孔率/%	80	87	75
抗堵性	强	强	中等
耐磨性	强	强	中等
烟气压降/Pa	1.12	1.0	1.48
应用占比/%	约 65	33	少量

注：表中数据非绝对值，是以 1.0 为基准，三种催化剂的横向比较。

范潇等[71]分析了水泥窑脱硝催化剂的选型。根据水泥窑的实际粉尘浓度，应选择节距大的催化剂，以防止堵塞，同时应控制节距不宜过大，以减少催化剂的体积用量。以蜂窝式脱硝催化剂为例，水泥窑一般应选择8×8至16×16孔数的催化剂，孔数越多则节距越小，孔数每增加一级，其相应的体积用量则减少一级，如由15×15孔改为16×16孔的蜂窝式催化剂，在得到相同几何比表面积的情况下，催化剂体积用量可减少8%，相应也可以减小SCR反应器的体积和降低投资成本。

脱硝催化剂体积用量与其处理的烟气量相关，一般可以面速度为设计参数，表2-8给出了催化剂设计时的推荐面速度。

表2-8 催化剂设计的推荐面速度[71]

脱硝效率/%	面速度/m · h^{-1}	
	设计化学寿命16000 h	设计化学寿命24000 h
50	11.4~12.6	10.0~11.1
60	10.3~11.3	9.0~10.0
70	9.1~10.1	7.9~8.8
80	8.0~8.8	7.0~7.7
90	6.5~7.1	5.7~6.3

2.4 SCR脱硝工程案例

2.4.1 发电厂燃煤锅炉SCR脱硝案例

某发电分公司3号350 MW机组燃煤锅炉采用SCR技术进行烟气脱硝，锅炉以煤作为主要燃料，采用0号轻柴油点火和助燃[76]。该脱硝工艺采用高温段脱硝，即锅炉烟气出口处进行脱硝，以液氨为还原剂。火电厂燃煤锅炉烟气量与烟气温度与其发电运行负荷相关，表2-9显示了锅炉不同负荷时SCR入口的烟气量和烟气温度。

表2-9 脱硝系统入口烟气参数

项　　目	BMCR	BRL	THA	75%THA	50%THA	40%THA	备　　注
入口湿烟气量/m^3 · h^{-1}	1094790	1066848	1006402	808139	605328	534737	设计煤种
入口烟气温度/℃	372	368	362	341	326	309	设计煤种
入口过量空气系数	1.19	1.19	1.19	1.25	1.35	1.45	设计煤种

续表 2-9

项　　目	BMCR	BRL	THA	75%THA	50%THA	40%THA	备　　注
入口湿烟气量/$m^3 \cdot h^{-1}$	1071493	1044736	986100	790993	592445	522995	核校煤种 1
入口烟气温度/℃	373	370	364	343	327	310	核校煤种 1
入口过量空气系数	1.19	1.19	1.19	1.25	1.35	1.45	核校煤种 1
项　　目	BMCR	BRL	THA	75%THA	50%THA	40%THA	备　　注
入口湿烟气量/$m^3 \cdot h^{-1}$	1118925	1099073	1029175	825142	617854	545264	核校煤种 2
入口烟气温度/℃	374	372	365	3432	324	308	核校煤种 2
入口过量空气系数	1.19	1.19	1.19	1.25	1.35	1.45	核校煤种 2

BMCR 工况下的烟气主要成分见表 2-10。

表 2-10　BMCR 工况下 SCR 系统入口烟气成分

项　　目	设计煤种	核校煤种 1	核校煤种 2	备　　注
CO_2 体积分数/%	15.0	15.0	14.8	标准状态、湿基、$\varphi(O_2)=6\%$
O_2 体积分数/%	3.1	3.1	3.1	
N_2 体积分数/%	72.9	72.9	72.9	
H_2O 体积分数/%	8.98	9.17	9.21	
粉尘浓度/$g \cdot m^{-3}$	12.68	16.98	21.55	
Cl(HCl) 浓度/$mg \cdot m^{-3}$	—	—	—	
F(HF) 浓度/$mg \cdot m^{-3}$	—	—	—	
SO_2 浓度/$mg \cdot m^{-3}$	1109.7	1175.0	1478.0	
SO_3 浓度/$mg \cdot m^{-3}$	7.7	8.2	10.3	
NO_x 浓度（以 NO_2 计）/$mg \cdot m^{-3}$	350	350	350	标准状态、干基、$\varphi(O_2)=6\%$

2.4.2　180 m^2 烧结烟气 SCR 脱硝案例

某钢铁公司 180 m^2 烧结机烟气处理，采用 SCR 技术进行烟气脱硝，SCR 脱硝系统布置于除尘、脱硫之后。烧结烟气需在除尘、脱硫后采用烟气换热器（GGH）进行换热，换热后的烟气温度约为 255 ℃，再利用加热炉的热烟气（700~900 ℃）将烟气升温至 280 ℃左右，随后进入 SCR 反应器。烟气处理工艺流程如下：烧结机机头烟气→机头电除尘器→主抽风机→脱硫反应塔→脱硫布袋除尘器→GGH（原烟气段）→烟气加热炉→SCR 脱硝→GGH（净烟气段）→引风机→烟囱。

脱硝系统处理100%烟气量，催化剂层设置方式为“2+1”，即 SCR 反应器设置 3 层，其中 2 层填充催化剂运行，1 层空置备用，要求入口 NO_x 浓度控制在 350 mg/m^3［标准状态、干基、$\varphi(O_2)=16\%$］，出口浓度不大于 35 mg/m^3［标准状态、干基、$\varphi(O_2)=16\%$］，设计脱硝效率不低于 90%，催化剂寿命不低于 32000h。

2.4.2.1 设计条件

SCR 脱硝系统布置于脱硫除尘之后，常规运行温度为 280℃ 左右，催化剂设计烟气体积空速不高于 4500 h^{-1}，还原剂采用氨水，氨水经蒸发稀释后喷入 SCR 反应器。该 SCR 系统的设计参数见表 2-11。

表 2-11 SCR 脱硝系统设计参数

序号	项 目	数 值	备 注
入口设计参数			
1	入口烟气量/$m^3 \cdot h^{-1}$	821804	标准状态、湿基
2	烟气温度/℃	约 280	
3	压力/kPa	-1600	
4	烟气含氧量（体积分数）/%	约 16	
5	含水率（体积分数）/%	约 10.8	
6	SO_2 浓度/$mg \cdot m^{-3}$	≤35	标准状态、干基、$\varphi(O_2)=16\%$（需适应入口最大值 100 mg/m^3）
7	粉尘浓度/$mg \cdot m^{-3}$	≤10	标准状态、干基、$\varphi(O_2)=16\%$（需适应入口最大值 40 mg/m^3）
8	NO_x 浓度/$mg \cdot m^{-3}$	≤350	标准状态、干基、$\varphi(O_2)=16\%$
出口设计参数			
9	NO_x 浓度/$mg \cdot m^{-3}$	≤35	标准状态、干基、$\varphi(O_2)=16\%$
10	氨逃逸	$<3\times10^{-6}$	标准状态、干基、$\varphi(O_2)=16\%$

2.4.2.2 催化剂技术参数

催化剂技术参数见表 2-12。

表 2-12 催化剂技术参数

序号	项 目		数 值	备 注
1	催化剂制造商		江苏龙净科杰环保技术有限公司	
2	催化剂类型		25×25 孔蜂窝式	
3	单元体尺寸/mm×mm×mm		150×150×1085	
4	主要成分（质量分数）	TiO_2/%	≥80.0	
		V_2O_5/%	1.6±0.1	
		WO_3/%	≥2.0	
		MoO_3/%	—	
		Na_2O/%	—	
		K_2O/%	—	
5	孔容/$cm^3 \cdot g^{-1}$		≥0.25	
6	微观比表面积/$m^2 \cdot g^{-1}$		≥40	
7	抗压强度	轴向/MPa	≥2.0	
		径向/MPa	≥0.4	
8	磨损率	非硬化端/%·kg^{-1}	≤0.15	
		硬化端/%·kg^{-1}	≤0.1	
9	节距/mm		5.9	
10	壁厚/mm		0.8	
11	体积密度/$g \cdot cm^{-3}$		约 0.45	
12	空隙率/%		72.3	
13	几何比表面积/$m^2 \cdot m^{-3}$		566.7	
14	催化剂层数/层		2	“2+1”方式
15	模块数/层		54	6×9 布置
16	模块类型		箱式	外框为碳钢
17	模块质量/kg		约 1140	
18	模块尺寸/mm×mm×mm		1910×970×1290	
19	模块中单元体数量/条		72	

续表 2-12

序号	项　　目		数　　值	备　　注
20	模块几何表面积/m^2		996. 1	
21	初装催化剂体积/m^3		189. 83	单个反应器
22	设计使用温度/℃		280	
23	允许使用温度范围/℃		280~420	
24	最高瞬时使用温度/℃、时间/min		450、300	
25	设计化学寿命/h		32000	
26	设计机械寿命/h		80000	
27	烟气体积空速/h^{-1}		4329	
28	面速度/$m \cdot h^{-1}$		7. 6	
29	线速度/$m \cdot s^{-1}$	反应器内	5. 29	
		催化剂内	7. 32	
30	测试盒数量/个		3	每层催化剂
31	烟气阻力/Pa		312	每层催化剂
32	脱硝效率/%		≥90	
33	氨逃逸		$\leqslant 3\times10^{-6}$	
34	SO_2/SO_3 转化率/%		≤0. 75	

参 考 文 献

[1] Paolucci C, Khurana I, Parekh A A, et al. Dynamic multinuclear sites formed by mobilized copper ions in NO_x selective catalytic reduction [J]. Science, 2017, 357 (6354): 898-903.

[2] Xu G, Guo X, Cheng X, et al. A review of Mn-based catalysts for low-temperature NH_3-SCR: NO_x removal and H_2O/SO_2 resistance [J]. Nanoscale, 2021, 13 (15): 7052-7080.

[3] 徐梦蝶, 王建芳, 葛璟麟, 等. 生物法烟气脱硝工艺研究进展 [J]. 环境工程技术学报, 2022, 12 (6): 2049-2056.

[4] Shijian Y, Feihong Q, Yong L. Dual effect of sulfation on the selective catalytic reduction of NO with NH_3 over MnO_x/TiO_2: key factor of NH_3 distribution [J]. Industrial & Engineering Chemistry Research, 2014, 53 (14): 5810-5819.

[5] Ting C, Bin G, He L, et al. In situ DRIFTS study of the mechanism of low temperature selective catalytic reduction over manganese-iron oxides [J]. Chinese Journal of Catalysis, 2014, 35

(3): 294-301.

[6] Xiong S, Liao Y, Xiao X, et al. The mechanism of the effect of H_2O on the low temperature selective catalytic reduction of NO with NH_3 over Mn-Fe spinel [J]. Catalysis Science & Technology, 2015, 5 (4): 2132-2140.

[7] Qi G, Yang R T. A superior catalyst for low-temperature NO reduction with NH_3 [J]. Chemical Communications (Cambridge, England), 2003 (7): 848-849.

[8] Yang S, Xiong S, Liao Y, et al. Mechanism of N_2O formation during the low-temperature selective catalytic reduction of NO with NH_3 over Mn-Fe spinel [J]. Environmental Science & Technology, 2014, 48 (17): 10354-10362.

[9] Xiong S, Liao Y, Xiao X, et al. Novel effect of H_2O on the low temperature selective catalytic reduction of NO with NH_3 over MnO_x-CeO_2: mechanism and kinetic study [J]. The Journal of Physical Chemistry, C. Nanomaterials and Interfaces, 2015, 119 (8): 4180-4187.

[10] G Qi, R T Yang. Characterization and FTIR studies of MnO_x-CeO_2 catalyst for low-temperature selective catalytic reduction of NO with NH_3 [J]. J. Phys. Chem. B, 2004, 108 (40): 15738-15747.

[11] M Koebel, G Madia, F Raimondi, et al. Enhanced reoxidation of vanadia by NO_2 in the fast SCR reaction [J]. Journal of Catalysis, 2002, 209 (1) : 159-165.

[12] Topsøe N Y. Mechanism of the selective catalytic reduction of nitric oxide by ammonia elucidated by in situ on-line fourier transform infrared spectroscopy [J]. Science, 1994, 265 (5176): 1217-1219.

[13] Liu Z M, Zhu J Z, Li J H, et al. Novel Mn-Ce-Ti mixed-oxide catalyst for the selective catalytic reduction of NO_x with NH_3 [J]. Acs Applied Materials & Interfaces, 2014, 6 (16): 14500-14508.

[14] Kwon D W, Nam K B, Hong S C. Influence of tungsten on the activity of a Mn/Ce/W/Ti catalyst for the selective catalytic reduction of NO with NH_3 at low temperatures [J]. Applied Catalysis A-general, 2015, 497: 160-166.

[15] Kwon D W, Nam K B, Hong S C. The role of ceria on the activity and SO_2 resistance of catalysts for the selective catalytic reduction of NO_x by NH_3 [J]. Applied Catalysis B-environmental, 2015, 166: 37-44.

[16] Chen Z H, Wang F R, Li H, et al. Low-temperature selective catalytic reduction of NO_x with NH_3 over Fe-Mn mixed-oxide catalysts containing $Fe_3Mn_3O_8$ phase [J]. Industrial & Engineering Chemistry Research, 2012, 51 (1): 202-212.

[17] Kim Y J, Kwon H J, Nam I S, et al. High deNO_x performance of Mn/TiO_2 catalyst by NH_3 [J]. Catalysis Today, 2010, 151 (3/4): 244-250.

[18] Liu Z M, Liu Y X, Li Y, et al. WO_3 promoted Mn-Zr mixed oxide catalyst for the selective catalytic reduction of NO_x with NH_3 [J]. Chemical Engineering Journal, 2016, 283: 1044-1050.

[19] Han L P, Cai S X, Gao M, et al. Selective catalytic reduction of NO_x with NH_3 by using novel

catalysts: state of the art and future prospects [J]. Chemical Reviews, 2019, 119 (19): 10916-10976.

[20] 雷达, 金保升. 氨氮比不均匀性对电站 SCR 系统脱硝效率的影响 [J]. 锅炉技术, 2010, 41 (6): 72-74.

[21] Seyed M M, Aligholi N, Maria J I G, et al. Characterization and activity of alkaline earth metals loaded CeO_2-MO_x (M = Mn, Fe) mixed oxides in catalytic reduction of NO [J]. Materials Chemistry and Physics, 2014, 143 (3): 921-928.

[22] Wang T Y, Sun K, Lu Z, et al. Low temperature NH_3-SCR reaction over MnO_x supported on protonated titanate [J]. Reaction Kinetics Mechanisms and Catalysis, 2010, 101 (1): 153-161.

[23] Shijian Y, Yong L, Shangchao X. N_2 selectivity of NO reduction by NH_3 over MnO_x-CeO_2: mechanism and key factors [J]. The Journal of Physical Chemistry, C. Nanomaterials and Interfaces, 2014, 118 (37): 21500-21508.

[24] Boqiong J, Boyang D, Zhanquan Z. Effect of Zr addition on the low-temperature SCR activity and SO_2 tolerance of Fe-Mn/Ti catalysts [J]. The Journal of Physical Chemistry, C. Nanomaterials and Interfaces, 2014, 118 (27): 14866-14875.

[25] Suárez S, Martin J A, Yates M, et al. N_2O formation in the selective catalytic reduction of NO_x with NH_3 at low temperature on CuO-supported monolithic catalysts [J]. Journal of Catalysis, 2005, 229 (1): 227-236.

[26] Zhu L, Zhong Z P, Yang H, et al. NH_3-SCR performance of Mn-Fe/TiO_2 catalysts at low temperature in the absence and presence of water vapor [J]. Water Air and Soil Pollution, 2016, 227 (12): 476.

[27] 马英利, 高凤雨, 贾广如, 等. SCR 脱硝催化剂的发展、应用及其成型工艺综述 [J]. 现代化工, 2019, 39 (8): 33-37.

[28] Inoue A, Ono T, Ohara T. Catalyst for reduction of nitrogen oxides in waste gases: US4221768A [P]. 1986-09-09.

[29] 于千. 国内外 SCR 催化剂应用概述 [J]. 应用化工, 2010, 39 (6): 921-924.

[30] 齐雪, 陈红萍, 杨旭. 钛基 SCR 脱硝催化剂的研究进展 [J]. 山东化工, 2017, 46 (22): 39-41.

[31] 张柏林, 张生杨, 张深根. 稀土元素在脱硝催化剂中的应用 [J]. 化学进展, 2022, 34 (2): 301-318.

[32] 赵利明, 梁利生, 蔡嘉, 等. 低温 SCR 烟气脱硝技术在湛江钢铁烧结工序的应用 [J]. 烧结球团, 2022, 47 (5): 89-94.

[33] Akah A. Application of rare earths in fluid catalytic cracking: a review [J]. Journal of Rare Earths, 2017, 35 (10): 941-956.

[34] 张延东, 姬明林, 周广贺, 等. 稀土基蜂窝式脱硝催化剂在 300MW 燃煤机组的应用 [C]. 中国动力工程学会锅炉专业委员会 2014 年会及学术交流会, 哈尔滨, 2014.

[35] 肖国振. 630MW 机组新型无毒催化剂烟气脱硝性能试验研究 [J]. 洁净煤技术, 2019,

25 (6): 146-151.

[36] 祝社民, 沈岳松. 一种以铝基陶瓷为载体的烟气脱硝整体式催化剂及其制备方法: 中国, CN101234345 [P]. 2008-08-05.

[37] 祝社民, 沈岳松. 一种以钛基陶瓷为载体的烟气脱硝整体式催化剂及其制备方法: 中国, CN101234346 [P]. 2008-08-05.

[38] 纵宇浩, 王虎, 陈志平, 等. 一种稀土基平板式脱硝催化剂及制备方法: 中国, CN106268769A [P]. 2017-01-03.

[39] F Kapteijn, L Singoredjo, A Andreini, et al. Activity and selectivity of pure manganese oxides in the selective catalytic reduction of nitric oxide with ammonia [J]. Applied Catalysis B: Environmental, 1994, 2 (3): 173-189.

[40] 张柏林, 张生杨, 邓立锋, 等. SiO_2 微球负载 Mn-Ce 基催化剂的 SCR 脱硝性能研究 [J]. 稀有金属, 2022, 46 (11): 1439-1448.

[41] 张宾, 林永权, 陶从喜, 等. 选择性催化还原 (SCR) 脱硝催化剂的应用现状 (上) [J]. 中国水泥, 2021 (10): 75-78.

[42] 湖北思搏盈环保科技股份有限公司. 蜂窝式中低温脱硝催化剂-锰基 [EB/OL]. http: // www. siboying. com/news/29. html.

[43] Zhang Q J, Wu Y F, Yuan H R. Recycling strategies of spent V_2O_5-WO_3/TiO_2 catalyst: a review [J]. Resources Conservation and Recycling, 2020, 161: 104983.

[44] 李锋, 於承志, 张朋, 等. 平板式催化剂在电厂高尘、高砷燃煤烟气脱硝中的应用 [J]. 华电技术, 2010, 32 (5): 8-11.

[45] 王伟, 郭休链, 韩航, 等. 蜂窝式 SCR 脱硝催化剂生产工艺关键技术分析 [J]. 广州化工, 2016, 44 (20): 132-134.

[46] 华攀龙, 于光喜, 华杰, 等. 蜂窝式 SCR 脱硝催化剂制造中几个关键工序的技术分析 [J]. 机械设计与制造工程, 2015, 44 (7): 71-73.

[47] 马闪闪. 锐钛矿二氧化钛 (101) 表面负载亚单层钒氧化物的结构与催化性能 [D]. 合肥: 合肥工业大学, 2021.

[48] 何发泉, 程继红, 王宝冬, 等. SCR 脱硝催化剂用纳米 TiO_2 研究进展 [J]. 化工新型材料, 2015, 43 (6): 1-3.

[49] 汪德志, 吴刚, 肖雨亭, 等. 国产钛白粉对脱硝催化剂成型及性能的影响研究 [C]. 第十七届二氧化硫氮氧化物、汞污染防治技术暨细颗粒物 (PM2. 5) 控制与监测技术研讨会, 杭州, 2013.

[50] 郭雪梅. 偏钒酸铵冷却结晶分离的应用基础研究 [D]. 天津: 天津大学, 2018.

[51] 高峰, 颜文斌, 李佑稷, 等. 偏钒酸铵的制备及沉钒动力学 [J]. 硅酸盐学报, 2011, 39 (9): 1423-1427.

[52] Fan R R, Li Z Q, Wang Y, et al. Effects of WO_3 and SiO_2 doping on CeO_2-TiO_2 catalysts for selective catalytic reduction of NO with ammonia [J]. RSC Advances, 2020, 10 (10): 5845-5852.

[53] 马罗宁, 史磊, 李小海, 等. 低温 SCR 平板式脱硝催化剂及其制备方法: 中国,

CN110694610A [P]. 2020-01-17.
[54] Dong W S, Sam S P, Dae H Y, et al. Preparation method of nanocomposite titanium dioxide for flat panel selective catalytic reduction catalysis: KR101700433B1 [P]. 2017-02-01.
[55] Matthey J. SCR catalyst - $SiNO_x$ plate catalyst [EB/OL]. https://web.archive.org/web/20210509033326/https://www.jmsec.com/air-pollution-solutions/selective-catalytic-reduction-scr/scr-catalyst-sinox-plate-catalyst/.
[56] Ye B, Jeong B, Lee M J, et al. Recent trends in vanadium-based SCR catalysts for NO_x reduction in industrial applications: stationary sources [J]. Nano Convergence, 2022, 9 (1): 51.
[57] 刘炜，肖雷，薛璐，等．一种燃气机组用波纹式SCR脱硝催化剂及其制备方法：中国，CN108619902B [P]. 2021-08-03.
[58] Shin D W. Apparatus for manufacturing catalyst cartridge for selective catalytic reduction and method of the same: KR101909231B1 [P]. 2018-01-22.
[59] Susumu H. Processing apparatus including catalyst-supporting honeycomb structure and method for manufacturing the same: JP6228727B2 [P]. 2012-02-22.
[60] Shin D W. Sheet type cartridge having excellent formability and air pollution reducing apparatus using the same: KR101724233B1 [P]. 2016-05-27.
[61] Høj J W, Vistisen P ø. Method of preparation of a monolithic catalyst for selective catalytic reduction of nitrogen oxides: US20180318796A1 [P]. 2016-11-17.
[62] Hollenbach R Z. Method of making ceramic articles: US3112184A [P]. 1963-11-26.
[63] 黄佩琴．烟气脱硝工程中SCR反应器的质量控制 [J]. 化工管理，2017 (31): 17-18.
[64] 冯立波．SCR脱硝反应器入口导流板设计优化分析 [J]. 应用能源技术，2018 (2): 25-27.
[65] 赵宗让．电厂锅炉SCR烟气脱硝系统设计优化 [J]. 中国电力，2005 (11): 69-74.
[66] 周运志．选择性催化还原（SCR）脱硝还原剂制备工艺的选择 [J]. 化工与医药工程，2022, 43 (4): 12-15.
[67] 李庆，黄先腾，彭日亮．燃煤发电厂SCR烟气脱硝系统的设计选型 [J]. 华北电力技术，2008 (6): 51-54.
[68] 邵春宇，吴凤玲，江辉，等．不同吹灰器在SCR脱硝系统中的特性比较及实例应用 [J]. 能源与环境，2014 (5): 79-80.
[69] 吕宏俊，刘浩波，张泽玉，等．吹灰器在SCR脱硝系统中的选用 [J]. 中国环保产业，2015 (4): 64-66.
[70] 张柏林．低温脱硝机理及Mn-Zr-Ti催化剂研制 [D]. 北京：北京科技大学，2020.
[71] 范潇，雷华，李凌霄，等．水泥窑烟气SCR脱硝催化剂的选型及应用 [J]. 水泥，2019 (11): 54-57.
[72] 李祥超．水泥工业脱硝技术及路线 [J]. 中国水泥，2022 (4): 82-86.
[73] 张涛，邓立锋，陈嘉俊，等．SCR脱硝技术在水泥窑烟气治理中的应用进展 [J]. 环保科技，2021, 27 (6): 61-64.

[74] 范潇，雷华，李凌霄，等．水泥窑烟气 SCR 脱硝催化剂的选型及应用 [J]. 中国水泥，2021 (3)：93-95.

[75] 张志刚，史薇．玻璃熔窑 SCR 脱硝催化剂的选型与布置 [J]. 建材世界，2014，35 (1)：71-73.

[76] 李斌，杨浩楠，邓煜，等．350MW 燃煤机组选择性催化还原脱硝系统运行优化 [J]. 化工进展，2017，36 (8)：3100-3107.

3 废脱硝催化剂的产生及管理

3.1 脱硝催化剂的失活机制

SCR 技术的脱硝原理是在脱硝催化剂作用下，以 NH_3 还原 NO_x 生成 N_2 和 H_2O，反应的触媒即为各类脱硝催化剂表面的金属离子活性位点。脱硝催化剂在使用过程中受烟气气流冲刷、磨损导致活性物质流失，受烟气中烟（粉）尘的沉积、堵塞等影响使活性物质无法接触反应物，受烟气中 SO_2、H_2O、Na、K、As、Hg 等多种毒化因子影响使活性物质性质变化等多种因素都将使脱硝催化剂不能长期发挥催化作用。脱硝催化剂的失活即指在催化剂的使用过程中，由于受到复杂烟气条件的影响，催化剂的活性逐渐降低的现象[1]，主要可分为物理失活和化学失活，致失活的因素包括气流冲刷、粉尘磨损与堵塞、高温烧结、硫、水、砷、钠、钾、钙、铅、汞、磷、氯、氟、焦油等。

3.1.1 磨损和堵塞致失活

SCR 反应器中气流一般从脱硝催化剂的上端流向下端，而脱硝催化剂的上端都会采用硬化工艺对端面进行硬化，以提高其抗磨损性能。《蜂窝式烟气脱硝催化剂》(GB/T 31587—2015) 和《平板式烟气脱硝催化剂》(GB/T 31584—2015) 分别规定了脱硝催化剂的抗压强度和磨损率要求，见表 3-1。

表 3-1 脱硝催化剂抗压强度与磨损率要求

催化剂类型	项　目	指标	允许偏差
蜂窝式	轴向抗压强度/MPa	≥2.0	—
	径向抗压强度/MPa	≥0.4	—
	硬化端磨损率/% · kg^{-1}	≤0.10	—
	非硬化端磨损率/% · kg^{-1}	≤0.15	—
平板式	耐磨强度/μg · r^{-1}	≤1.3	—

尽管如此，脱硝催化剂在长期使用过程仍会出现不同程度的磨损和堵塞等现象。我国燃煤电厂多使用劣质煤、运行工况多变以及燃煤成分复杂，导致烟气中

的飞灰颗粒大、硬度大且成分复杂，经常会造成催化剂过度磨损，严重时还会引起催化剂断裂和坍塌，造成催化剂不可逆的机械性破坏，降低催化剂的使用寿命[2]。烟气流场控制不佳还容易导致反应器内一部分催化剂磨损严重，而另一部分催化剂堵塞严重等现象。

图 3-1 显示了在烟气中受磨损的蜂窝式和平板式脱硝催化剂的磨损状况。可以看出，蜂窝式脱硝催化剂的孔壁在烟气中可受到严重的磨损，内孔壁的磨损消失使得催化剂缺乏受力的支撑，最终将导致整个模块的坍塌；平板式脱硝催化剂的磨损则是单板上膏料的流失，严重时只剩下钢丝网，使催化剂失去催化脱硝的能力。

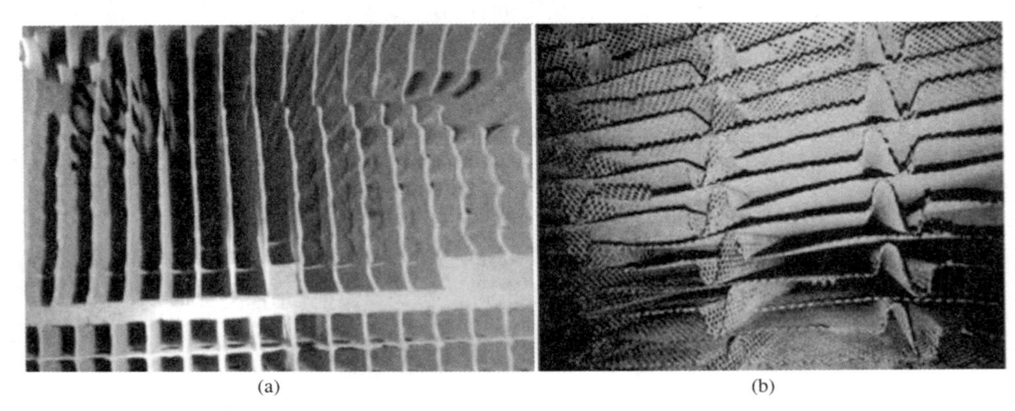

(a) (b)

图 3-1 受磨损的脱硝催化剂[3]
（a）蜂窝式；（b）平板式

图 3-2 显示了 SCR 反应器中受粉尘堵塞的催化剂状况和受堵塞的催化剂单元体。烟气中粉尘浓度高，而流场设计和吹灰系统清灰效果不佳都会导致催化剂孔道堵塞，使烟气无法通过催化剂孔道，导致催化剂性能无法发挥，同时还增加了烟气阻力和引风机能耗。

从微观角度分析，则粉尘沉积于脱硝催化剂上可致表面微孔的堵塞（见图 3-3），使反应物无法进入具有反应活性位点的微孔中，从而减少了催化剂中可发生催化脱硝反应的活性位点。

影响催化剂磨损和堵塞程度的因素主要有催化剂自身强度、流场分布、飞灰特性和冲击角度等[6]。脱硝催化剂受严重磨损的主要原因是脱硝系统设计不合理，导致进入催化剂上端的烟气流场分布不均，部分催化剂单元受到高浓度飞灰的长时间冲蚀。数值模拟优化烟气流场是 SCR 脱硝系统常用和必备的手段。某超超临界 660 MW 机组锅炉的脱硝催化剂受磨损严重，通过数值模拟与现场分析发现烟道内飞灰质量浓度分布不均匀，造成飞灰颗粒富集在催化剂近锅炉侧，长

(a)

(b)

图 3-2 SCR 反应器内催化剂堵塞及堵塞催化剂单元体[4]
(a) 粉尘堵塞的催化剂；(b) 堵塞的催化剂单元体

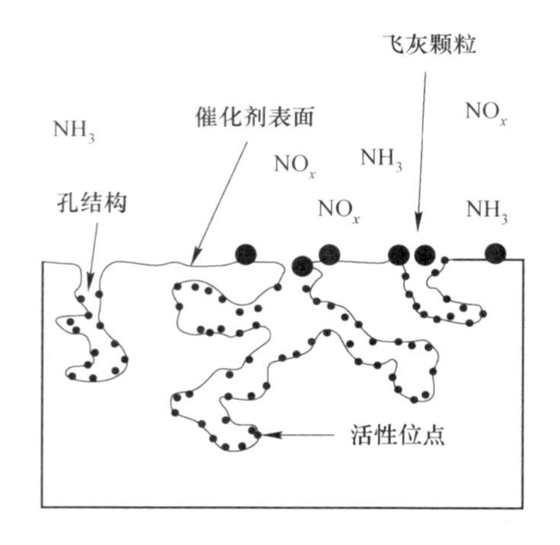

图 3-3 粉尘颗粒堵塞催化剂微孔示意图[5]

期冲刷催化剂局部而造成严重磨损，通过数值模拟优化工况，调整导流装置使飞灰颗粒分布均匀，从而解决了该系统的催化剂磨损严重的问题[7]。

烟气流速越高，相同质量粉尘携带的动能就越大，在与催化剂壁面撞击时，加剧了催化剂的磨损，而烟气流速越低，则粉尘携带的动能就越小，在与催化剂接触时就越容易沉积，造成催化剂的堵塞。设计时，蜂窝催化剂与平板催化剂的迎风流速应为 4.4~4.6 m/s 和 5.2~5.3 m/s，且气体在催化剂通道内的流速应控制在 6 m/s 以内，既有利于使烟气中 NH_3 和 NO_x 分布均匀，又有利于避免催化剂的严重磨损和堵塞[6,8]。

3.1.2 高温烧结致失活

SCR 脱硝催化剂以锐钛矿型 TiO_2 为载体，载体表面负载高度分散的 V_2O_5 为主要活性物质，在高温下锐钛矿型 TiO_2 可发生相变使晶型转变为金红石型，导致晶体粒径成倍增大，同时可发生 TiO_2 的颗粒聚集与微孔坍塌，催化剂的微孔数量锐减，减少催化剂的比表面积和孔容（见图 3-4），而高度分散的 V_2O_5 可发生团聚和挥发等现象，最终使催化剂活性在短时间内大幅降低，寿命缩短。因此，脱硝催化剂在制备过程的焙烧温度一般不超过 600 ℃，脱硝催化剂在使用过程的温度则一般不超过 450 ℃。

火电厂燃煤锅炉的烟气温度随着运行负荷的变化而变化，而炉况发生较大波动时，出口烟气温度同样会发生大的波动，可能使脱硝反应器内催化剂短暂处于超高温状态，造成催化剂烧结失活。因此，针对常出现炉况波动和烟气温度过高的情况，通常可在锅炉出口处设置分流旁路，当烟气温度过高时，可通过旁路分流，以避免催化剂长期直接处于高温状态而发生烧结失活[9]。

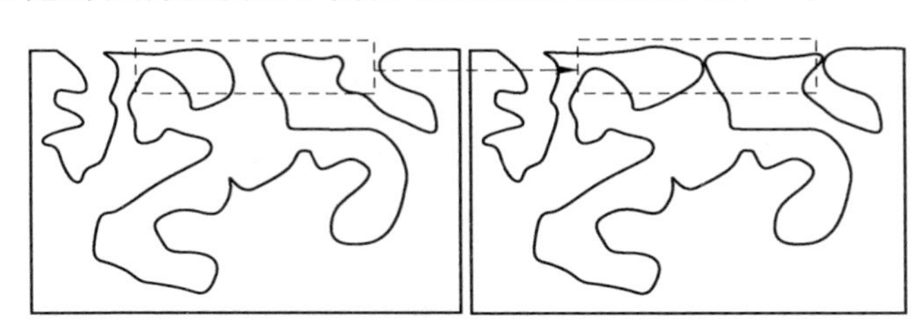

图 3-4 脱硝催化剂因高温烧结致微孔坍塌[10]

3.1.3 硫和水致失活

SO_2 属于烟气中最常见的脱硝催化剂毒化因子。V_2O_5 具有较稳定的化学性质，一般在高温段脱硝情况下，SO_2 与活性物质直接作用而致失活的情况较少，钒钛系脱硝催化剂在 SO_2 浓度达 1000 mg/m^3（标准状态）甚至更高的烟气中仍能正常工作，而稀土基、锰基和铁基等催化剂则易直接与 SO_2 发生化学反应，导致活性物质性质发生转变，从而失去脱硝活性[11,12]。烟气中 SO_2 和 H_2O 浓度、脱硝反应温度、脱硝工艺设计和催化剂体系等因素都能影响催化剂的 SO_2 中毒程度。

由于 V_2O_5 同时也是接触法制硫酸的催化剂，因此脱硝催化剂不仅能催化 NH_3 与 NO_x 发生氧化还原反应实现脱硝，而且烟气中的 SO_2 很容易被脱硝催化剂催化转化为 SO_3。在火电厂燃煤锅炉烟气脱硝过程中，有 0.5%～1.5%的 SO_2 被氧化生成 SO_3，其余则有部分 SO_3 是在燃煤燃烧过程形成。通常，SCR 脱硝的技术协议要求单层催化剂的 SO_2/SO_3 转化率不高于 0.5%，三层催化剂合计转化率不高于 1.5%。图 3-5 显示在一定温度下烟气中 SO_2 被氧化成 SO_3 的氧化率与脱硝催化剂中 V_2O_5 含量的关系。

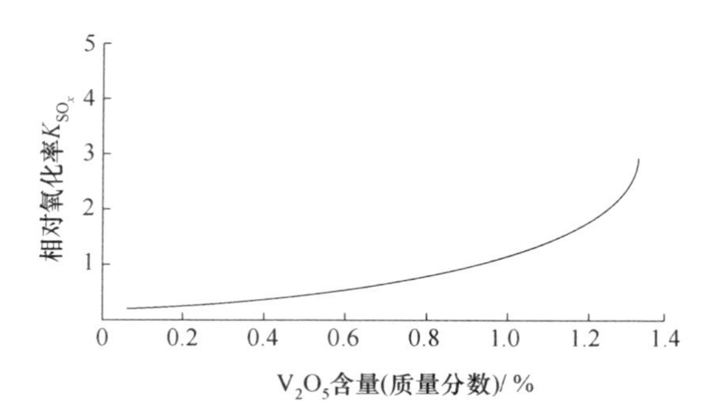

图 3-5 烟气中 SO_2 的氧化率与 V_2O_5 含量的关系[13]

硫酸氢铵（NH_4HSO_4，ABS）的生成是 SO_2 致脱硝催化剂失活的重要原因之一。在 SCR 脱硝过程中，如果脱硝催化剂活性不佳，通常会通过过量喷氨来提高脱硝效率，导致部分未反应的 NH_3 与烟气中的 SO_3 和 H_2O 生成 NH_4HSO_4 和 $(NH_4)_2SO_4$ 等，其形成机理见式（3-1）~式（3-5）[14,15]。

$$V_2O_5 + SO_2 = V_2O_4 + SO_3 \tag{3-1}$$

$$2SO_2 + O_2 + V_2O_4 = 2VOSO_4 \tag{3-2}$$

$$2VOSO_4 = V_2O_5 + SO_2 + SO_3 \tag{3-3}$$

$$NH_3 + SO_3 + H_2O = NH_4HSO_4 \tag{3-4}$$

$$2NH_3 + SO_3 + H_2O = (NH_4)_2SO_4 \tag{3-5}$$

$(NH_4)_2SO_4$ 的熔点约为 280 ℃，在空气预热器的运行温度范围内以干燥固体粉末形式存在，而 NH_4HSO_4 的熔点 147 ℃，在催化剂和设备表面则通常以液态形式存在，具有极强的黏性、腐蚀性和吸湿性[16]。因此，NH_4HSO_4 对脱硝催化剂和烟气处理系统的危害更为严重。表 3-2 显示了 NH_4HSO_4 的理化性质。

表 3-2 NH_4HSO_4 的理化性质[17]

项　　目	数值
熔点/℃	147
沸点/℃	491

续表 3-2

项　　目	数值
摩尔恒压热容 c_p/J·(mol·K)$^{-1}$	193
黏度/Pa·s	0.1~0.2
密度/g·mL^{-1}	1.78（154 ℃）
摩尔熔化热 ΔH_{fus}/kJ·(mol·K)$^{-1}$	14（144 ℃）

在燃煤机组和燃油、燃气机组中 NH_4HSO_4 的形成温度区域如图 3-6 所示，而火电厂脱硝系统冷端空预器的运行温度不可避开此温度区间。因此，NH_4HSO_4 的形成难以通过控制冷端设备的温度而避免，通常只能控制脱硝过程中 SO_3 的形成。

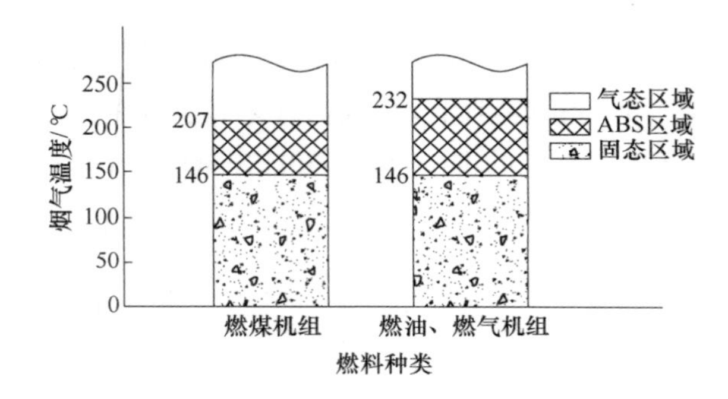

图 3-6　生成 NH_4HSO_4 的温度区域[18]

烟气中形成的 NH_4HSO_4 和 $(NH_4)_2SO_4$ 等通常会沉积在 SCR 脱硝系统之后的冷端设备，当脱硝温度较低时还会直接沉积在催化剂表面，对催化剂和冷端设备造成堵塞和腐蚀。由于 NH_4HSO_4 的吸湿性和黏性强，在催化剂和空预器表面吸附量大时，可呈现黏稠状液体，同时可吸附大量粉尘，造成催化剂和设备的堵塞，且难以通过吹灰设备进行清除。图 3-7 显示了火电厂脱硝系统冷端空预器吸附 NH_4HSO_4 和粉尘后的状态，使烟气通道减小，增加了引风机的能耗和设备的安全风险。

对于脱硝催化剂自身而言，吸附的 NH_4HSO_4 还会通过 SO_4^{2-} 与催化剂结合（见图 3-8），并且 SO_4^{2-} 的解吸温度高达 400 ℃[20]。因此，吸附在脱硝催化剂表面的 NH_4HSO_4 极难去除，部分工程案例通常采用在线热解析工艺，即通过烟气的短暂加热到 400 ℃左右，将系统设备吸附的 NH_4HSO_4 热解析，达到脱除的目的。

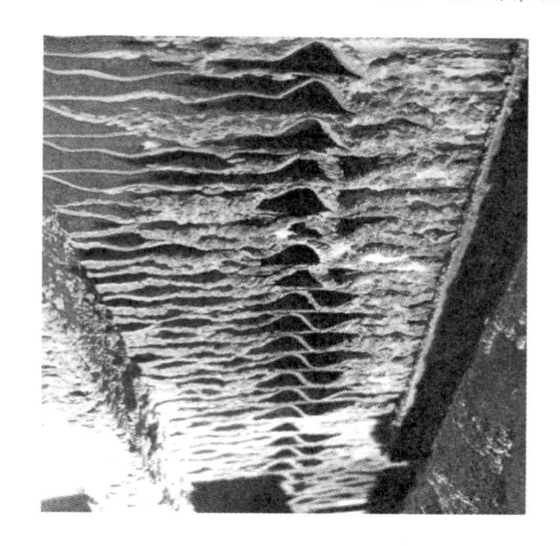

图 3-7 火电厂脱硝系统冷端空预器 NH_4HSO_4 沉积[19]

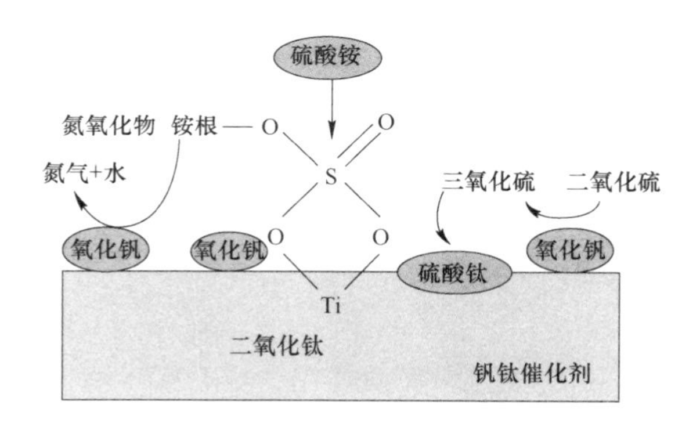

图 3-8 钒钛系脱硝催化剂硫酸铵盐的生成机理示意图[21]

3.1.4 碱（土）金属致失活

烟气中的碱金属、碱（土）金属元素主要来自化石燃料和矿物，特别是生物质燃料中含有的 Na、K 含量较高，导致催化剂出现碱金属中毒的现象较为普遍。碱金属和碱土金属离子主要存在于粉尘中，可堵塞催化剂孔道并破坏催化剂活性位点，且由于其水溶性，碱金属和碱土金属离子具有较强的流动性，能较好地与活性位点接触与结合导致催化剂失活[22,23]。

Na、K 可与催化剂表面的 V—OH 酸性位点发生反应，生成 V—OK、V—ONa 等（见图 3-9），使催化剂表面的 Brønsted 酸性位点数量减少，导致催化剂对 NH_3 的吸附能力下降，造成脱硝催化剂的化学失活[9]。

根据燃料或矿物性质的不同，燃烧后产生的碱金属可以不同的形式存在，其对催化剂产生的毒化机理也有所不同。Kong 等[24] 研究了 K_2O、KCl、K_2SO_4 对

图 3-9 钒钛系脱硝催化剂的碱金属 K^+ 致中毒机理[5]

V_2O_5-WO_3/TiO_2 催化剂的毒化机理，表明 K_2O 既可以与催化剂表面的 Brønsted 酸性位点（V—OH）结合，也可以与 Lewis 酸性位点（V ═O）结合，使催化剂表面失去对还原剂 NH_3 的吸附能力；而 KCl 中的 K^+ 与 V—OH 位点结合后还可产生 HCl，进而 HCl 与 V ═O 位点结合，导致催化剂同时出现 K 和 Cl 的中毒；K_2SO_4 则主要通过 K+与 V—OH 位点结合，而 SO_4^{2-} 沉积在催化剂表面仍可提供新的 Brønsted 酸性位点，如图 3-10 所示。因此，K_2O、KCl、K_2SO_4 致 V_2O_5-WO_3/TiO_2 催化剂失活的能力为 KCl > K_2O > K_2SO_4。

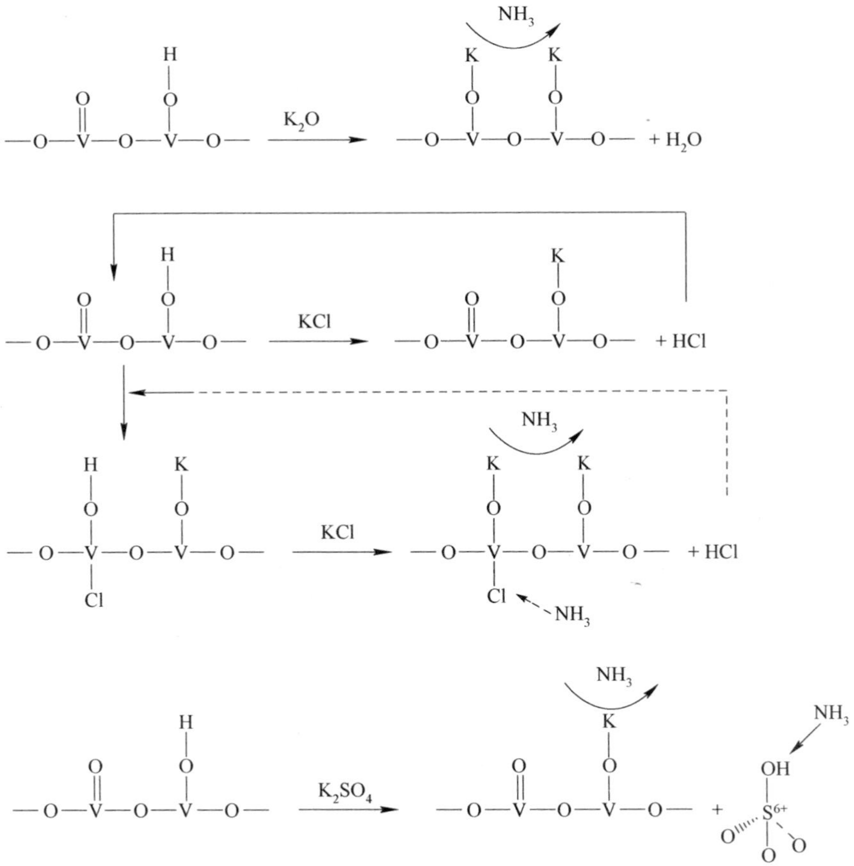

图 3-10 K_2O、KCl、K_2SO_4 对 V_2O_5-WO_3/TiO_2 催化剂的毒化机理[24]

燃煤电厂使用的煤中 CaO 含量高，煤中灰含量（质量分数）为 9%～24%，而灰中 CaO 含量（质量分数）高达 13%～30%，因此脱硝催化剂很容易受到烟气中 CaO 的影响。CaO 在催化剂的孔道中与 SO_3 结合可生成稳定的 $CaSO_4$，造成催化剂孔道堵塞的物理失活，同时碱土金属也可与催化剂表面的 Brønsted 酸性位点结合，造成催化剂的化学失活[9]。烟气中的 Ca 一部分以 CaO 的形式存在，另一部分则在燃烧过程可转化为 $CaSO_4$、$CaCO_3$ 和 CaCl 等[25]。樊雪[26]研究发现，对催化剂在相同 Ca 和 V 摩尔比下，Ca 的不同化合物对催化剂的毒化能力为 $CaCl_2 > CaCO_3 > CaO$。Chen 等[27]研究发现碱/碱土金属离子对催化剂表面自由氧的破坏能力强度顺序为：K>Na>Ca>Mg。

3.1.5 砷致失活

重金属砷是煤中常见的有害微量元素，主要以有机物形式、FeS_2As 和 As_2S_3 等形式存在。环境中的砷能通过呼吸道、消化道和皮肤接触等进入人体，引起慢性中毒和致癌。我国绝大多数地区的煤中砷含量低于 5 μg/g，高砷煤则主要分布在西南地区的云南、贵州、四川和重庆，以及东北地区的吉林等[28]。

砷是造成脱硝催化剂失活的重要毒化因子之一。烟气中砷元素主要以气态 As_2O_3 的形式存在，吸附在催化剂表面还可被氧化成 As_2O_5，最终沉积在催化剂表面和微孔中，覆盖催化剂上的活性位点，造成催化剂的物理失活。此外，砷造成钒钛系脱硝催化剂的化学失活则更为严重。As_2O_3 扩散至催化剂表面后，可同时与 Brønsted 酸性位点和 Lewis 酸性位点结合（见图 3-11），造成催化剂表面活性减少，抑制了催化剂对 NH_3 和 NO_x 的吸附能力和催化脱硝性能。此外，As^{3+} 被 V^{5+} 物种氧化为 As^{5+}，生成的 $V^{4+}—O—As^{5+}$ 化合物极不稳定，在高温条件下极易分解而被烟气带走，造成催化剂活性物质流失[29]。

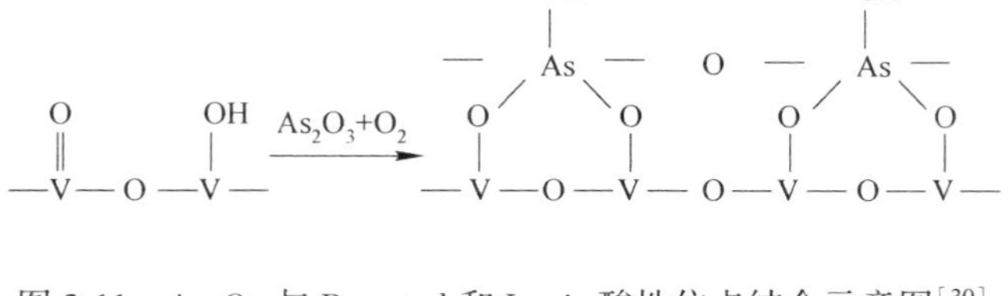

图 3-11 As_2O_3 与 Brønsted 和 Lewis 酸性位点结合示意图[30]

Kong 等[31]还揭示了砷致 V_2O_5-WO_3/TiO_2 催化剂失活的两条路径：其一是 As_2O_3 经催化剂表面吸附氧 $2O^-$ 氧化形成 As_2O_5，造成催化剂表面被 V_2O_5 覆盖；其二是 As_2O_3 将 V_2O_5 还原为 V_2O_3，自身则转化为 As_2O_5，造成活性物质的失效，如图 3-12 所示。

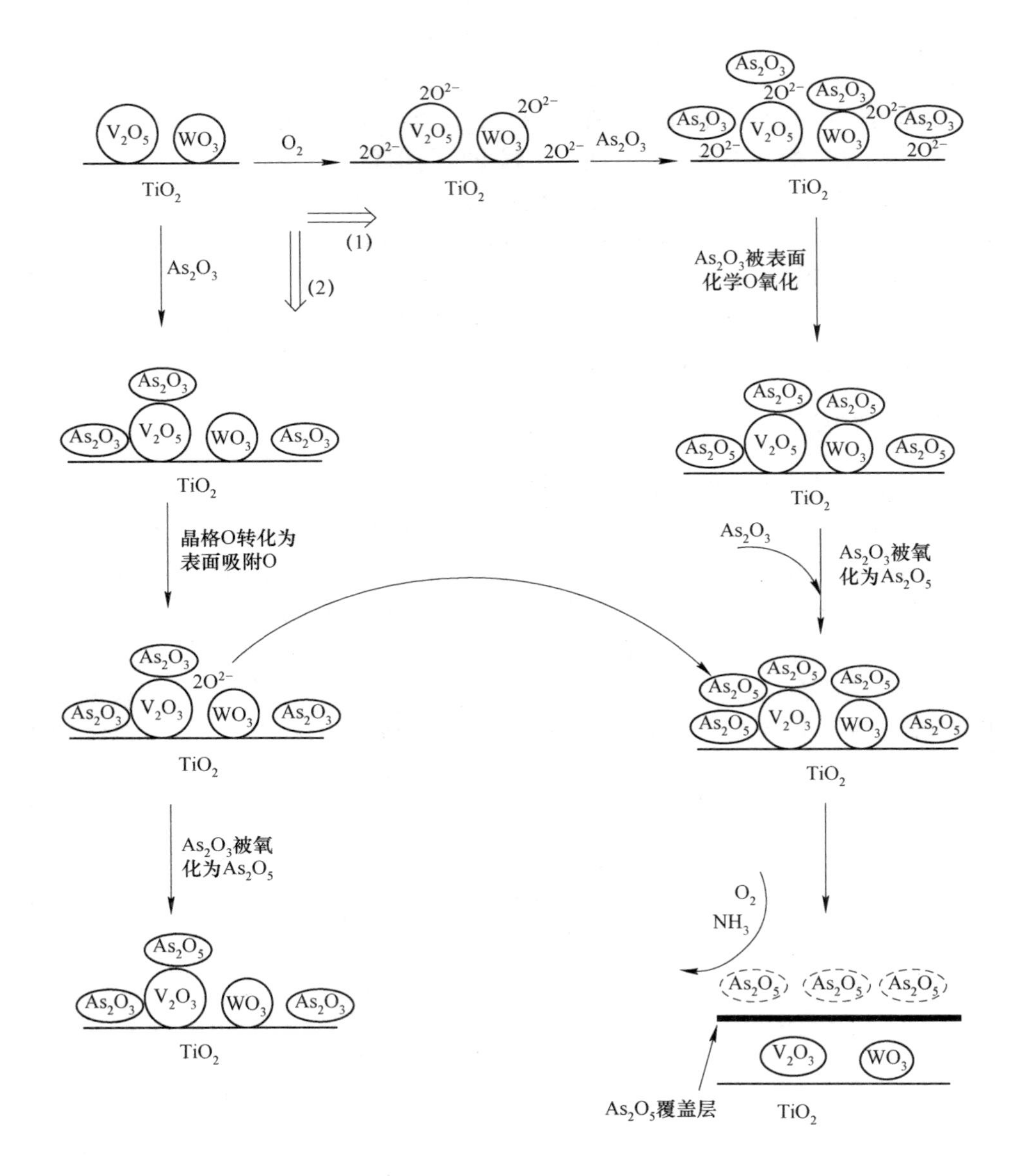

图 3-12 砷致 V_2O_5-WO_3/TiO_2 催化剂失活机理示意图[31]

此外，催化剂表面的 As_2O_5 还将 SO_2 氧化为 SO_3，导致催化剂的 SO_2/SO_3 转化率升高，而由 As_2O_5 形成的 As—OH 基团可促进 N_2O 的形成[32]。因此，砷对于脱硝催化剂的危害尤为重要，应当受到重视。研究表明，在锅炉中加入 CaO 等吸附剂可有效降低烟气中的 As_2O_3 含量[33]。

3.1.6 汞和铅致失活

汞是环境中毒性最强的金属元素之一，可通过食物链在生物圈中形成汞累积，对人类和野生生物造成极大伤害。汞具有长距离跨界污染的属性，联合国环境规划署将其列为全球性污染物[34]。燃煤电厂是我国最主要的汞排放源头之一，煤中的汞在高温条件下主要以单质汞（Hg^0）的形式进入烟气，并可被脱硝催化剂部分氧化和吸附脱除，但同时会对脱硝催化剂造成损害。陈崇明等[34]分析了某电厂 SCR 反应器入口、出口烟气中汞的浓度分布，结果表明 Hg^0 在经过 SCR 反应器后浓度显著下降，而氧化汞浓度上升（见图 3-13），即脱硝催化剂对 Hg^0 具有较好的氧化效果。

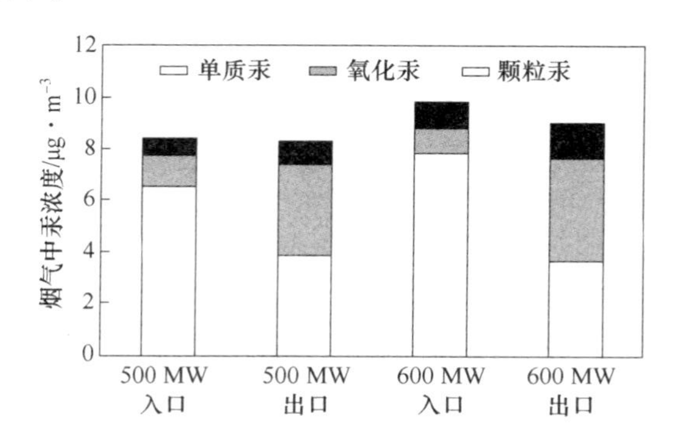

图 3-13　SCR 反应器入口、出口烟气汞浓度分布[34]

SCR 催化剂可以促进烟气中 Hg^0 向 Hg^{2+}转化，烟气中的 HCl 浓度和汞氧化率之间存在着直接联系，而 HCl、Hg^0 和 NH_3 在催化剂活性位点上发生吸附竞争[35]。Kong 等[36]采用密度泛函理论研究了 $HgCl_2$ 对 V_2O_5-WO_3/TiO_2 催化剂的毒化机理，结果表明 $HgCl_2$ 首先吸附在 V_2O_5 的桥氧上，随后其上的 Cl^-结合到 Brønsted 酸性位点并形成 HCl，而 HCl 可以与 V ═O 结合形成 Cl—V—O—H，因而将催化剂上的 Lewis 酸性位点破坏，降低催化剂的活性，如图 3-14 所示。

铅也会对催化剂活性造成中毒影响，尤其是生活垃圾焚烧烟气中的铅含量更高。铅对催化剂造成的失活主要是化学作用，而不是孔道堵塞造成的。Gao 等[37]通过理论计算结合实验表征发现，铅会引起催化剂表面电子性质的变化，通过影响催化剂的表面钒活性中心，降低催化剂表面酸性和氧化还原能力。烟气中 Cl 同样可以与 Pb 结合形成 $PbCl_2$。Wu 等[38]研究了 PbO 和 $PbCl_2$ 致钒钛系脱硝催化剂失活的机理，即 PbO 和 $PbCl_2$ 与 V_2O_5 上的 O 结合（见图 3-15），占据了催化剂的活性位点，导致催化剂化学失活。

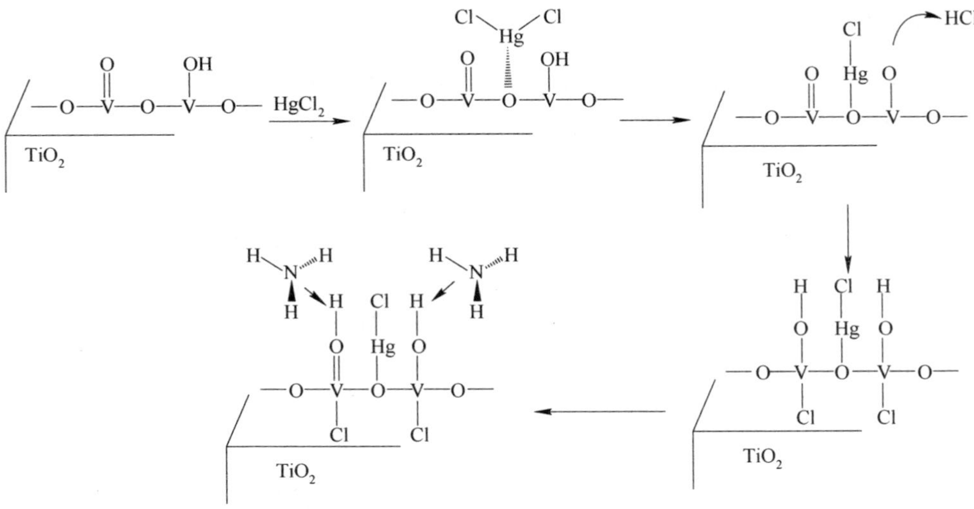

图 3-14 $HgCl_2$ 对 V_2O_5-WO_3/TiO_2 催化剂的毒化机理[36]

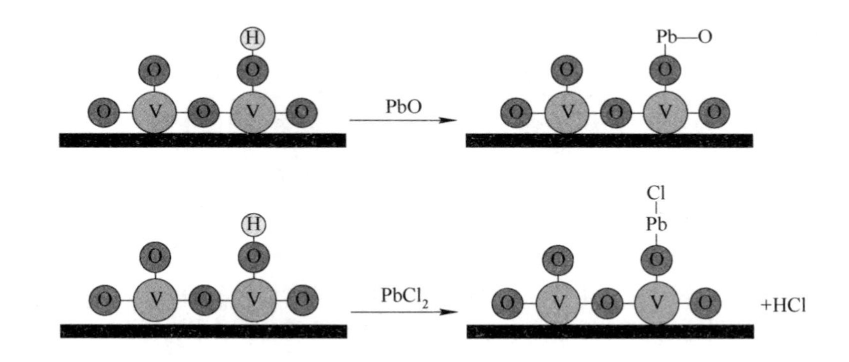

图 3-15 PbO 和 $PbCl_2$ 致钒钛系脱硝催化剂失活机理示意图

3.1.7 焦油等有机物致失活

焦油是自 2019 年非电力行业全面推进超低排放改造后新出现的重要毒化因子。焦油是一种高芳香度的混合物，主要为多环、稠环化合物和含氧、硫、氮的杂环化合物，以及少量脂肪烃、环烷烃和不饱和烃，具有较强的黏性和一定还原性[39]。玻璃、焦化、沥青及以重油、石油焦粉、煤制气等为燃料的行业，均因燃烧不充分导致烟气中残留煤焦油组分或挥发性有机物（VOCs），附着于催化剂表面覆盖 V_2O_5 活性位点并致其还原失活且再生困难，加剧环境负担，如图 3-16 所示。

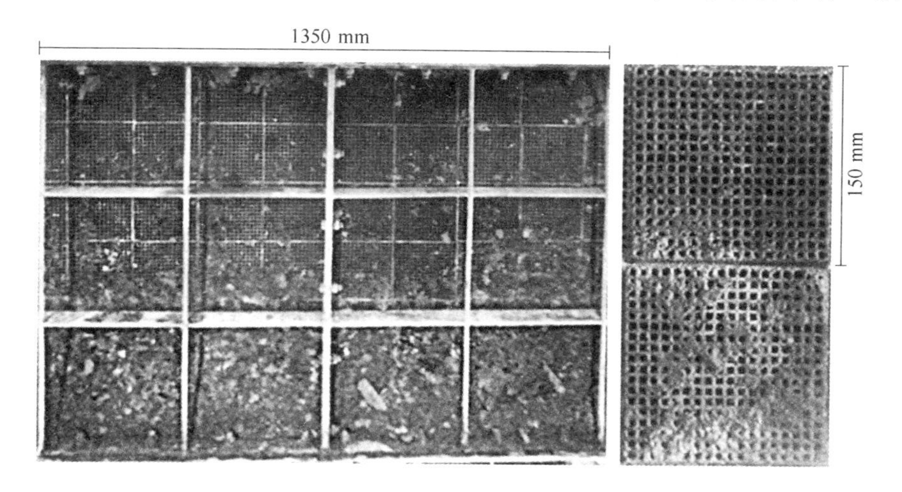

图 3-16 某玻璃窑炉含焦油失活钒钛脱硝催化剂

黏稠状焦油吸附于催化剂表面，经润湿作用迁移至微孔，并因与催化剂的化学作用致 V_2O_5 还原失活[40]。Ye 等[41]在研究催化剂对 NO_x 和 VOCs 的协同脱附时，发现甲苯的竞争吸附阻碍了 NH_3 与 NO_x 的反应，导致催化剂脱硝活性下降，如图 3-17 所示。任英杰等[42]调研发现玻璃窑烟气脱硝催化剂受焦油、NH_4HSO_4 等耦合因素影响，出现严重的微孔堵塞和比表面积下降，导致催化剂失活。

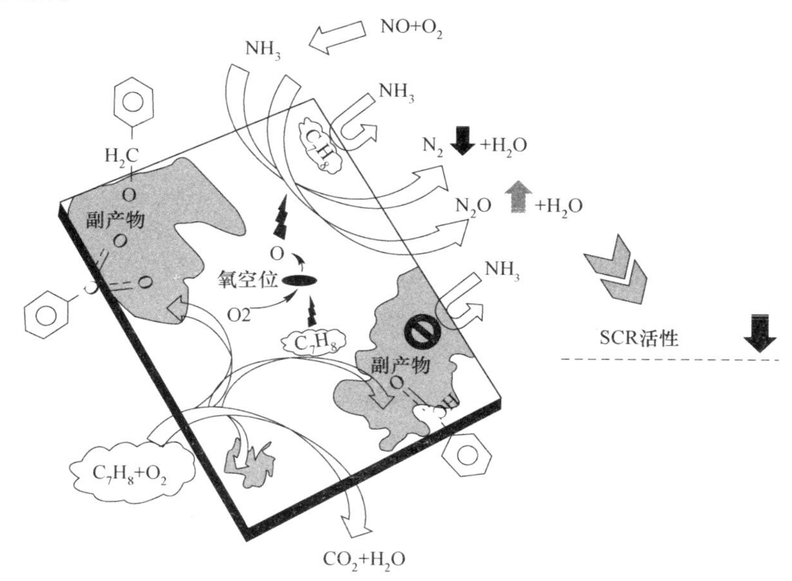

图 3-17 甲苯竞争吸附致催化剂活性下降[41]

因此，含焦油催化剂既有因表面覆盖与微孔堵塞导致的物理失活，又有因活性位点 V^{5+} 被焦油中不饱和烃等还原为 V^{4+} 和 V^{3+} 而致催化活性降低的化学失活。

3.2 废脱硝催化剂的产生及特性

钒钛系脱硝催化剂作为 SCR 烟气脱硝技术的核心材料，其使用寿命一般为 3~5 年，到期后需报废更换。废钒钛系脱硝催化剂，一方面是含有烟气中沉积的砷、汞等有毒性重金属和钠、钾等碱金属元素，可造成水体和土壤污染，属于《国家危险废物名录》规定的 HW50 类危险废物（废物代码：772-007-50；危险特性：有毒性）；另一方面，废脱硝催化剂中富含钒、钨、钛等战略金属资源，极具回收利用价值。因此，废脱硝催化剂具有污染性与资源性的双重特性。

3.2.1 脱硝催化剂报废判定导则

废烟气脱硝催化剂包括应用过程不能满足排放要求但仍能再生的失活催化剂和不可再生的报废催化剂。国家能源局于 2020 年 10 月 23 日发布了《火电厂烟气脱硝催化剂报废判定导则》(DL/T 2090—2020)，规定了火电厂蜂窝式和平板式烟气脱硝催化剂的报废技术指标、判定规则、检测方法和报废程序。主要技术指标包括外观和理化性能，见表 3-3 和表 3-4[43]。

表 3-3 火电厂脱硝催化剂报废的单元体和单板外观指标

催化剂类型	外观指标
蜂窝式	单元体最大磨损（断裂）深度大于高度的 10%或堵孔率大于 40%
平板式	磨损裸露面积大于单板面积的 10%

表 3-4 火电厂脱硝催化剂报废的单元体和单板理化性能指标

催化剂类型	项目		指标
蜂窝式	抗压强度/MPa	径向抗压强度	<0.2
		轴向抗压强度	<1.0
	磨损强度/% · kg^{-1}	非硬化端磨损强度	>0.30
	催化剂砷含量（质量分数）/%		≥2.0
	相对活性/%		≤40
平板式	磨损强度/mg · r^{-1}		>2
	催化剂砷含量（质量分数）/%		≥2.0
	相对活性/%		≤40

判定规则为单元体或单板外观指标达到表 3-3 中的规定，该单元体或单板应予以报废；模块中 1/3 以上单元体或单板外观指标达到表 3-3 中的规定，整个模块应予以报废；将样品抽检结果与理化性能指标进行比较，当满足表 3-4 报废指标之一时，脱硝反应器中的整层催化剂应予以报废。

报废过程应委托检测单位根据催化剂检测结果对催化剂进行报废判定，提前半年至一年制订报废计划；火电厂应配合检测单位进行现场检查和样品采集，根据催化剂报废判定结果，对部分模块、单层或者多层报废，并及时完成脱硝催化剂的报废和备案登记，委托处置单位开展报废催化剂转移和处置；处置单位应具备废烟气脱硝催化剂处置资质，并按国家有关规定实施报废催化剂的运输及处置等。

3.2.2　废脱硝催化剂的产生量

我国于 2011 年颁布最新的《火电厂大气污染物排放标准》(GB 13223—2011)，将火电厂燃煤机组烟气中 NO_x 的排放限值降低至 100 mg/m^3，大力推进了国内 SCR 脱硝技术的快速发展和 SCR 脱硝催化剂需求的提升。2014 年 8 月 23 日，国家发改委、环境保护部和能源局三部委联合下发了《煤电节能减排升级与改造行动计划（2014—2020 年)》，对燃煤机组提出了 NO_x 排放浓度限值低于 50 mg/m^{3}的超低排放要求，使我国脱硝催化剂装填量进一步增大。

2021 年 11 月 2 日，中共中央、国务院发布了《关于深入打好污染防治攻坚战的意见》，指出我国生态环境保护结构性、根源性、趋势性压力总体上尚未根本缓解，要求深入打好蓝天保卫战，推进钢铁、水泥、焦化行业企业超低排放改造，重点区域钢铁、燃煤机组、燃煤锅炉实现超低排放。当前，钢铁工业已成为工业源 NO_x 排放的重要来源[44]。《2021 年中国生态环境统计年报》数据显示，2021 年我国黑色金属冶炼和压延加工业水泥制造业与火力发电企业 NO_x 排放量分别为 80.1 万吨、100.8 万吨和 122.2 万吨，分别占比全国工业源 NO_x 排放量的 21.7%、27.3%和 33.1%[45]。

钢铁冶炼工序复杂、流程长，原料场、烧结、球团、炼焦、炼铁、炼钢、轧钢、自备电厂等生产环节均存在包括 NO_x 在内的多种大气污染物有组织或无组织排放情况。2019 年，生态环境部等五部门联合发布了《关于推进实施钢铁行业超低排放的意见》，正式对钢铁工业的烧结、球团、焦炉、自备电厂等工序烟气 NO_x 排放提出超低排放改造的要求。

近年来，河北等地相继发布了水泥工业大气污染物的超低排放标准，限定水泥窑烟气中 NO_x 的排放限值。2022 年 4 月 20 日，中国水泥协会发布了团体标准《水泥工业大气污染物超低排放标准》(T/CCAS 022—2022)，限定了水泥窑及窑尾余热利用系统的 NO_x 排放限值为 100 mg/m^3。随着各行各业对 NO_x 排放浓度限值的降低，脱硝催化剂的应用领域和使用量将快速扩大。

数据估算，截至2019年底，全国火电脱硝催化剂装机量已达120万立方米，而玻璃、焦化、钢铁、水泥等非电力行业脱硝催化剂总需求量可达100万立方米[46]。据生态环境评估中心估算，全国火电厂脱硝催化剂装机量于2021年底可能达到了162万立方米。火电厂脱硝催化剂通常采用“2+1”安装方式，即先安装2层催化剂，大约3年后，在预留层加装第3层催化剂。3层一起使用大概3年后，开始更换第一层，再过2年后，更换第二层，再过2年后，更换第三层，如此循环往复更换脱硝催化剂，同时产生废脱硝催化剂，如图3-18所示。因此，目前火电厂脱硝催化剂在较好的使用条件下的实际使用寿命最长，平均可达6年之久。

图3-18 废脱硝催化剂

非电力行业当前的使用情况有所不同，钢铁行业烧结机头烟气通常采用脱硫、除尘后脱硝，脱硝催化剂的使用条件较好，其使用寿命通常能达到3年及以上，但其更换催化剂的方案基本都是采用全部更换，即不在预留层添加催化剂，以避免增加烟气阻力。水泥、玻璃、焦化等行业脱硝催化剂的使用条件较为恶劣，多数脱硝催化剂的使用寿命通常达不到3年就不能满足排放要求，特别是水泥窑烟气中粉尘含量可高达100 g/m^3，对催化剂的磨损与堵塞非常严重，因此废脱硝催化剂产生量较大。脱硝催化剂的3年（24000 h）使用寿命是催化剂厂家对于一般烟气脱硝催化剂的性能保障。以3~5年的使用寿命计算，全国火电厂和非电力行业脱硝催化剂总计装机量为240余万立方米计，废钒钛脱硝催化剂的年产生量将大于60万立方米（约30万吨）。

3.2.3 废脱硝催化剂的污染性

钒钛系脱硝催化剂本身就包含有毒重金属V，安装于烟气脱硝反应器的使用过程中，催化剂会富集煤炭等燃料燃烧过程中产生多种有害物质。如3.1节所述的各类致脱硝催化剂失活因素，最终都导致Na、K、S、P、Hg、Pb、Be、As、有机污染物等多种毒化因子富集于废脱硝催化剂中[47]。因此，废烟气脱硝催化剂除了 TiO_2、V_2O_5、WO_3、MoO_3 外，还含有 Pb、As 等多种有害重金属元素，存在极大的环境风险。表 3-5 列出了常见火电厂燃煤锅炉及部分非电力行业炉窑产生的废钒钛系脱硝催化剂的主要成分。

表 3-5 不同行业废脱硝催化剂的主要化学成分（质量分数） （%）

成　分	V_2O_5	WO_3	TiO_2	Na_2O	K_2O	As_2O_3	PbO	SO_3	P_2O_5	Tl_2O_3	其他
火电燃煤锅炉	1.02	4.11	80.32	0.12	0.13	1.12	0.01	1.43	0.10	—	11.64
钢铁厂烧结机	3.24	2.67	83.43	0.45	0.37	0.02	0.13	3.38	0.02	—	6.29
水泥窑	2.32	3.78	65.79	2.12	0.32	0.15	0.02	12.58	2.44	1.22	9.26
玻璃窑	1.98	2.39	72.54	0.51	0.12	0.46	—	17.52	0.48	—	4.00

国内部分火电厂产生的废钒钛系脱硝催化剂的危险特性分析结果表明，废脱硝催化剂属性为浸出毒性，尤其是铍、砷和汞的浸出浓度超过《危险废物鉴别标准 浸出毒性鉴别》(GB 5085.3—2007) 指标要求。表 3-6 显示了国内若干火电厂废脱硝催化剂的浸出毒性测试结果，大部分火电厂废脱硝催化剂重金属浸出毒性并未超过国家标准，但部分火电厂使用高砷煤等品质较差的燃料时，其砷、汞等浸出浓度则严重超标。

表 3-6 若干火电厂废脱硝催化剂的浸出毒性 (mg/L)

火电厂	铍	铬	镍	铜	锌	砷	汞
电厂 A	0.033	0.089	0.386	1.28	0.76	0.003	0.002
电厂 B	0.002	0.000	0.013	0.01	0.12	0.002	—
电厂 C	0.004	0.021	0.057	0.09	1.77	0.007	0.002
电厂 D	0.002	0.002	0.052	0.16	1.35	0.017	0.001
电厂 E	0.001	0.007	0.032	0.15	1.86	0.006	0.000
电厂 F	0.003	0.013	0.070	0.28	0.75	0.010	0.000
电厂 G	0.000	ND	0.024	0.01	0.36	151.900	0.279
电厂 H	0.001	0.002	0.090	0.85	1.03	0.106	0.000
电厂 I	0.003	0.003	0.043	0.31	1.16	0.599	0.000
新催化剂	0.000	0.021	0.080	0.02	0.80	0.003	0.019
标准值	0.02	15	5	100	100	5	0.1

大量废脱硝催化剂的产生给我国水体和土壤带来严重的环境风险。因此，我国环保部门于 2016 年公布的《国家危险废物名录》中，将烟气脱硝过程中产生的废钒钛系催化剂纳入 HW50 危险废物。现阶段对于废脱硝催化剂的处理主要有再生、金属回收再用和填埋等途径，在处理过程中都将对土壤、水体和大气产生不同程度的污染，对人类和生物种群造成危害。

(1) 土壤污染。原环境保护部在 2014 年 8 月 5 日发布了《关于加强废烟气脱硝催化剂监管工作的通知》，要求对不可再生且无法利用的废钒钛系脱硝催化剂进行填埋处置。对于严重受损或中毒的脱硝催化剂而言，高昂的再生成本和活性不佳的再生催化剂常选择填埋处理，但填埋前应该进行相应的固化无害化处理，如水泥固化等[48]。土壤是许多细菌、真菌等微生物聚集的场所，这些微生物与周围环境构成小型生态系统，而废脱硝催化剂的填埋会使得周围土壤过量沉积有毒金属元素，危害周边微生物和动植物群，致使生态系统遭到破坏，并通过食物链进入动植物体内危害其健康[49]。

(2) 水体污染。填埋或者堆积的废脱硝催化剂中有害元素受到环境中酸性或者碱性条件的影响，会部分溶解并通过雨水等流入周围地表水体或者渗入土壤，最终造成地表水或者地下水污染，影响水生动植物生存环境，导致水域面积减小、水质受到污染、水资源短缺，最严重的会通过饮用进入人体内危害健康。工业固体废物对生态系统危害巨大，且影响时间久远，污染后的水体很难在短期内恢复。

(3) 大气污染。废脱硝催化剂拆卸、转移、堆放过程中会产生细微颗粒、粉尘等，进入大气并随风扩散。废脱硝催化剂产生的粉尘中包含 V、As、Hg 等多种有毒重金属和 Na、K 等碱金属元素，影响空气质量，可通过呼吸道进入人体和动物体内。大量的研究结果发现钒会对人体肺部上皮细胞造成损害，且长期在高浓度 V_2O_5 粉尘环境下作业的人群易咳嗽、咳痰、气短、鼻黏膜改变、肺部干鸣音，对身体危害较大且症状明显[50]。

3.2.4 废脱硝催化剂的资源性

脱硝催化剂本身含有质量分数为 80%～90%的 TiO_2、4%～10%的 WO_3/MoO_3 和 0.5%～5%的 V_2O_5，报废后虽被列为 HW50 危险废物，但其含有的 Ti、W、Mo、V 战略金属元素除少量流失外，其含量未发生大的变化，而 V、W 等金属属于欧盟国家列出的 27 种关键原材料清单。汪金良等[51]对比分析了几种脱硝催化剂报废前后的化学组成，见表 3-7。

表 3-7 几种脱硝催化剂失活前后的化学组成（质量分数）[51] （%）

成分	新催化剂 1	新催化剂 2	废催化剂 1	废催化剂 2
TiO_2	93.17	90.33	90.90	86.10

续表 3-7

成分	新催化剂 1	新催化剂 2	废催化剂 1	废催化剂 2
WO_3	3.45	4.10	4.23	5.38
V_2O_5	0.71	0.57	0.53	0.54
Al_2O_3	0.26	0.62	0.54	0.81
SiO_2	1.41	1.80	2.09	2.55
CaO	0.52	0.71	0.78	0.76
Fe_2O_3	0.02	0.03	0.41	0.40
K_2O	0.01	0.01	0.03	0.07
As_2O_3	—	—	0.02	0.06

从表 3-7 可以看出，脱硝催化剂报废前后主要成分的含量（质量分数）变化不大，其中 WO_3 约占 5%，V_2O_5 不足 1%，TiO_2 则高于 85%；所有脱硝催化剂中都含有少量的 Al、Si 等物质，用来提高催化剂的机械强度。

武文粉等[52]研究了脱硝催化剂报废前后 Ti、W、V 的赋存形态，结果表明：失活后主要成分未发生明显变化；废脱硝催化剂中 TiO_2 物相未发生晶型转变，仍为锐钛矿型 TiO_2。可见，废脱硝催化剂中的 Ti、W、V 等元素含量高，回收有望重新利用于脱硝催化剂的制备。

V_2O_5 的价值高，生产脱硝催化剂常用的偏钒酸铵的市场价格为 18 万~20 万元/t。TiO_2 在各领域均有极大的应用价值，广泛应用于制造涂料、高级白色油漆、白色橡胶、合成纤维、电焊条、脱硝催化剂等方面。传统的 TiO_2 生产工艺是从钛精矿中通过硫酸法制备，钛精矿中 TiO_2 的含量（质量分数）一般为 40%，其生产能耗极高，副产物多，直接生产成本约为 1.2 万元/t。废脱硝催化剂中的 TiO_2 质量分数在 90%左右，品位显著高于钛精矿。由此可见，废脱硝催化剂中的 Ti、W、V 等战略金属元素是极好的二次资源，具有极高的回收利用价值。

3.3 脱硝催化剂的检测与更换

3.3.1 脱硝催化剂的活性检测

脱硝催化剂作为 SCR 烟气脱硝技术的核心材料，在烟气脱硝过程中受到气流冲刷、粉尘磨损与堵塞以及多种毒化因子的毒害，其脱硝活性水平会逐步下降。脱硝催化剂的活性水平关系到烟气中 NO_x 排放是否达标，氨逃逸率是否超标，是否会产生 NH_4HSO_4 影响空预器运行等。因此，有必要对在役脱硝催化剂进行定期检测与评估，以便及时掌握脱硝催化剂的性能变化趋势及其影响因素，从而制订合适的脱硝系统运行优化策略和催化剂的更换计划[53]。

3.3.1.1 脱硝催化剂的全尺寸检测

基于脱硝系统的脱硝效率、氨逃逸、SO_2/SO_3 转化率和氨氮摩尔比等参数，可对脱硝反应器中的脱硝催化剂活性和预期剩余寿命进行大致评估，但对催化剂活性的精准检测一般采用取样分析的方法。高校、科研院所等对脱硝催化剂性能的检测通常采用小试检测装置（见图 3-19），所测样品为催化剂粉末或小条，模拟烟气量一般不超过 1 L/min，测试过程受不可控因素的影响较大，因此获得的检测结果难以真实反映脱硝催化剂的实际活性。

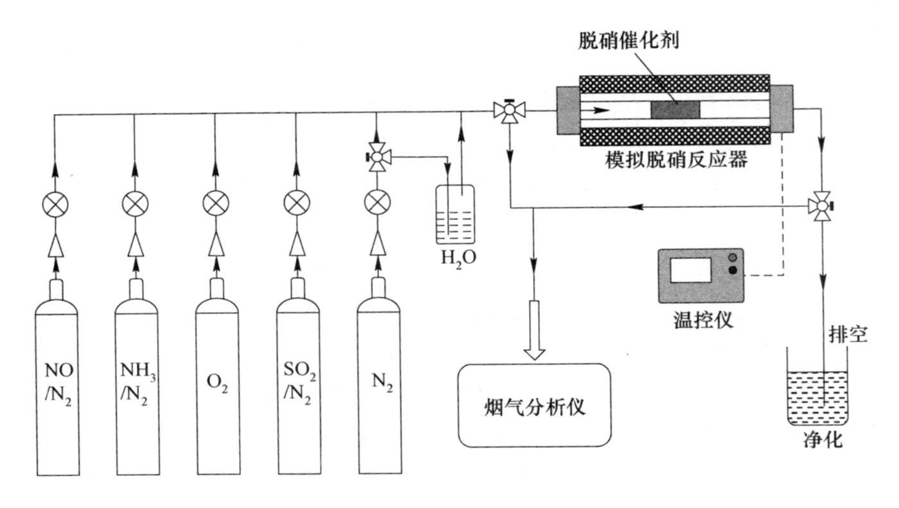

图 3-19 脱硝催化剂小试检测装置示意图

脱硝催化剂的全尺寸性能评价以催化剂的全尺寸单元条为测试对象，可将单条催化剂进行检测，或多条催化剂串联模拟反应器中多层催化剂进行检测，模拟烟气产生量大，可较好地模拟真实烟气状况。因此，全尺寸检测也是目前普遍认可的唯一可真实反映脱硝催化剂活性的检测方法。

江苏龙净科杰环保技术有限公司依据国际通用的 VGB 检测准则，引进美国 Coalogix 公司（现为美国 Cormetech 公司）的先进检测技术，搭建了国际一流的脱硝催化剂全尺寸检测装置，并于 2017 年 1 月获得国家级检验检测机构资质认定证书——CMA 证书。该套全尺寸烟气脱硝催化剂活性检测装置由烟气模拟系统、模拟反应器系统、尾气净化装置、烟气分析系统和控制系统等装置组成。检测装置示意图和实物图分别如图 3-20 和图 3-21 所示。

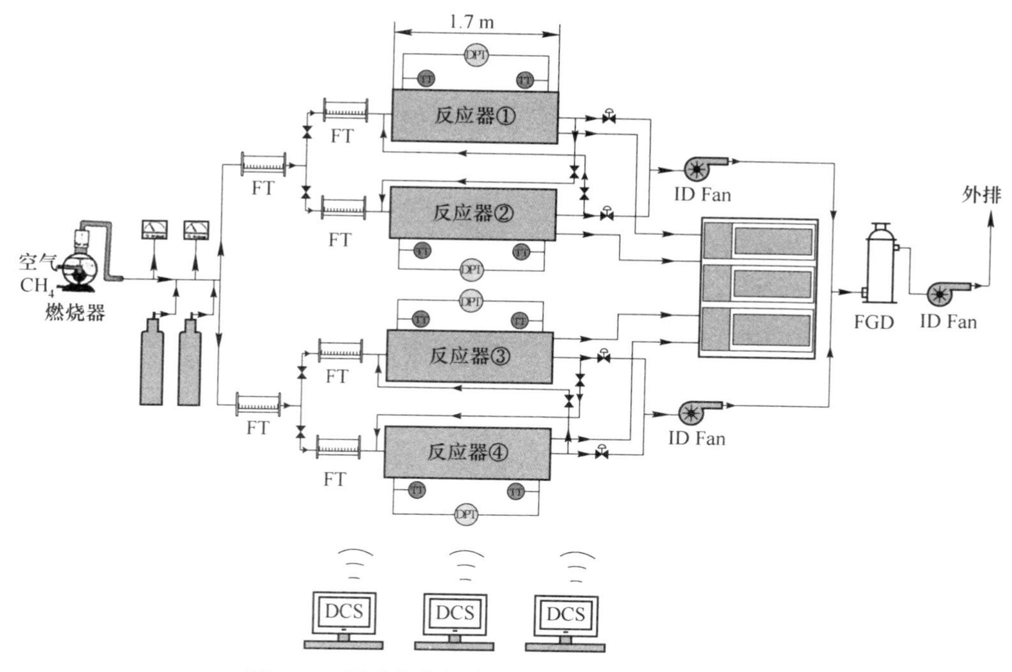

图 3-20　脱硝催化剂全尺寸性能检测装置示意图

FT—V 锥流量计；DCS—分布式控制系统；TT—温度变送器；
DPT—压差变送器；ID Fan—引风机；FGD—烟气脱硫

图 3-21　江苏龙净科杰脱硝催化剂全尺寸检测装置

A　烟气模拟系统

工业烟气以 N_2 为主要成分，包含 O_2、H_2O、NO_x、SO_2、CO_2 和粉尘等多种组分，模拟烟气通常只能配制 N_2、O_2、H_2O、NO_x、SO_2 等几种主要的组分，而

粉尘、碱金属、重金属组分难以在模拟烟气中配制，但这对评价脱硝催化剂活性的影响较小。

烟气模拟系统配制气体的来源可由气瓶直接供气、制氮机供气和燃烧供气。气瓶直接供气一般是采购 N_2、O_2、NO_x、SO_2 和 NH_3 等标准气体，采用减压阀和质量流量计控制气体流量，采用蠕动泵等装置定量供水模拟烟气中水分，最终通过配气系统和混合器将各类气体混合至目标成分。由于全尺寸检测的气体流量大，所以采用气瓶直接供气的成本相对较高。

采用制氮机供气可降低 N_2 的供应成本，O_2、NO_x、SO_2 和 NH_3 一般仍采用气瓶供气。燃烧供气一般以天然气为燃料，通过燃烧产生热烟气，烟气中包含 N_2、O_2、CO_2 和 H_2O 等组分，燃烧过程可同时产生 NO_x 和 SO_2，但天然气燃烧产生的烟气难以直接达到检测所需模拟的目标烟气，一般仍配合采用气瓶供气或制氮机供气来调节模拟烟气成分。采用燃烧供气的优点在于产生的烟气成分更接近真实烟气，且烟气为热烟气，有利于调节至目标烟气温度，从而减小烟气加热的能耗。

江苏龙净科杰环保技术有限公司全尺寸检测装置采用燃烧天然气和制氮机共同配制气体，可模拟的最大烟气量为 200 m^3/h、最大流速为 8 m/s、最大空速为 10000 h^{-1}，可完全满足各行业烟气模拟要求。

B 模拟反应器系统

模拟反应器系统一般包括烟气预热装置和反应器装置两个部分。烟气预热装置由环形盘管和辐射加热外壳组成，烟气经过预热装置后调节烟气温度，可同时实现混气和预加热的功能，最高加热温度一般需达到 400～500 ℃，温控器精度 ±1 ℃。反应器装置一般采用卧式固定床反应器，内部采用凹形卡槽来固定脱硝催化剂，反应器侧面通过法兰开口能够进行样品的装卸，法兰与反应器之间采用石墨垫片进行密封。反应器采用铸铜包覆式加热，最高加热温度一般需达到 400～500 ℃，温控器精度±1 ℃[54]。反应器内部一般设有两个温度传感器，用于测试反应前、后烟气的实际温度。

与实际烟气脱硝反应器不同，烟气通常是从催化剂的上端进入，下端流出。全尺寸检测装置为节省空间，一般采用卧式固定床反应器，烟气在水平方向流动，从催化剂一端水平流向另一端。当空间充足时，也可采用立式反应器。反应器通常可放入一条蜂窝式脱硝催化剂，而检测平板式和波纹板式脱硝催化剂时，可将平板式和波纹板式催化剂裁剪和拼装成单元条形状进行检测。此外，也有反应器可叠加放入多个平板式或波纹板式脱硝催化剂单板进行检测。当需要测试多层脱硝催化剂性能时，可将多个反应器串联，烟气依次流经反应器 1、2、3 即可测试烟气经多层催化剂脱硝后的效果。

C 烟气分析系统

烟气分析系统用于分析模拟原烟气和净烟气成分，以评价脱硝催化剂的脱硝效率、氨逃逸和 SO_2/SO_3 转化率等，通常包括取样三通电磁阀、烟气过滤器、烟气分析仪等。取样三通电磁阀通过管路分别连接反应器单元内部催化剂的装填位置的前端和后端，即为反应前和反应后，取样三通电磁阀切换控制抽取反应前或者反应后的烟气。抽取的烟气经过烟气过滤器将烟气粉尘和水分等杂质进行过滤，然后通入烟气分析仪进行检测[54]。

烟气分析仪一般需要至少能够检测 NO、NO_2、N_2O、SO_2、SO_3、NH_3、O_2 等气体组分，才能满足对脱硝催化剂性能的全面分析。常用烟气分析仪的工作原理主要包括红外传感和电化学气体传感两种，设备主要依赖进口。

D 尾气净化系统

由于全尺寸检测的烟气流量大，产生的尾气直接排放到大气中会造成较为严重的环境影响，因此在全尺寸检测的模拟烟气末端应对尾气进行净化处理。尾气净化系统一般采用较为简单的吸收法，主要包括酸性吸收塔和碱性吸收塔，其中酸性吸收塔用于吸收模拟脱硝反应中剩余的还原剂氨气，而碱性吸收塔用于吸收模拟烟气中的 SO_2、SO_3 以及脱硝反应剩余的 NO_x。

E 控制系统

分布式控制系统（DCS）位于中控室，用于脱硝催化剂全尺寸检测过程的自动控制和调节，通常包括对质量流量计电磁阀、烟气预热装置、模拟脱硝反应器温度等装置的控制，以及对 NO、NO_2、N_2O、SO_2、SO_3、NH_3、O_2 等各类气体探测设备、压力传感器和温度传感器等设备的数据显示，并具备数据存储和自动处理功能、应急警报和中断功能等。

3.3.1.2 脱硝催化剂活性检测技术规范

国家能源局于 2013 年 11 月 28 日发布了《火电厂烟气脱硝催化剂检测技术规范》(DL/T 1286—2013)，规定了火电厂烟气脱硝催化剂的检测内容及使用的设备和方法[55]。国家市场监督管理总局和中国国家标准化管理委员会于 2019 年 10 月 18 日发布了《烟气脱硝催化剂检测技术规范》(GB/T 38219—2019)，规定了燃煤、燃油、燃气、垃圾和生物质燃烧等产生的烟气中 NO_x 净化所采用的 SCR 催化剂的术语和定义、检测项目、检测方法和测试装置[56]。

以上两个标准都在脱硝催化剂的活性检测方面规定了脱硝效率、活性、选择性和氨逃逸等工艺特性指标的检测和计算方法，检测装置的流程如图 3-22 所示。

准备好测试样品后，测试步骤包括装置气密性检测、烟气条件设定、老化和测试。对于新催化剂的测试，烟气条件的设定采用拟设计的烟气条件作为测试条件，对于已使用过的和再生催化剂的测试，烟气条件的设定应采用工程实际烟气条件作为测试条件。催化剂的老化过程是在拟设定的烟气条件下不通入 NH_3，对催化剂进行预处理以使催化剂对反应气体吸附饱和，其过程是持续通烟气 30 h

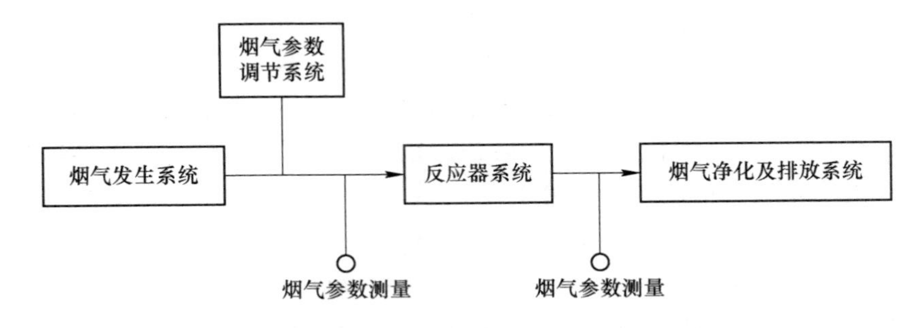

图 3-22 脱硝催化剂工艺特性指标测试装置流程图[56]

后，每隔 1 h 对反应器出口烟气中 SO_2 和 SO_3 浓度进行检测，当满足连续 4 个测试结果不存在同一种逐渐上升或逐渐下降趋势且相对标准偏差小于 10%时，即老化完成。进入正式测试阶段后，当 30 min 内反应器（如多个反应器串联，则指第一个反应器）入口的烟气参数波动幅度满足表 3-8 的要求时，可开始进行各参数的测量。

表 3-8 测试期间系统参数波动范围[56]

序号	参　　数	波动范围
1	烟气流量/%	±5
2	烟气温度/℃	±3
3	O_2 体积分数/%	±0. 2
4	NO 体积分数/%	±1
5	SO_2 体积分数/%	±1
6	SO_3 体积分数/%	±10
7	H_2O 体积分数/%	±10
8	氨氮摩尔比	±0. 05

采集测量数据后，催化剂的脱硝效率计算见式（3-6）[56]：

$$\eta_1 = \frac{c_1 - c_2}{c_1} \times 100\% \tag{3-6}$$

式中 η_1——催化剂单元体的脱硝效率，%；

c_1——反应器入口 NO_x 浓度（标准状态、干基、基准氧含量），mg/m^3；

c_2——反应器出口 NO_x 浓度（标准状态、干基、基准氧含量），mg/m^3。

当氨氮摩尔比为 MR 时，脱硝催化剂的活性 K 计算见式（3-7）[55]：

$$K = 0.5 \times AV \times \ln \frac{MR}{(MR - \eta) \times (1 - \eta)} \tag{3-7}$$

式中 K——催化剂的活性，m/h；

AV——面速度的数值，m/h；

MR——氨氮摩尔比，无量纲；

η——单层催化剂在氨氮摩尔比为 MR 时的脱硝效率，%。

当氨氮摩尔比 MR 为 1 时，脱硝催化剂的活性 K 计算可简化为式（3-8）[56]：

$$K = -AV \times \ln(1 - \eta_2) \tag{3-8}$$

式中 K——催化剂的活性，m/h；

AV——面速度的数值，m/h；

η_2——单层催化剂在氨氮摩尔比为 1 时的脱硝效率，%。

脱硝催化剂的 N_2 选择性 S 计算见式（3-9）[56]：

$$S = 1 - \frac{2\varphi(N_2O)_{out}}{\varphi(NO_x)_{in} - \varphi(NO_x)_{out} + \varphi(NH_3)_{in} - \varphi(NH_3)_{out}} \times 100\% \tag{3-9}$$

式中 S——催化剂的 N_2 选择性，%；

$\varphi(N_2O)_{out}$——反应器出口 N_2O 浓度（标准状态、干基），μL/L；

$\varphi(NO_x)_{in}$——反应器入口 NO_x 浓度（标准状态、干基），μL/L；

$\varphi(NO_x)_{out}$——反应器出口 NO_x 浓度（标准状态、干基），μL/L；

$\varphi(NH_3)_{in}$——反应器入口 NH_3 浓度（标准状态、干基），μL/L；

$\varphi(NH_3)_{out}$——反应器出口 NH_3 浓度（标准状态、干基），μL/L。

氨逃逸的计算见式（3-10）[56]：

$$C(NH_3) = C'(NH_3) \times \frac{21 - C_{O_2}}{21 - C_{O'_2}} \tag{3-10}$$

式中 $C(NH_3)$——折算到基准氧含量下的氨逃逸（标态、干基、基准氧含量），mg/m^3；

$C'(NH_3)$——实测的氨逃逸（标态、干基、实际氧含量），mg/m^3；

C_{O_2}——实际氧含量（体积分数，标态、干基），%；

$C_{O'_2}$——基准氧含量（体积分数，标态、干基），%。

脱硝催化剂的 SO_2/SO_3 转化率计算见式（3-11）[55]：

$$X = \frac{S_{3o} - S_{3i}}{S_{2i}} \times 100\% \tag{3-11}$$

式中 X——催化剂单元体的 SO_2/SO_3 转化率,%;

S_{3o}——反应器出口 SO_3 浓度，μL/L;

S_{3i}——反应器入口 SO_3 浓度，μL/L;

S_{2i}——反应器入口 SO_2 浓度，μL/L。

关于脱硝催化剂活性计算式（3-7）和式（3-8）中涉及参数面速度 AV，对于同一台脱硝反应器，处理烟气量一定时其催化剂面速度会随催化剂的总体积增加而降低，即当催化剂体积增大时，催化剂的活性值反而降低。因此，为更直观地反映脱硝系统催化剂的实际性能，研究人员提出了催化剂潜能的概念，用于评价催化剂的整体性能。脱硝催化剂潜能 P 计算见式（3-12）[57]：

$$P = \frac{K}{AV} = 0.5 \times \ln \frac{MR}{(MR - \eta) \times (1 - \eta)} \tag{3-12}$$

3.3.2 脱硝催化剂的更换方案

脱硝催化剂使用寿命一般为 3~5 年，失效后的废脱硝催化剂需要进行更换才能使污染物排放达标，否则可能影响企业的正常生产。因此，脱硝催化剂的有效管理是保障生产企业正常生产的重要措施。生产企业应根据脱硝催化剂的失活速率、性能要求和系统能力，预测何时需要加装或替换脱硝催化剂。对于 SCR 烟气脱硝系统，有效的催化剂管理是一个长期的计划，在全面考虑停机安排、污染物排放法律法规、可利用的污染物控制技术和设备运行调整等各方面因素的基础上，制定合理的管理方案，以优化设备运行状况，实现最低的生产成本[58]。

脱硝反应器都根据设计要求具有规定的性能保证，在设计工况下和在催化剂使用寿命内，脱硝效率不低于最低保证值，氨逃逸率和 SO_2/SO_3 转化率不超过最大保证值。脱硝催化剂在达到协议保证的使用寿命后，其性能无法完全保证运行要求，但并不意味着达到协议保证的使用寿命后就需要更换脱硝催化剂，此时仍可通过对脱硝系统的评估和脱硝催化剂的全尺寸性能评价来测算其剩余寿命。火电厂原生脱硝催化剂的协议保证寿命通常也是 3 年或 24000 h，但根据其烟气条件和运行维护情况，其实际使用寿命通常可以超过 3 年。

如果脱硝系统已然无法达到排放要求，就必须更换脱硝催化剂或者向反应器中添加更多的催化剂。目前，国内火电厂及钢铁、水泥、焦化、玻璃等行业的脱硝系统大部分都有设计不低于 3 层的催化剂层，而脱硝系统初装时只安装 2 层催化剂即可使 NO_x 排放达标，同时预留 1~2 层空置位置，以便后期补充和更换催化剂。脱硝催化剂的更换一般有两种常用方式：一是在预留层加装脱硝催化剂；二是替换脱硝催化剂。

3.3.2.1 加装催化剂的方式

初装脱硝催化剂运行至活性不能满足排放要求时，可通过在预留的空置层添加 1 层新催化剂的方式以提高脱硝系统的脱硝效率。如图 3-23（a）所示，脱硝系统中初装 2 层脱硝催化剂，第 3 层为预留空置层。当初装脱硝催化剂性能下降至不达标后，可以在第 3 层加装一层催化剂（一般是加装与初装脱硝催化剂规格相同的催化剂），此时初装催化剂变成旧催化剂，加装的催化剂则为新催化剂，如图 3-23（b）所示。一般而言，加装第 3 层催化剂后的脱硝系统仍能再次正常运行 3 年左右。相对于初装 2 层脱硝催化剂，加装第 3 层催化剂后，脱硝系统烟气通行的阻力增大。如果 2 层脱硝催化剂的压力降为 400 Pa，添加第 3 层后则系统压力降增加至 600 Pa。因此，当初装催化剂失效后，采用加装一层催化剂的方式可节省一定的催化剂采购成本，但使系统风阻增加，同时增加了引风机的能耗。

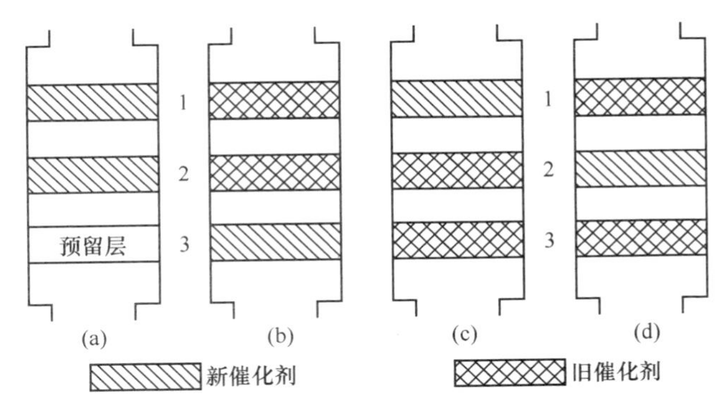

图 3-23 利用预留层加装脱硝催化剂[58]

（a）预留第 3 层；（b）加装第 3 层；（c）更换第 1 层；（d）更换第 2 层

加装第 3 层催化剂运行后，当脱硝系统再次不能达标运行时，则需要更换催化剂。由于烟气是从 SCR 反应器上层通往下层，上层催化剂受烟气磨损和毒化最为严重，其性能一般也最差。因此，更换催化剂时一般就更换第 1 层催化剂，如图 3-23（c）所示。此时，SCR 反应器内第 1 层为新催化剂，第 2 层为使用了 2 个周期的旧催化剂，第 3 层则为使用了 1 个周期的旧催化剂。后期再更换催化剂时则更换第 2 层，然后第 3 层，以此类推，每一层催化剂都可服役工作两个周期。

先在预留层加装催化剂，再依次替换受损最严重的催化剂层的方法已广泛应用于国内外火电厂。该方法成熟且稳定可靠，需要考虑的因素相对较少，但是由于每次都更换 1 层新催化剂，催化剂消耗量很大，且 3 层催化剂填装后引风机能耗大。

3.3.2.2 替换催化剂的方式

当脱硝催化剂不能达标运行后，可以采用新催化剂替换原来的废旧催化剂。最简单的方式即全部替换，如初装两层脱硝催化剂，使用寿命到期后停机将两层催化剂全部替换，如图 3-24 所示。目前，火电厂几乎很少有全部替换的方式，但钢铁、水泥、焦化等行业存在较多全部替换的案例，其主要原因是脱硝催化剂应用企业对脱硝催化剂及其更换方法缺乏了解，而催化剂供应商则希望用户购买更多的催化剂，因此常建议用户全部替换。

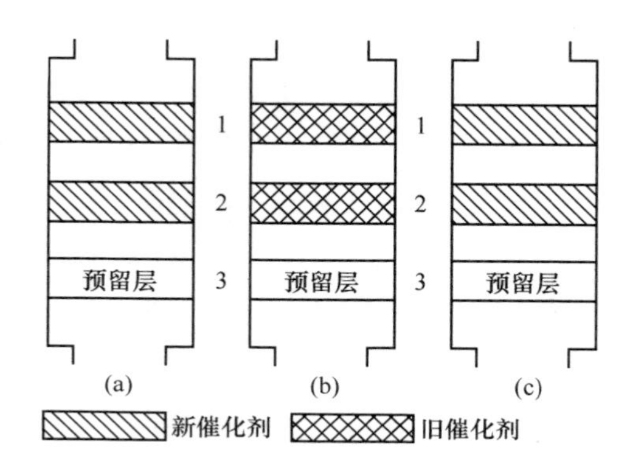

图 3-24 全部替换的方式更换催化剂
（a）初装两层；（b）使用到期；（c）更换两层

由于全部替换需一次更换两层催化剂，因此要求停机时间较长，对于停机时间较短的生产企业仍无法执行。全部替换可获得初装催化剂的脱硝性能，同时不增加烟气阻力，但增加了脱硝催化剂的采购成本，未能发挥预留层的作用或不需要设置预留层，且催化剂未能完全用尽其脱硝活性而被报废，因此废脱硝催化剂产生量大。

此外，还可以对催化剂进行单层替换，即当脱硝催化剂使用寿命到期后，将预留的第 3 层加装新催化剂，同时取出原有的第 1 层催化剂，如图 3-25（b）所示。该方案在执行时，加装第 3 层和取出第 1 层可以同时进行，因此需要的停机时间要短于同时替换两层。此时 SCR 反应器中仍然只有两层催化剂，但由于是一层新催化剂加一层旧催化剂，替换后脱硝系统的脱硝活性不能达到初装两层新催化剂时的活性。因此，单层替换后的使用寿命缩短，不能达到初装两层催化剂时的寿命。如初装两层脱硝催化剂的使用寿命为 3 年，替换一层后的使用寿命可能只有 2 年。

替换第 1 层脱硝催化剂后，当脱硝系统再次不能满足排放要求时，可在第 1 层装填新脱硝催化剂，同时将第 2 层脱硝催化剂取出，如图 3-25（c）所示。依此类推，下一次更换时则在第 2 层装填新脱硝催化剂，同时取出第 3 层催化剂，如图 3-25（d）所示。该方案的一个有益之处，是在取出第 1 层脱硝催化剂之后，可将失效的第 1 层催化剂进行再生，而在第 2 次需要更换催化剂时，将再生好的第 1 层催化剂装填回反应器，同时取出第 2 层，再对第 2 层催化剂进行再生，如此反复。

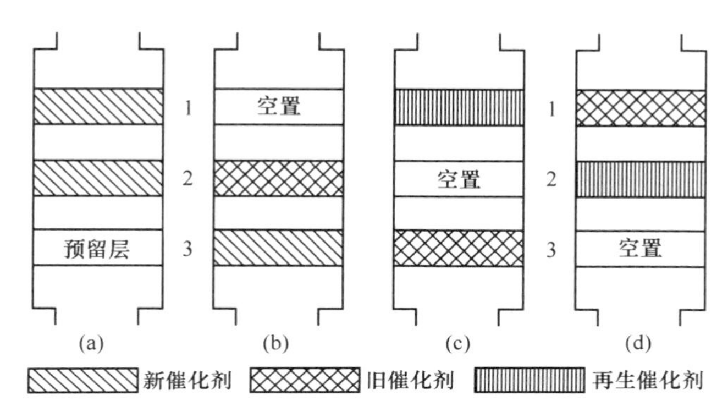

图 3-25 单层替换的方式更换催化剂[58]

（a）预留第 3 层；（b）取出第 1 层，加装第 3 层；（c）取出第 2 层，加装第 1 层；（d）取出第 3 层，加装第 2 层

该方案总是保持 SCR 反应器中只有两层脱硝催化剂，替换后可以为一层新催化剂加一层旧催化剂，也可以为一层再生催化剂加一层旧催化剂，使废脱硝催化剂得到了循环利用。该方案可使废脱硝催化剂的产生量减少，同时保持反应器中只有两层催化剂，不增加系统的风阻和引风机能耗，但后期更换催化剂的周期缩短，一般不到 3 年就需要更换 1 次，既对生产企业的停机计划有更高的要求，同时也增加了更换催化剂的人工成本。因此，脱硝催化剂的管理与更换需结合生产企业具体情况来分析，应根据企业的生产要求、经济效益等来做决策。

3.3.2.3 加装并调整催化剂的方式

以上加装与替换的方式仍然没有最大限度地利用催化剂的潜能和保护催化剂。李德波等[58]提出了加装并倒层调整催化剂层的方式来更换催化剂。如图 3-26 所示，SCR 反应器初装新脱硝催化剂 2 层，预留空置 1 层［见图 3-26（a）］；当脱硝系统第 1 次不能满足排放要求时，在预留层加装第 3 层催化剂［见图 3-26（b）］，满足催化剂再运行一个周期；当脱硝系统第 2 次不能满足排放要求时，首先取出第 1 层废脱硝催化剂，并将原来的第 2 层催化剂调换至第 1 层，将原来的第 3 层催化剂调换至第 2 层，同时在第 3 层加装新催化剂［见图 3-26（c）］；以此类推，当脱硝系统第 3 次不能满足排放要求时，取出第 1 层，并将第 2、3

层依次上移，同时在第3层加装新催化剂，或加装由上一个更换期取出的催化剂再生后的催化剂，如图3-26（d）所示。

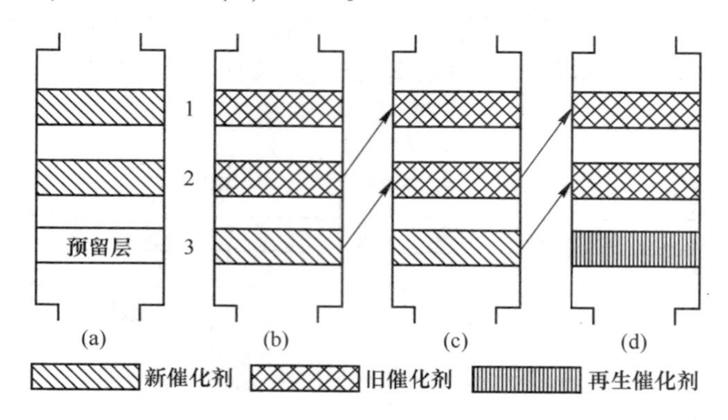

图3-26 加装与调整催化剂的方式

（a）预留第3层；（b）加装第3层；（c）取出第1层，加装第3层；
（d）取出第1层，加装第3层

以此种方式更换催化剂，可使SCR反应器中总是保持第3层催化剂活性最佳，第2层次之，第1层最差。由于烟气是从第1层通往第3层，第1层催化剂受烟气损害最严重，因此该方案总能使活性最佳的催化剂受到最好的保护，从而最大限度地发挥催化剂的潜能。

3.3.2.4 催化剂更换方案对比分析

李德波等[58]基于某600 MW机组燃煤锅炉，结合催化剂预测寿命及活性、污染物排放限值及电厂停机计划等，对比分析了三种脱硝催化剂更换方案的效果。方案1采用先在预留层加装新催化剂，以后依次采用新催化剂更换活性最低的催化剂层（见图3-23）；方案2同样采用先在预留层加装新催化剂，但以后更换时依次对活性最低的催化剂层进行再生，而非直接用新催化剂替换；方案3采用先在预留层加装新催化剂，以后则通过更换并调整催化剂层的次序，保持第3层催化剂活性最佳，第2层次之，第1层最差，如图3-26所示。三种方案在100000 h内的催化剂更换时间见表3-9。

表3-9 三种方案的催化剂更换时间[58]

方 案	运行时间/h	第1层	第2层	第3层	备 注
方案1	21600	—	—	加装	催化剂在系统小修时进行更换
	64800	换新催化剂	—	—	
	86400	—	换新催化剂	—	

续表 3-9

方　案	运行时间/h	第 1 层	第 2 层	第 3 层	备　　注
方案 2	21600	—	—	加装	催化剂在系统小修时进行更换
	64800	再生	—	—	
	86400	—	再生	—	
方案 3	21600	—	—	加装	
	64800	第 2 层上移	第 3 层上移	加装	
	97200	第 2 层上移	第 3 层上移	加装	

从表 3-9 可以看出，采用换新催化剂和更换再生催化剂的使用寿命相同，说明再生催化剂可以达到新催化剂相同的性能水平；而调整催化剂层的次序后，第 1 层的催化剂性能最差，承受烟气的直接冲刷与磨损，而性能最佳的催化剂在第 3 层，可受到较好的保护，因此系统使用寿命最长。

以上 3 种方案的脱硝催化剂潜能（活性）、系统氨逃逸随整个运行时间的变化曲线如图 3-27～图 3-29 所示。

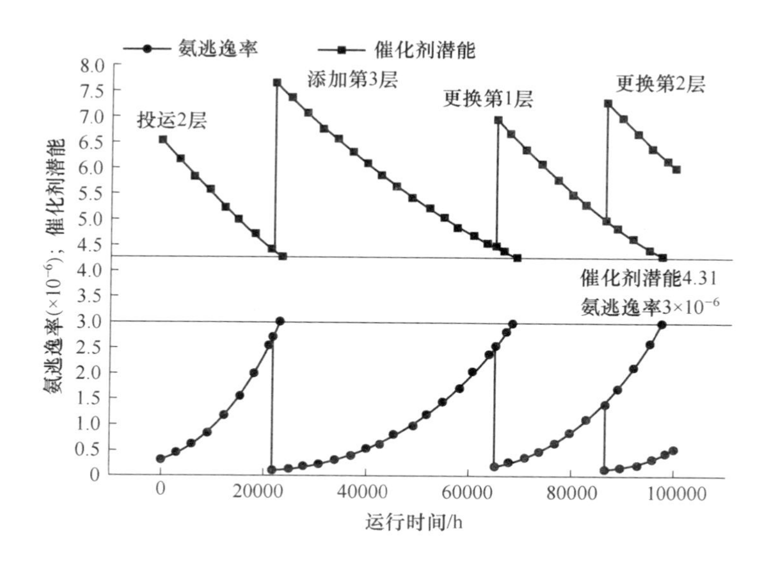

图 3-27　方案 1 的脱硝催化剂潜能、系统氨逃逸率与运行时间的关系[58]

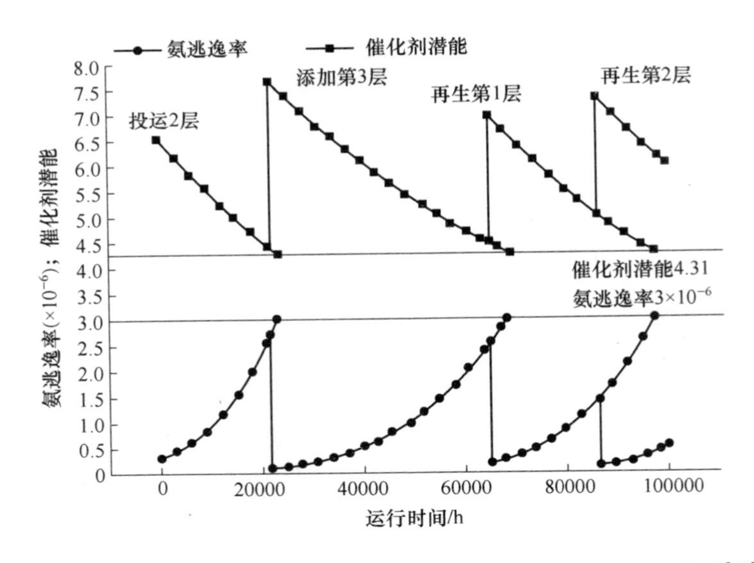

图 3-28　方案 2 的脱硝催化剂潜能、系统氨逃逸率与运行时间的关系[58]

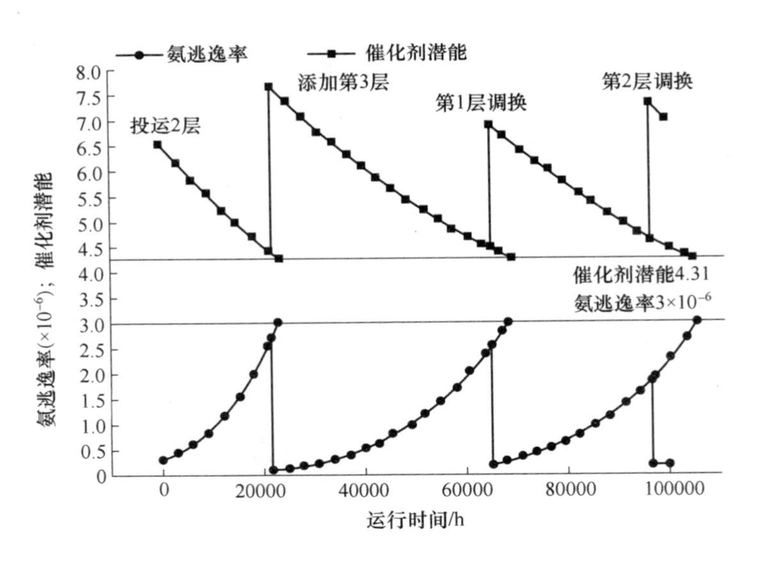

图 3-29　方案 3 的脱硝催化剂潜能、系统氨逃逸率与运行时间的关系[58]

从图 3-27 中可以看出，在 64800 h 内，3 种催化剂更换方案都是先运行两层新催化剂，当系统不能达标排放后再添加第 3 层催化剂。添加第 3 层催化剂后，催化剂的潜能提高到 7. 673，较新装两层催化剂的潜能提高了 17. 69%，运行时间达到了 43200 h，较新装两层催化剂运行 21600 h 提高了 1 倍，但烟气阻力也提高了 200 Pa 左右[58]。催化剂的潜能随着运行时间逐渐降低，而氨逃逸率逐渐升高，这都是由于催化剂的活性在运行过程中逐步下降导致的。

方案3第1次催化剂调换后催化剂潜能为6.976，方案1和方案2增加了0.021，说明合理调换催化剂可以使催化剂整体潜能增加；运行的时间为32400 h，方案1的21600 h运行时间增长了50%[58]。

根据3种方案的催化剂更换效益，不考虑设备折旧、利率等其他因素，催化剂第3次更换及其运行期间催化剂及运行消耗成本中，方案1最高，为2227.89元/h；方案2预期更换成本最低，为1914.23元/h，其主要原因是再生催化剂成本低，约为新催化剂的成本的60%；方案3成本也低于方案1，为1998.89元/h，其原因是通过合理地调换催化剂，延长了SCR烟气脱硝系统的整体寿命[58]。

综上，烟气脱硝催化剂的更换方案与催化剂的使用寿命、经济效益等密切相关，合理的更换方案可充分发挥催化剂的潜能，降低系统的运行成本。

3.4 废脱硝催化剂的管理

3.4.1 国内管理政策

鉴于废烟气脱硝催化剂具有浸出毒性等危险特性，原环境保护部于2014年8月5日发布了《关于加强废烟气脱硝催化剂监管工作的通知》(以下简称《通知》)，指出全国燃煤电厂等企业普遍加装选择性催化还原烟气脱硝装置，有效推动了烟气中氮氧化物污染物减排工作，未来几年我国将产生一定数量的废烟气脱硝催化剂（钒钛系)，如果随意堆存或不当利用处置，将造成环境污染和资源浪费。

为切实加强对废烟气脱硝催化剂（钒钛系）的监督管理，借鉴国内外管理实践，《通知》做出如下规定。

(1）将废烟气脱硝催化剂（钒钛系）纳入危险废物进行管理，并将其归类为《国家危险废物名录》中“HW49其他废物（后归于HW50)”，工业来源为“非特定行业”，废物名称定为“工业烟气选择性催化脱硝过程产生的废烟气脱硝催化剂（钒钛系)”。

(2）强化源头管理，产生废烟气脱硝催化剂（钒钛系）的单位应严格执行危险废物相关管理制度，依法向相关环境保护主管部门申报废烟气脱硝催化剂(钒钛系）产生、贮存、转移和利用处置等情况，并定期向社会公布。废烟气脱硝催化剂（钒钛系）在厂区内外贮存应符合《危险废物贮存污染控制标准》(GB 18597—2001)；在贮存和转移过程中，要加强防水、防压等措施，减少催化剂人为损坏。严禁将废烟气脱硝催化剂（钒钛系）提供或委托给无经营资质的单位从事经营活动，转移废烟气脱硝催化剂（钒钛系）应执行危险废物转移联单制度。

（3）提高再生和利用处置能力，按照国家相关标准规范要求妥善处理废烟气脱硝催化剂转移、再生和利用处置过程中产生的废酸、废水、污泥和废渣等，避免二次污染。鼓励废烟气脱硝催化剂（钒钛系）优先进行再生，培养一批利用处置企业，尽快提高废烟气脱硝催化剂（钒钛系）的再生、利用和处置能力，不可再生且无法利用的废烟气脱硝催化剂（钒钛系）应交由具有相应能力的危险废物经营单位（如危险废物填埋场）处理处置。

（4）加大执法和考核力度，相关环境保护行政主管部门必须加大对废烟气脱硝催化剂（钒钛系）产生单位和经营单位的执法监督力度。将废烟气脱硝催化剂（钒钛系）管理和再生、利用情况纳入污染物减排管理和危险废物规范化管理范畴，加大核查和处罚力度，确保其得到妥善处理。

为规范废烟气脱硝催化剂经营许可审批工作，推动提升废烟气脱硝催化剂再生、利用行业整体水平，原环境保护部在 2014 年 8 月 19 日发布了《关于发布〈废烟气脱硝催化剂危险废物经营许可证审查指南〉的公告》(以下简称《指南》)。《指南》适用于环境保护行政主管部门对专业从事废烟气脱硝催化剂（钒钛系）再生、利用单位申请危险废物经营许可证的审查，在技术人员、运输、包装与贮存设施、再生利用设施及配套设备、工艺与污染防治、规章制度与事故应急等方面明确了审查要点。相关的规章制度与事故应急要求如下。

（1）按照环境保护部门要求安装污染物排放在线监测装置，并与环境保护部门联网。

（2）建立环境信息公开制度，按时发布自行监测结果，每年向社会发布企业年度环境报告，公布污染物排放和环境管理等情况。

（3）按电力行业标准《火电厂烟气脱硝催化剂检测技术规范》(DL/T 1286—2013）的要求，建设全套物理与化学性能分析的实验室，配备相应的分析测试仪器和设备，具备相关分析测试能力。应对收集来的每批次废烟气脱硝催化剂（钒钛系）进行分析，并制定再生和利用方案。实验数据记录至少保留 5 年。

（4）对危险废物的容器和包装物以及收集、贮存和利用危险废物的设施和场所，根据《环境保护图形标志　固体废物堆放（填埋）场》(GB 15562.2—1995)、《危险废物贮存污染控制标准》(GB 18597—2023）等有关标准设置危险废物识别标志；在生产区域配备必要的应急设施设备及急救用品。

（5）参照《危险废物经营单位编制应急预案指南》编制应急预案，按照《固体废物污染环境防治法》以及《突发环境事件应急预案管理暂行办法》的相关规定备案，并突出周边环境状况、应急组织结构、环境风险防控措施、环境应急准备、现场应急处置措施、应急监测等重点项目。建立企业环境安全隐患排查治理制度，明确突发环境事件的报告流程。

（6）厂区应配有备用电源，可以满足厂区内废烟气脱硝催化剂（钒钛系）

预处理和再生利用设施中关键设备、安全设施、污染防治设施以及现场 CCTV 监控设备等 24 h 正常运行。

2016 年 6 月 21 日，环境保护部联合国家发改委等三部门发布了新版《国家危险废物名录》，正式将“烟气脱硝过程中产生的废钒钛系催化剂”列入危险废物名录。新版的《国家危险废物名录》更加明确了废旧脱硝催化剂的危险废物类别及来源，对废旧脱硝催化剂的专业化处置提出了更为专业化的要求，监管力度也将更加严格[59]。至此，废脱硝催化剂正式纳入危险废物进行管理，其产生都需按照相关法律法规进行管理，其经营单位需按照相关要求获得经营许可。

江苏龙净科杰环保技术有限公司的前身江苏龙净科杰催化剂再生有限公司于 2015 年获得了废烟气脱硝催化剂处置和利用行业的首张危险废物经营许可证，正式开启了我国对废脱硝催化剂再生与处置利用的经营生产。

鉴于废脱硝催化剂资源利用价值高、再生需求强，而作为危险废物的跨省转移流程复杂，“五联单”办理耗时长等问题，全国人大代表林腾蛟在 2019 年十三届全国人大二次会议上提出了“关于解决危险废物跨省转移审批难问题的建议”：

（1）创新审批手段，简化审批流程；

（2）探索区域合作试点跨省转移备案制，各省制定重点危险废物“负面清单”，清单外的危险废物跨省转移审批可简化、放开；

（3）创新监管手段，逐步实现“单纯审批”到“过程监管”的转变。同时加强危险废物处置的信息公开，逐步建立政府引导、市场主导的危险废物处置体系；

（4）可在部分单位、行业先行先试，对产生、处理危险废物的单位进行分类，参照海关“分类通关”的管理办法，简化审批流程，提高审批效率；

（5）环保部门实行从监管向服务的转变，定期对辖区内危险废物产生单位和处置单位开展培训，帮助企业共同解决实际问题。

生态环境部针对以上建议指出，危险废物利用处置专业性强、技术要求高，是当前生态环境管理工作的重点和难点，也是打好污染防治攻坚战的重要组成部分。强化危险废物利用处置能力建设对保障人体健康、降低环境风险、改善环境质量具有重要意义。同时提出了三项措施：一是利用信息化手段，提升危险废物转移时效性。完善并推广应用全国固体废物管理信息系统，初步形成全国固体废物管理“一张网”。通过网上办理危险废物转移电子联单代替人工办理，“信息跑路”代替“人员跑路”，有效减轻企业负担，提高危险废物转移时效性。二是提升危险废物利用处置能力，减少危险废物跨省转移。按照“自我消纳为主，区域协同为辅”的原则，科学编制危险废物集中处置设施建设规划，减少危险废物跨省转移，降低环境风险。三是开展专项行动，严厉打击危险废物非法转移倾倒环境违法犯罪行为。重点围绕严厉打击固体废物环境违法犯罪行为、建立健全危险废物环境监管长效机制等方面部署工作。

2020 年 11 月 25 日，生态环境部、国家发改委、公安部、交通运输部、国家卫生健康委员会联合发布了《国家危险废物名录（2021 年版）》，作为危险废物的烟气脱硝过程中产生的废钒钛系催化剂仍然归属于 HW50 类别危险废物，但将其列入了“危险废物豁免管理清单”，豁免环节为运输环节，豁免条件为运输工具满足防雨、防渗漏、防遗撒要求，豁免内容为不按危险废物进行运输。

2021 年 11 月 30 日，生态环境部、公安部、交通运输部联合发布了《危险废物转移管理办法》，规定转移符合豁免要求的危险废物的，按照国家相关规定实行豁免管理。危险废物移出人、危险废物承运人、危险废物接受人（以下分别简称移出人、承运人和接受人）在危险废物转移过程中应当采取防扬散、防流失、防渗漏或者其他防止污染环境的措施，不得擅自倾倒、堆放、丢弃、遗撒危险废物，并对所造成的环境污染及生态破坏依法承担责任。

移出人、承运人、接受人应当依法制定突发环境事件的防范措施和应急预案，并报有关部门备案；发生危险废物突发环境事件时，应当立即采取有效措施消除或者减轻对环境的污染危害，并按相关规定向事故发生地有关部门报告，接受调查处理。

跨省转移危险废物的，应当向危险废物移出地省级生态环境主管部门提出申请。移出地省级生态环境主管部门应当经接受地省级生态环境主管部门同意后，批准转移该危险废物。未经批准的，不得转移。鼓励开展区域合作的移出地和接受地省级生态环境主管部门按照合作协议简化跨省转移危险废物审批程序。

申请跨省转移危险废物的，移出人应当填写危险废物跨省转移申请表，并提交下列材料：

（1）接受人的危险废物经营许可证复印件；

（2）接受人提供的贮存、利用或者处置危险废物方式的说明；

（3）移出人与接受人签订的委托协议、意向或者合同；

（4）危险废物移出地的地方性法规规定的其他材料。

危险废物接受地省级生态环境主管部门应当自收到移出地省级生态环境主管部门的商请函之日起 10 个工作日内，出具是否同意接受的意见，并通过信息系统函复移出地省级生态环境主管部门；不同意接受的，应当说明理由。

综上可知，国家相关部门基于废脱硝催化剂的危险属性制定了其作为危险废物的管理办法，同时基于其资源属性制定了废脱硝催化剂的运输豁免政策，以利于其跨省转运与循环利用。

3.4.2 国外管理政策

3.4.2.1 欧洲

《欧盟废物分类目录和危险废物名单》(*European Waste Catalogue and Hazardous Waste List*) 规定，含危险过渡金属或过渡金属化合物的废催化剂为危险废物。其中危险过渡金属元素包括钒、钨、铬和镍等 17 种。烟气脱硝催化剂中常含有钒和钨等有毒元素，而运行多年的废催化剂中往往沉积大量砷等毒性元素。因此，将废烟气脱硝催化剂纳入危险废物管理。

3.4.2.2 美国

美国环保法限定，有害物质必须转化为无害物质后才能进入环境。烟气脱硝催化剂中常含有钒和钨等有毒元素。因此，在美国不允许随便倾倒废烟气脱硝催化剂；掩埋未经处理脱硝催化剂需缴纳巨额税款。尽管成立于 1970 年的美国国家环境保护局（EPA，U. S. Environmental Protection Agency）未将废烟气脱硝催化剂列入危险废物进行管理，但加利福尼亚州等州环保局认为废烟气脱硝催化剂含有危险有害物质，要求按照危险废物对其进行管理。

美国成立脱硝催化剂废弃服务部，主要负责协调美国废烟气脱硝催化剂回收事宜。而美国部分催化剂制造公司与固定废烟气脱硝催化剂回收公司保持协作关系。近年来，美国正逐步采用以综合性多部门跨学科的研究计划来解决废烟气脱硝催化剂回收问题。

3.4.2.3 日本

早在 1970 年日本就颁布了《废弃物处理法》，明确废烟气脱硝催化剂为环境污染物。1974 年，日本成立废弃脱硝催化剂回收协会，对催化剂生产和使用展开调查。并根据废弃脱硝催化剂组成、形状、载体、污染程度、中毒情况和产生数量等情况，对其合理分类，并制定相应回收利用工艺。日本已从废烟气脱硝催化剂中回收多达 24 种有用金属。通常废烟气脱硝催化剂由使用厂、催化剂生产厂及专门回收处理工厂三方协调回收事宜。

参 考 文 献

[1] 齐莹莹，同召建，李帅，等．失活脱硝催化剂再生和综合利用研究进展［J］. 环境保护科学，2022，48（6）：6-15.

[2] 陈鸿伟，徐继法，王广涛，等．烟气飞灰对 SCR 脱硝催化剂磨损数值模拟［J］. 动力工程学报，2019，39（2）：148-154.

[3] 李兴旺，王海刚，马林，等．SCR 脱硝催化剂磨损关键因素分析［J］. 节能，2021，40（8）：55-58.

[4] 谢兴星，高葛祥，闫力．某水泥厂蜂窝式脱硝催化剂性能检测与分析［J］. 工业催化，2022，30（11）：76-80.

[5] 胡小夫，刘秀如，陈锋，等．钒钛系 SCR 脱硝催化剂失活机理及循环再生技术 [C]. 环境工程 2018 年全国学术年会，2018.
[6] 李想．废旧脱硝催化剂中毒机制与再生技术研究 [D]. 北京：清华大学，2017.
[7] 安敬学，王磊，秦淇，等．SCR 脱硝系统催化剂磨损机理分析与治理 [J]. 热力发电，2015，44（12）：119-125.
[8] 朱朝阳，卢志飞，廖永涛，等．燃煤电厂 SCR 脱硝催化剂磨损原因分析 [J]. 电工技术，2017（11）：115-116.
[9] 王宝冬，汪国高，刘斌，等．选择性催化还原脱硝催化剂的失活、失效预防、再生和回收利用研究进展 [J]. 化工进展，2013，32（S1）：133-139.
[10] 宋晋．微波—乙醇辅助 V_2O_5-WO_3/TiO_2 SCR 催化剂再生试验研究 [D]. 杭州：浙江大学，2014.
[11] 张柏林，张生杨，张深根．稀土元素在脱硝催化剂中的应用 [J]. 化学进展，2022，34（2）：301-318.
[12] 王金玉，朱怀志，安泽文，等．Mn 基脱硝催化剂抗水抗硫改性的模拟与实验研究 [J]. 化工学报，2019，70（12）：4635-4644.
[13] 马双忱，金鑫，孙云雪，等．SCR 烟气脱硝过程硫酸氢铵的生成机理与控制 [J]. 热力发电，2010，39（8）：12-17.
[14] 刘亮，王朝曦，李鑫龙，等．钒钛系脱硝催化剂抗硫酸氢铵中毒改进措施研究进展 [J]. 化工进展，2022：1-15.
[15] 颜鲁．脱硝伴生硫酸氢铵与飞灰相互作用机制及对空预器堵塞影响的研究 [D]. 济南：山东大学，2020.
[16] 杨建国，杨炜樱，郑方栋，等．NH_3 和 SO_3 对硫酸氢铵和硫酸铵生成的影响 [J]. 燃料化学学报，2018，46（1）：92-98.
[17] 马双忱，郭蒙，宋卉卉，等．选择性催化还原工艺中硫酸氢铵形成机理及影响因素 [J]. 热力发电，2014，43（2）：75-78.
[18] 陈海玲，姬鄂豫，姚杰新，等．火电厂回转式空预器的堵塞调研及解决方案研究 [J]. 现代化工，2019，39（10）：195-199.
[19] 王文鼎．燃煤机组空气预热器堵塞问题解决方法及建议 [J]. 电气技术与经济，2022（4）：106-108.
[20] Ma Z R, Wu X D, Feng Y, et al. Low-temperature SCR activity and SO_2 deactivation mechanism of Ce-modified V_2O_5-WO_3/TiO_2 catalyst [J]. Progress in Natural Science-materials International, 2015, 25 (4): 342-352.
[21] 张鹏，贾媛媛，唐中华，等．钒钛系脱硝催化剂抗 SO_2 和 H_2O 中毒性能研究进展 [J]. 现代化工，2021，41（4）：67-71.
[22] Guo R T, Wang Q S, Pan W G, et al. The poisoning effect of heavy metals doping on Mn/TiO_2 catalyst for selective catalytic reduction of NO with NH_3 [J]. Journal of Molecular Catalysis A-Chemical, 2015, 407: 1-7.
[23] Zhang L J, Cui S P, Guo H X, et al. The influence of K^+ cation on the MnO_x-CeO_2/TiO_2 catalysts for selective catalytic reduction of NO_x with NH_3 at low temperature [J]. Journal of

Molecular Catalysis A-Chemical, 2014, 390: 14-21.

[24] Kong M, Liu Q, Zhou J, et al. Effect of different potassium species on the deactivation of V_2O_5-WO_3/TiO_2 SCR catalyst: Comparison of K_2SO_4, KCl and K_2O [J]. Chemical Engineering Journal, 2018, 348: 637-643.

[25] 徐欣蓉, 吴昊, 喻乐蒙, 等. 钙中毒商用SCR脱硝催化剂的再生特性研究 [J]. 燃料化学学报, 2022: 1-9.

[26] 樊雪. 含Ca化合物对钒钛基SCR催化剂脱硝活性的影响 [D]. 北京: 北京化工大学, 2016.

[27] Chen L, Li J H, Ge M F. The poisoning effect of alkali metals doping over nano V_2O_5-WO_3/TiO_2 catalysts on selective catalytic reduction of NO_x by NH_3 [J]. Chemical Engineering Journal, 2011, 170 (2/3): 531-537.

[28] 郑刘根, 刘桂建, 高连芬, 等. 中国煤中砷的含量分布、赋存状态、富集及环境意义 [J]. 地球学报, 2006 (4): 355-366.

[29] 卢志飞, 尹顺利, 刘长东, 等. 浅谈燃煤电厂脱硝催化剂抗砷中毒技术 [J]. 低碳世界, 2017 (16): 112-113.

[30] Lu Q, Pei X Q, Wu Y W, et al. Deactivation mechanism of the commercial V_2O_5-MoO_3/TiO_2 selective catalytic reduction catalyst by arsenic poisoning in coal-fired power plants [J]. Energy & Fuels, 2020, 34 (4): 4865-4873.

[31] Kong M, Liu Q, Wang X, et al. Performance impact and poisoning mechanism of arsenic over commercial V_2O_5-WO_3/TiO_2 SCR catalyst [J]. Catalysis Communications, 2015, 72: 121-126.

[32] 黄力, 陈志平, 王虎, 等. 钒钛系SCR脱硝催化剂砷中毒研究进展 [J]. 能源环境保护, 2016, 30 (4): 5-8.

[33] 姚燕, 马云龙, 杨晓宁, 等. 高砷煤SCR脱硝催化剂中毒失活研究 [J]. 中国电力, 2020, 53 (6): 191-196.

[34] 陈崇明, 党志国, 车凯, 等. 660 MW燃煤机组汞迁移转化特性研究 [J]. 洁净煤技术, 2021, 27 (4): 157-163.

[35] 孔明. 燃煤烟气中汞砷与钾对 V_2O_5-WO_3/TiO_2 脱硝催化剂协同作用失活机制研究 [D]. 重庆: 重庆大学, 2018.

[36] Kong M, Liu Q C, Jiang L J, et al. Property influence and poisoning mechanism of $HgCl_2$ on V_2O_5-WO_3/TiO_2 SCR-DeNO$_{(x)}$ catalysts [J]. Catalysis Communications, 2016, 85: 34-38.

[37] Gao X, Du X S, Fu Y C, et al. Theoretical and experimental study on the deactivation of V_2O_5 based catalyst by lead for selective catalytic reduction of nitric oxides [J]. Catalysis Today, 2011, 175 (1): 625-630.

[38] Wu Y W, Zhou X Y, Zhou J L, et al. A comprehensive review of the heavy metal issues regarding commercial vanadium-titanium-based SCR catalyst [J]. Science of the Total Environment, 2023, 857: 159712.

[39] Yan Y Q, Gonzalez Cortes S, Yao B Z, et al. The decarbonization of coal tar via microwave-initiated catalytic deep dehydrogenation [J]. Fuel, 2020, 268: 117332.

[40] Zhang B L, Deng L F, Liebau M, et al. Tar induced deactivation and regeneration of a commercial V_2O_5-MoO_3/TiO_2 catalyst during selective catalytic reduction of NO with NH_3 [J]. Fuel, 2022, 316: 123324.

[41] Ye L M, Lu P, Chen X B, et al. The deactivation mechanism of toluene on MnO_x-CeO_2 SCR catalyst [J]. Applied Catalysis B-environmental, 2020, 277: 119257.

[42] 任英杰, 田超. 玻璃窑炉 SCR 脱硝催化剂失活分析 [J]. 电力科技与环保, 2020, 36 (1): 19-22.

[43] DL/T 2090—2020, 火电厂烟气脱硝催化剂报废判定导则 [S].

[44] 张建良, 尉继勇, 刘征建, 等. 中国钢铁工业空气污染物排放现状及趋势 [J]. 钢铁, 2021, 56 (12): 1-9.

[45] 中华人民共和国生态环境部. 2021 年中国生态环境统计年报. 2023.

[46] 王宝冬, 刘子林, 林德海, 等. 废钒-钛系脱硝催化剂回收利用策略与技术进展 [J]. 材料导报, 2021, 35 (15): 15001-15010.

[47] 郝永利, 黄锐, 胡华龙. 浅析废烟气脱硝催化剂再生环境污染防治 [J]. 中国环保产业, 2015 (3): 48-50.

[48] 李俊峰, 张兵兵, 李翼然. 基于钒钛基 SCR 法废脱硝催化剂的回收利用 [J]. 广州化工, 2014, 42 (24): 130-132.

[49] 陈嘉宇. 废脱硝催化剂的宽温改性及其商用 TiO_2 提取再利用 [D]. 广州: 华南理工大学, 2021.

[50] 周鼎伦. 钒的神经行为毒性效应研究 [D]. 成都: 四川大学, 2007.

[51] 汪金良, 胡华舟. 废弃 SCR 脱硝催化剂资源化利用研究进展 [J]. 现代化工, 2020, 40 (7): 40-44.

[52] 武文粉, 包炜军, 李会泉, 等. V_2O_5-WO_3/TiO_2 烟气脱硝催化剂失活前后元素的赋存特征 [J]. 过程工程学报, 2016, 16 (5): 794-801.

[53] 陶莉, 陈进生, 冯勇, 等. 工业烟气脱硝催化剂性能检测与评价 [J]. 湖南电力, 2013, 33 (2): 12-16.

[54] 谢兴星. 平板式脱硝催化剂活性检测小试装置及其应用 [J]. 山东化工, 2021, 50 (4): 292-293.

[55] DL/T 1286—2013, 火电厂烟气脱硝催化剂检测技术规范 [S].

[56] GB/T 38219—2019, 烟气脱硝催化剂检测技术规范 [S].

[57] 杜振, 朱文韬, 张杨, 等. SCR 脱硝催化剂全寿命周期性能变化规律研究 [J]. 中国电机工程学报, 2022, 42 (16): 5996-6004.

[58] 李德波, 廖永进, 徐齐胜, 等. 燃煤电站 SCR 脱硝催化剂更换策略研究 [J]. 中国电力, 2014, 47 (3): 155-159.

[59] 李倩. 废旧脱硝催化剂的管理与再生技术 [J]. 化工管理, 2017 (25): 64-65.

4 失活脱硝催化剂的再生

4.1 概述

NO_x 是我国首要大气污染物，占我国废气中主要污染物排放量的 55.9%。以 NH_3 还原 NO_x 生成 N_2 和 H_2O 的 SCR 技术是实现 NO_x 超低排放的主要途径，其关键材料为钒钛系脱硝催化剂［V_2O_5-WO_3(MoO_3)/TiO_2］。脱硝催化剂在运行过程中受烟气及流场分布影响会发生机械磨损、烧结、积灰堵塞、化学物质沉积等导致活性成分失效和活性物质的流失，从而使脱硝催化剂活性下降，最终不能达标使用[1]。因此，一般催化剂安装 3~5 年即需要更换，从而产生废烟气脱硝催化剂。

截至 2021 年底，全国火电厂脱硝催化剂装机量达 162 万立方米，非电力行业总装机量或达 100 万立方米。脱硝催化剂服役 3~5 年后因中毒和磨损致失效，以平均 3 年使用寿命计算，未来全国报废脱硝催化剂年产生量可达 60~80 万立方米。报废脱硝催化剂富含 V、W、Ti 等战略金属，同时属于 HW50 危险废物，具有资源性和污染性的双重特性。钒钛脱硝催化剂的再生不仅可以解决企业危险废物处置难题，而且可循环利用废催化剂中的 V、W、Ti 高价值资源，降低脱硝催化剂成本[2,3]。

2010 年，环境保护部发布实施了《火电厂氮氧化物防治技术政策》，指出新建、改建、扩建的燃煤机组，宜选用 SCR 技术进行烟气脱硝，失效催化剂应优先进行再生处理，无法再生的应进行无害化处理；电厂对失效且不可再生的催化剂应严格按照国家危险废物处理处置的相关规定进行管理。这是国家相关部门对废脱硝催化剂应进行再生处理首次做出明确指示。

2013 年，国务院印发了《关于加快发展节能环保产业的意见》，指出资源环境制约是当前我国经济社会发展面临的突出矛盾，解决节能环保问题，是扩内需、稳增长、调结构，打造中国经济升级版的一项重要而紧迫的任务；要求提升环保技术装备水平，治理突出环境问题，加快发展选择性催化还原技术及其装备，大力发展脱硝催化剂制备和再生等。

为鼓励失活脱硝催化剂循环利用，环境保护部于 2014 年先后发布了《关于加强废烟气脱硝催化剂监管工作的通知》和《废烟气脱硝催化剂危险废物经营许可审查指南》等，鼓励培养一批利用处置企业，尽快提高废脱硝催化剂的再生、利用和处置能力，避免环境污染和资源浪费。可见，失活脱硝催化剂的再生是国家鼓励和重视的资源循环利用产业，具有重要的环境效益和经济价值。

随着 SCR 技术的广泛应用，失活脱硝催化剂的产生量将越来越大。失活脱硝催化剂的处置不当或堆置、填埋，一是会占用大量的土地资源，增加企业的成本；二是脱硝催化剂在使用过程中所吸附的有毒、有害物质进入自然环境，特别是水体，会给环境带来危害；三是失活脱硝催化剂中含有的有价金属资源未得到回收利用，造成有效资源的浪费。综上，失活脱硝催化剂的再生既可以变废为宝、化害为益，还可以解决一系列潜在的环境污染问题，从而带来可观的经济效益和社会效益[4]。因此，失活脱硝催化剂的再生具有重要的意义和必要性。

4.2 失活脱硝催化剂再生机理

第 3.1 节详细介绍了脱硝催化剂的各类失活机制，主要可分为物理失活和化学失活，致失活的因素包括气流冲刷、粉尘磨损与堵塞、高温烧结、硫、水、砷、钠、钾、钙、铅、汞、磷、氯、氟、焦油等。脱硝催化剂的失活大致可分为不可逆失活与可逆失活，催化剂的磨损、高温烧结及情况严重的化学中毒等为不可逆失活，而粉尘堵塞、活性物质流失及较轻的化学中毒等为可逆失活。对于可逆的失活过程，一般可通过运行条件的在线控制和线下再生等手段恢复活性，而对于不可逆失活的催化剂，则应采用资源回收再用的方式进行处置，避免二次污染和资源浪费[5]。以下分别介绍粉尘堵塞、硫、重金属等致失活的几种常见失活形式的再生机理。

4.2.1 粉尘堵塞致失活的再生

粉尘堵塞导致脱硝催化剂的失活表现在宏观和微观两个方面。在宏观方面，粉尘聚集在脱硝催化剂表面形成搭桥，随着粉尘的增多最终导致催化剂通气孔道的堵塞，使烟气无法通过孔道。因此，可采用吹灰的方法清除脱硝催化剂表面和孔道中的粉尘，从而打通通气孔道。脱硝催化剂在使用过程需要一直进行清除操作，因此脱硝反应器中安装有超声波清灰器、耙式清灰器等。脱硝催化剂的部分孔道会被模块铁框遮挡，清灰器无法触及这些孔道。随着时间的积累，这些孔道中的粉尘可堵塞长达数十厘米，简单的吹灰方式基本无法完全疏通孔道，只能在再生的过程中采用人工清灰的方法进行疏通。

在微观方面，细小的粉尘可堵塞脱硝催化剂表面的微孔，使得反应物能接触到微孔中的活性位点，阻碍 NO_x 与 NH_3 在催化剂表面反应。微孔的堵塞一般需采用清洗的方式才能清除微孔中的粉尘。如采用超声清洗的方式可将微孔中的粉尘振落，进而进入液相，随着液体的流动而流出微孔，达到清除的目的。He 等[6]采用化学试剂辅助清洗的方式实现了对失活脱硝催化剂中阻塞物的清除，从图 4-1 中可以看出，清洗后的催化剂表面微孔得到了较好的恢复。

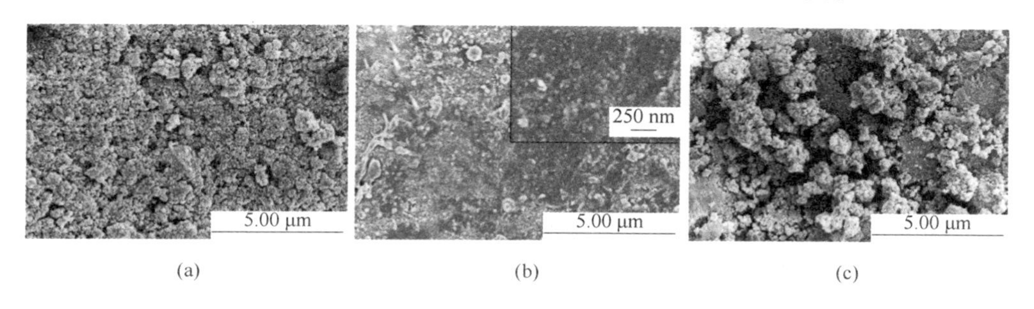

图 4-1 新鲜、失活及清洗后催化剂的 SEM 图像[6]

(a) 新鲜催化剂；(b) 失活催化剂；(c) 清洗后的催化剂

此外，脱硝催化剂微孔中还可能沉积细小的碳颗粒，采用氧化烧炭法可将催化剂微孔中的含碳沉积物氧化为 CO 或 CO_2 除去，从而疏通孔道[7]。烧炭反应是在氧化介质中进行的强烈放热反应，其中放出的大量热会导致水蒸气的产生，同时改变催化剂的孔结构，甚至改变催化剂中组分的分布。因此，在烧炭时需要控制好 O_2 浓度，防止燃烧温度过高使催化剂孔结构坍缩。

4.2.2 硫致失活的再生

SO_2 致失活的主要原因是在催化剂作用下，SO_2 被催化氧化为 SO_3，进而与 NH_3 反应生成 NH_4HSO_4（ABS），而 ABS 的吸附性和黏着性极强，特别是在吸附烟气中的粉尘后，易覆盖催化剂活性位点，甚至阻塞催化剂孔道，导致催化剂脱硝活性大幅下降。ABS 的脱除既可采用清洗法，也可采用热解法。

ABS 从 350 ℃左右开始分解，因此可以采用热解法脱除催化剂表面附着的 ABS。史雅娟[8]采用 TG-FTIR 研究了脱硝催化剂表面 ABS 的分解行为，发现在 TG 过程中 ABS 在 350 ℃左右即开始分解，至 473 ℃时分解完成（见图 4-2），分解过程会释放 SO_2 和 NH_3。

脱硝催化剂表面 ABS 的分解行为与催化剂的活性组分及其含量、载体结构等因素具有一定的关系，如 V_2O_5 能促进催化剂表面含硫化合物的还原，适当调节钒钛系催化剂表面 V 含量有利于抑制 ABS 在 TiO_2 上的吸附，加速含硫化合物的还原，从而降低催化剂表面 ABS 的分解难度。Tong 等[9]研究了不同 V_2O_5 含量的催化剂表面 ABS 分解行为，表明 V_2O_5 的存在可以在钒钛系催化剂表面形成一层保护层，ABS 中的 SO_4^{2-} 不再与 TiO_2 位点相结合，而是形成类似 $VOSO_4$ 的结构，导致 ABS 更易分解，如图 4-3 所示。

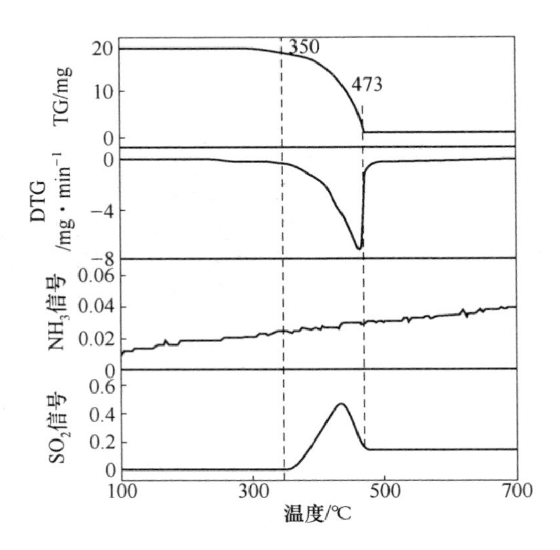

图 4-2 ABS 分解的 TG-FTIR 图谱[8]

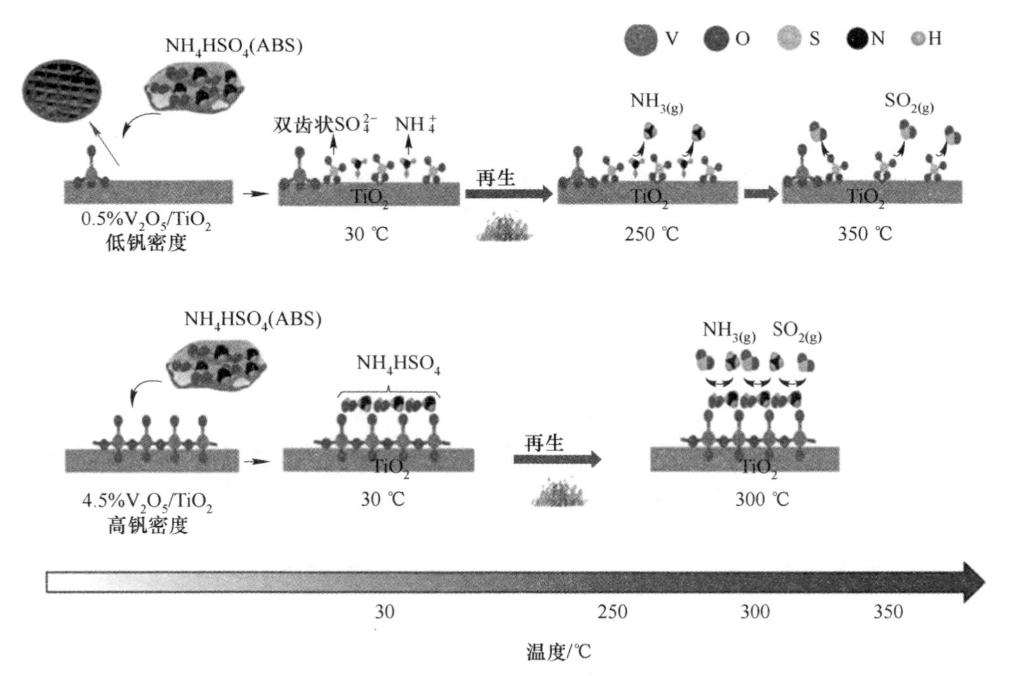

图 4-3 ABS 在 0.5%V_2O_5/TiO_2 和 4.5%V_2O_5/TiO_2 催化剂上的分解过程示意图[9,10]

彩图

4.2.3 重金属致失活的再生

重金属砷（As）致脱硝催化剂失活是最为常见的失活现象之一，对于再生而言，砷中毒催化剂也是极具挑战的再生对象。1988 年，奥地利 Evonik 公司发明了一种酸洗再生法，酸液由质量分数为 10%盐酸、10%硝酸、2%硫酸组成，将砷中毒催化剂在 80 ℃的酸液中浸泡 2 h，其间可以通过循环泵以合适速度保证酸液流动，浸泡后在 80 ℃热水中浸泡 3 次，每次 2 min，然后烘干，450 ℃焙烧 16 h；经过清洗含有 0.15%（质量分数）砷的中毒催化剂中砷仅剩 0.01%（质量分数），但同时流失了 23%（质量分数）的 WO_3、14%（质量分数）的 V_2O_5[11]。

Tian 等[12]针对砷中毒脱硝催化剂的再生机理进行了研究，发现砷通过取代羟基与 V 活性位点和载体 Ti 结合，而提高砷的去除率的同时，现有清洗方法都会导致表面活性元素的流失，其采用 H_2SO_4、H_2O_2、$H_2C_2O_4$ 等清洗可较好地去除失活脱硝催化剂中的砷，其中 H_2SO_4 清洗可在清除砷的同时形成 S＝O 和 S—OH，较好地恢复催化剂表面酸性位点，如图 4-4 所示。

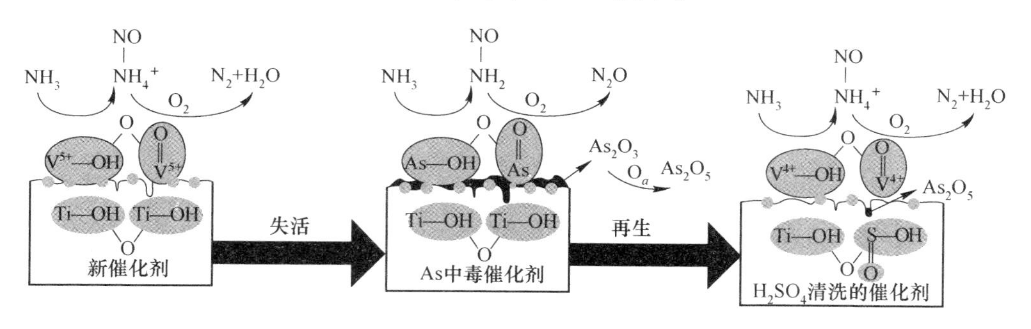

图 4-4 脱硝催化剂的砷中毒和 H_2SO_4 清洗再生机理[12]

生物浸出法是利用微生物特性有选择性地从原料中浸出某种元素，是绿色湿法冶金的一种，目前在矿石处理过程中应用较为广泛，在稳定富集砷、铋等传统方案难以富集的重金属元素具有较好的效果，并在实践中被证明经济可行。因此，采用生物浸出法选择性地从失活脱硝催化剂中浸出有害物质砷，对失活脱硝催化剂的再生具有一定的可行性。Niu 等[13]报道了一种利用酸性硫杆菌产生的活性生物浸出液去除催化剂表面砷组分的方法，结果显示生物浸出液可将砷的去除率达到 53.1%，催化剂中砷的最小残留量为 174 mg/kg，低于 200 mg/kg 的限值；而采用 H_2SO_4 浸出的砷去除率仅有 6.7%，砷残留量高达 345 mg/kg。图 4-5 显示了生物浸出砷元素的机理，—S—H、—S$^-$基团与 As^{3+}的结合力大于 O—As^{3+}的结合力，在酸性溶液中电离后，As^{3+}与—S—H 结合从而被生物浸出液富集；相比于 O—As^{5+}，As^{5+}则同样倾向于与电负性更大的—S$^-$结合，从而进入生物浸出液。O—As^{5+}之间的结合力比 O—As^{3+}间的结合力更大，因此，一般是 As^{3+} 的浸出率更高。生物浸出液法中的 As^{3+} 和 As^{5+} 以离子形式离开催化剂表面，保留了表面活性物质，有效地清除了微孔中阻塞的 As^{3+} 和 As^{5+}，可较好地恢复催化剂活性。

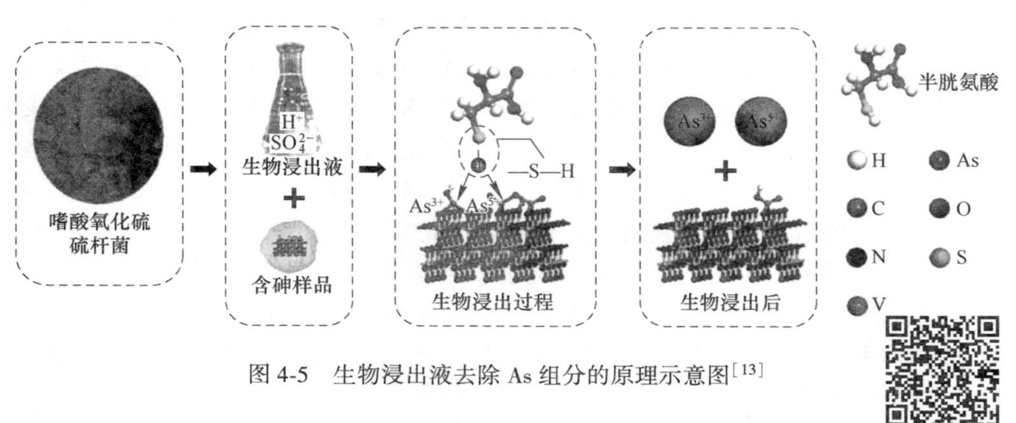

图 4-5　生物浸出液去除 As 组分的原理示意图[13]

水泥窑烟气脱硝中常见铊元素致脱硝催化剂中毒。铊元素被认为是典型的稀有分散元素，存在于云母、钾长石、锰矿物、明矾石、黄钾铁矾等矿物原料中，在地壳中的含量为 0.7 mg/kg，云母石等是水泥生产中的常见原料，因此铊中毒难以避免[14]。铊主要以 Tl_2O_3 和 Tl_2SO_4 的形式存在，致中毒的机理是覆盖了 V_2O_5 的 Lewis 和 Brønsted 酸性位点和 TiO_2 的 Ti—OH—Ti 桥位点，导致酸性位点数量和强度显著降低。Huang 等[14] 提出了一种铊中毒催化剂的再生和资源化利用的方法（见图 4-6），其清洗液有效成分为 H_2SO_4，经过酸洗后铊沉淀为

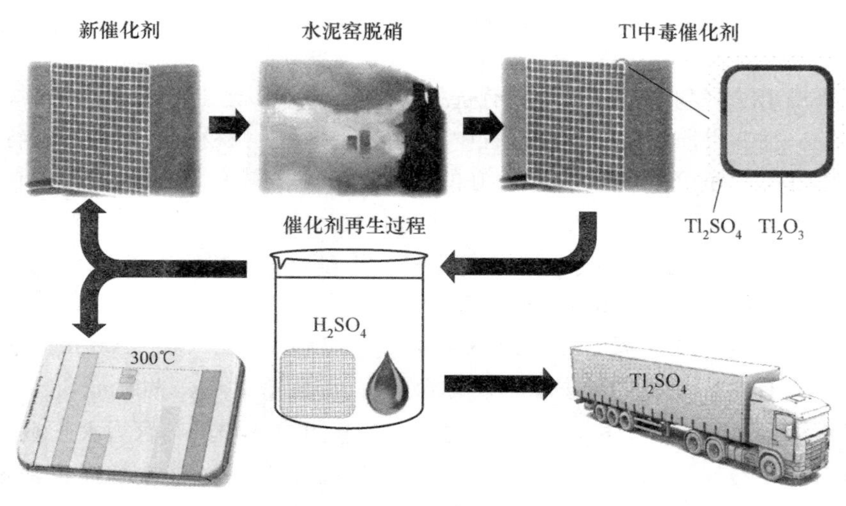

图 4-6　催化剂铊元素中毒再生资源化利用示意图[14]

Tl_2SO_4，可以回收以用于化工生产，但是清洗过程无法彻底清除催化剂表面的铊元素。该研究认为铊中毒的催化剂通过清洗法再生，其活性难以达到新鲜催化剂水平。

4.3 在线再生技术

脱硝催化剂的在线再生是一种在线恢复活性下降或失活催化剂脱硝活性的方法，在 SCR 反应器中直接对催化剂进行有害物质的清除，而不需对催化剂进行拆卸。因此，在线再生技术相对较为简易，成本较低，且一般对生产不会造成较大的影响。在线再生技术一般是针对正常使用寿命未到期的脱硝催化剂，如在低温条件下使用时因表面沉积 NH_4HSO_4 致催化剂活性下降，但催化剂自身结构良好、也未出现较严重的活性物质流失，因此可采用在线热解析的方法清除表面沉积的 NH_4HSO_4，从而恢复催化剂的活性；对于正常使用寿命到期的脱硝催化剂，在线再生技术一般难以直接恢复其活性。脱硝催化剂在使用过程中，因积灰、堵塞等会导致催化剂的活性不能发挥，通过在线清灰可将积灰清除，打通催化剂堵塞的孔道，因此在线清灰技术也可作为在线再生技术的一种。在线再生技术的局限是无法为脱硝催化剂补充活性组分，对于深度中毒、失活的催化剂无法有效地恢复其活性。目前，常见的在线再生技术可分为在线清灰技术、在线热解再生技术、在线氧化/还原再生技术等。

4.3.1 在线清灰技术

燃烧过程产生的烟气在通过 SCR 脱硝反应器时难免含有粉尘颗粒，粉尘颗粒可能会沉积在脱硝催化剂表面，甚至堵塞在脱硝催化剂的孔道和微孔中。粉尘的尺寸根据应用场景和脱硝前烟气处理流程有所不同，即便经过充分的除尘工艺处理，长时间的积累仍可在催化剂表面形成 25~130 mm 甚至更大的结块[15]。运行中粉尘积累导致的结块对蜂窝式、平板式和波纹板式脱硝催化剂的运行都有严重的负面影响，如导致烟气分布不均、溢氨严重、烟气压力下降过大、催化剂表面被腐蚀、比表面积大幅度降低、活性位点被覆盖以及表面结构遭到破坏等，被粉尘颗粒堵塞的催化剂往往会进入恶性循环。在线清灰技术可有效地及时清理脱硝催化剂，维持其良好的脱硝活性，从而延长其使用寿命。

在线清灰可采用耙式吹灰、声波震动、负压吸尘和机械振动等方式，可除去黏附尚且不牢的浮灰和孔道堵塞物。耙式吹灰和声波震动吹灰是 SCR 脱硝系统常备的在线清灰装置，其装置的内容在 2.3.1 小节中有更为详细的介绍。在实际应用中，通常采用两种方式的组合以达到更好的清灰效果。美国 Cormetech 公司对于积灰严重的火电厂脱硝催化剂使用低频声波进行机械振动以实现在线清灰的效果（见图 4-7），其系统先通过喇叭产生高能量的低频声波产生震动，再以压缩空气冲击积灰，最终利用负压吸尘器清除积灰[16]。

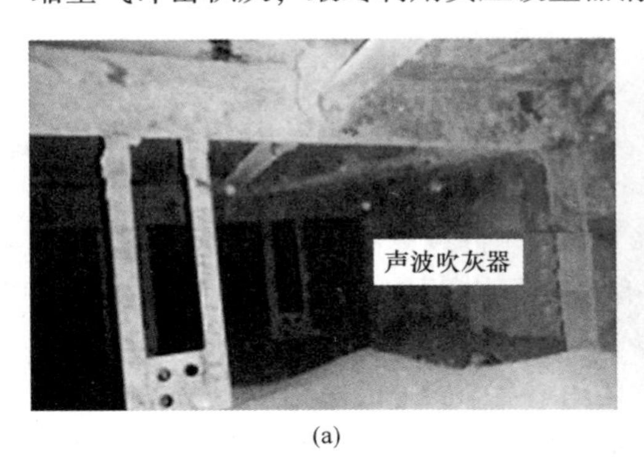

(a)

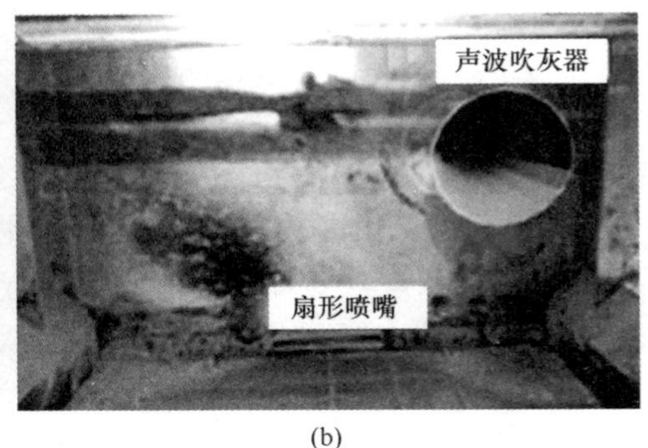

(b)

图 4-7　美国 Cormetech 公司的声波清灰系统[16]
（a）清灰前；（b）清灰后

土耳其 Tompson 公司采取线性马达作为震动源，线性马达通常可以提供较声波更大的能量密度，对清除平板式催化剂顽固阻塞物效果极佳（见图 4-8）[17]，但是也由于其能量密度过大，对于蜂窝式脱硝催化剂则容易破坏其载体结构[18]。

(a)

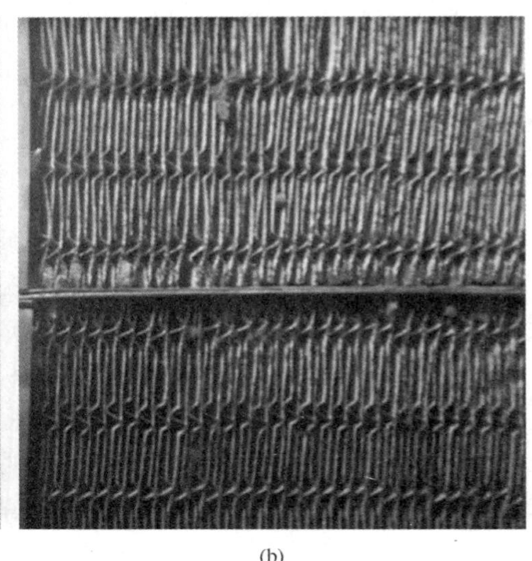

(b)

图 4-8　平板式 SCR 催化剂在线清灰前后对比[17]
（a）清灰前；（b）清灰后

对于蜂窝式脱硝催化剂及其他载体容易被破坏的催化剂中的顽固堵塞物，采取在压缩空气中添加氯化钠颗粒、干冰颗粒等可以提升疏通效率。美国

Cormetech 公司的 Ice Blasting 工艺流程（见图 4-9）即为通过在压缩空气中添加干冰颗粒对堵塞的催化剂进行清灰，可实现对催化剂的深度清灰，同时也避免了其他颗粒物的引入，减少了再生过程中潜在的二次污染[19]。

图 4-9 美国 Cormetech 公司的 Ice Blasting 技术清除阻塞物效果[19]

中南大学 Xie 等[20]报道了一种用于火电厂脱硝催化剂在线清灰的干冰在线清灰技术，工艺如图 4-10 所示，运行结果表明，使用了 5 年的失活脱硝催化剂经过干冰在线清灰后，脱硝催化剂的脱硝效率可达到 90%。

4.3.2 在线热解再生技术

热解再生是通过提高烟气温度来实现 SCR 催化剂在线再生。高温烟气可以氧化燃烧脱硝催化剂表面沉积的碳颗粒，特别是微孔中吸附力较强且无法被震动脱离的微小颗粒，同时可解析催化剂表面沉积的 NH_4HSO_4、硝酸盐等有害物质，从而在一定程度上恢复脱硝催化剂的活性。

在线热解再生技术可以通过提高烟气温度来实现，其方法简单，设备投入少，一般可在 SCR 系统正常运行过程中执行，因而不需停机，不影响生产的正常运转。在线热解再生的缺点也比较明显，即高温烟气长期作用会使脱硝催化剂受热烧结，缩短催化剂的使用寿命；对于烟气温度无法提高的系统，需要额外的

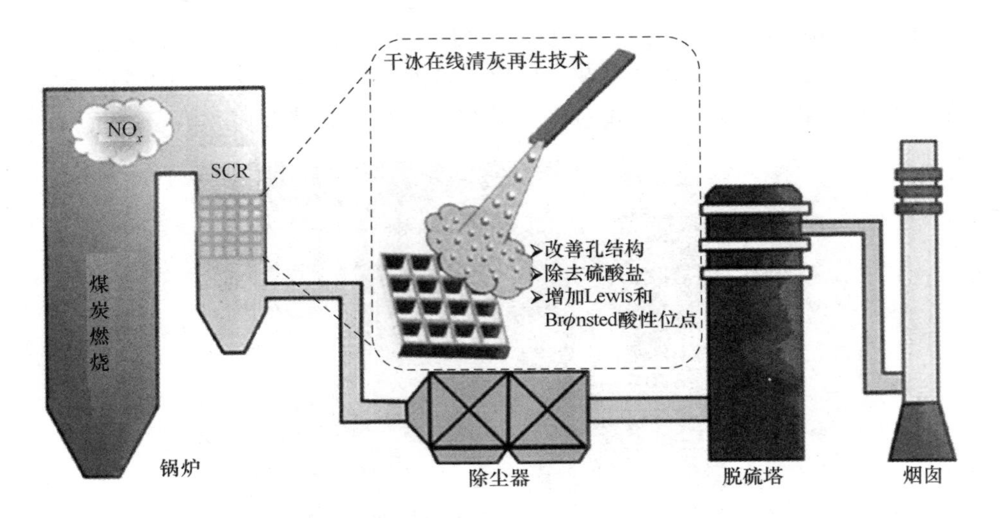

图 4-10 干冰在线清灰再生系统示意图[20]

能源来加热烟气，从而增加了系统的能耗和运行成本；在线热解再生效果受烟气流量和温度的限制，在低负荷低温工况下，热解再生效果较差[21]。

目前热解再生技术主要应用于柴油机，特别是大型重型柴油机的尾气脱硝系统，其主要原因是[22]：

（1）大型柴油机脱硝系统烟气流量大，热解再生效率较高，能在短时间内有效再生；

（2）大型柴油机脱硝系统空间较大，加装额外的再生设备和管路较为容易，热解再生设备投入和运行成本较低；

（3）大型柴油机脱硝系统投资成本高，催化剂机械寿命长、更换成本高，在线热解再生可有效延长脱硝系统和催化剂的使用寿命，降低脱硝成本。

柴油机尾气中含硫量普遍较高，热解再生主要目标是解决催化剂的 NH_4HSO_4 中毒问题。针对以柴油为燃料的船舶，日本海事协会的调研中列举了几种在线热解再生的方式[23]：

（1）普通船舶在脱硝系统运行 100 h 后将烟气温度从约 270 ℃升至 295 ℃以上，保持 10 h 即可实现再生；

（2）船舶发动机在脱硝装置运行 100 h 后停止喷 NH_3 供应 10 h，烟气温度自然升高，烟气中燃烧不充分的碳氢化物作为还原剂和硫酸铵盐、硝酸铵盐等发生反应，可去除催化剂表面有害物质并恢复活性；

（3）配合烟气加热装置对脱硝催化剂进行再生；

（4）通过更换燃料实现热解再生，如将含硫量（质量分数）为 0.5%的燃料更换为含硫量（质量分数）为 0.1%的燃料运行 100 h，即可实现在线热解再生。

工业烟气脱硝中在线热解技术主要应用于烧结、焦化、玻璃及低负荷发电的火电脱硝系统等，其主要目的是定期在线热解析催化剂表面的 NH_4HSO_4[24]。烧结烟气的主要特点表现为烟气流量大、成分复杂、硫含量高、温度较低而且变化范围大。烧结烟气中的 SO_2 会在催化剂上被氧化成 SO_3，与脱硝反应加入的还原剂 NH_3 反应生成 NH_4HSO_4。NH_4HSO_4 能够堵塞催化剂的孔道结构，覆盖催化剂的表面活性位点，严重影响催化剂的脱硝效率，但 NH_4HSO_4 可在 350 ℃以上分解，因此高温热解对于解决此类中毒具有良好的效果。

中国科学院过程工程研究所朱廷钰等[25]针对烧结烟气脱硝系统设计了在线热解再生装置（见图 4-11），具有针对中低温环境下的失活脱硝催化剂设计了一套可实现催化剂原位再生的处理系统，与常规的中低温脱硝设备进行了有机整合，通过增设再生管路，将烟气加热至 350~450 ℃吹扫 5~8 h，可较好地热解催化剂表面的 NH_4HSO_4。该方法一方面无需对现有的脱硝单元进行大规模改造，节省了改造成本；另一方面无需对催化剂层进行拆卸，在原有的脱硝反应装置内即可完成催化剂的再生操作。

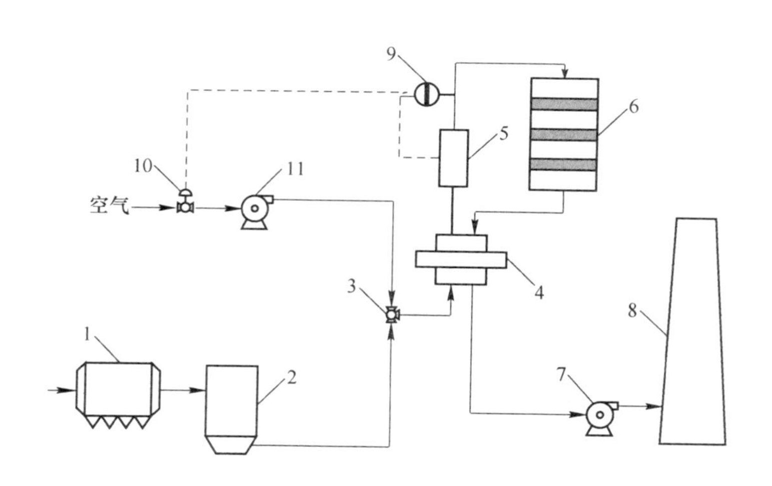

图 4-11　高温再生技术示意图[25]

1—除尘装置；2—脱硫装置；3—三通阀门；4—烟气换热装置；
5—烟气燃烧装置；6—脱硝反应器；7—排空风机；8—烟囱；
9—温度控制装置；10—进气阀；11—输送风机

等离子体是气体与电弧接触而产生的一种具有高温、离子化和传导性的气体状态，因其电离气体的导电性，可使电弧能量迅速转移并变成气体的热能。等离子体火炬法也可对烟气进行加热，从而对脱硝催化剂表面有害物质进行热解处理，并具有加热温度高和适用范围广的特点，其装置如图 4-12 所示。

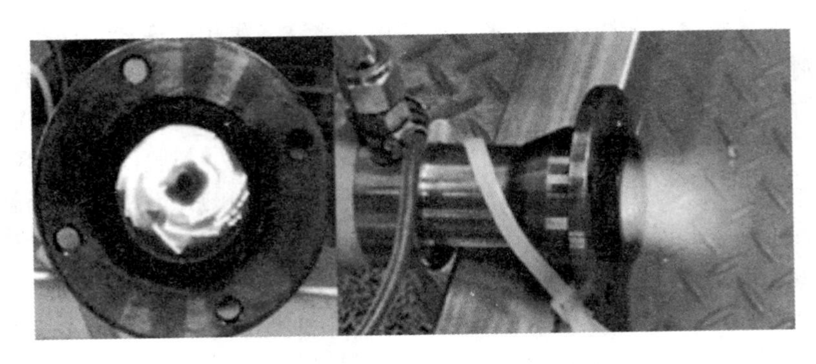

图 4-12 等离子体火炬发生装置[27]

Jang 等[26]利用该等离子体火炬装置对某柴油发动机尾气脱硝催化剂进行加热，发现等离子火炬可在空燃比低于 40%的条件下稳定燃烧，且对尾气成分和流量的变化不敏感。等离子火炬将烟气加热到 360~410 ℃，可很好地对脱硝催化剂进行在线再生，使催化剂的脱硝效率达到新催化剂的 93%。

4.3.3 在线氧化/还原再生技术

脱硝催化剂在使用过程中可能受烟气中氧化性或还原性物质影响，使活性组分受到还原或氧化，从而降低了脱硝催化剂的活性，通过额外添加氧化剂或还原剂即可氧化或还原失活组分。同时，脱硝催化剂表面附着的部分有害物质可在氧化剂或还原剂的促进下加快分解，起到辅助脱除有害物质的作用。

在烟气中添加还原剂的再生技术实用性强、成本低，通过在混氨系统中添加还原剂即可实现，一般不需要在脱硝系统中增加新设备。还原剂的种类根据烟气中的污染物和脱硝催化剂的中毒机理决定，一般包括甲烷（CH_4）、氢气（H_2）、一氧化碳（CO）和各种在烟气温度下处于气体状态的碳氢化合物都具有还原能力[27]。碳氢化合物在烟气中燃烧还可以提高烟气温度，使催化剂的脱硝效率提高，并增强催化剂的抗中毒能力。在喷氨过程中添加其他还原剂可使催化剂不暴露于过高的工作温度，与周期性的热解再生相比，可在恢复脱硝活性的同时，维持催化剂机械强度，并不带走过多的表面活性物质[28]。

还原再生技术在解决无机硫酸盐导致的催化剂中毒问题上具有显著效果。巴布克公司[29]针对 $CaSO_4$ 等需在 450 ℃以上才能分解的问题，研究了一种通过喷氨装置混合添加还原剂 CH_4 以促进 $CaSO_4$ 分解的方法，结果表明在 287 ℃即可发生反应（4-1）和反应（4-2），使 $CaSO_4$ 发生分解，从而实现对脱硝催化剂在线再生的效果。

$$CaSO_4 + CH_4 + \frac{3}{2}O_2 = CaO + SO_2 + CO_2 + 2H_2O \tag{4-1}$$

$$CaSO_4 + CH_4 + 2O_2 = CaO + SO_3 + CO_2 + 2H_2O \tag{4-2}$$

重庆大学杜学森等[30]发明了一种在烟气中添加 O_3 氧化剂对烟气中 NO 进行预氧化的方法，O_3 的添加可促进催化剂表面的硫酸铵盐的分解。该方法能够在 200~380 ℃时有效地分解催化剂表面沉积的硫酸铵盐，从而实现催化剂的在线再生。其装置如图 4-13 所示，主要在 SCR 脱硝反应器前端添加了 O_3 发生器。

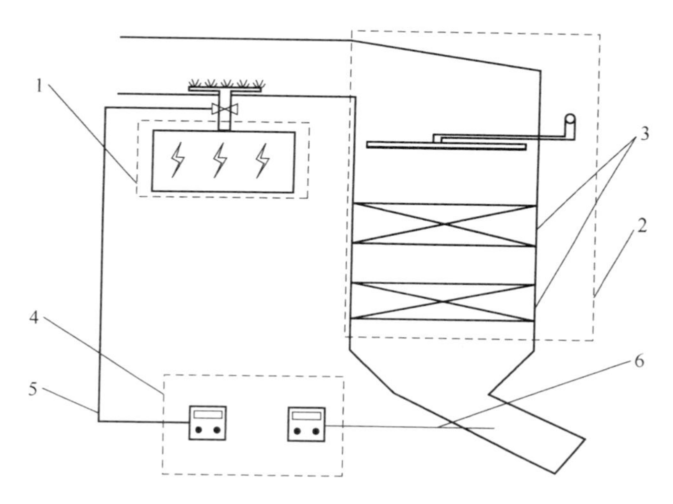

图 4-13 添加氧化剂的 SCR 催化剂在线再生装置[30]

1—O_3 发生器；2—脱硝反应器；3—催化剂层；4—在线监测控制单元；5—电磁阀；6—烟气 NO_x 组分在线监测仪

总体而言，在线再生技术已经有成熟的工业应用案例，并且显示出了能够有效延长脱硝催化剂使用寿命的能力，但仍存在着较大的局限性[31]：

(1) 在线再生技术可不断地部分恢复催化剂活性，及时消除有害物质的影响，但难以完全恢复催化剂活性，且催化剂选择性一般无法恢复；

(2) 在线再生技术需要对原有烟气或脱硝系统进行改造，增加了系统成本和复杂性，仍需进一步对比分析在线再生技术与线下再生技术的成本和效益，根据特定应用场景评估在线再生的经济和环境价值；

(3) 在线再生技术无论是清灰、热解还是氧化/还原再生，均可均匀地对脱硝催化剂进行处理，部分区域可能会再生处理不足，而其他部分可能再生处理过度而影响催化剂的结构等。

4.4 保级再生技术

4.4.1 再生技术规范

《烟气脱硝催化剂再生技术规范》(GB/T 35209—2017) 规定了烟气脱硝催化剂再生的术语和定义、可再生判定规则、再生步骤、检测方法及再生催化剂的标志、包装、运输和贮存要求，定义催化剂再生是指通过物理和化学方法使失活催化剂性能得以恢复的过程。以下介绍该标准的主要内容。

4.4.1.1 总则

(1) 失活催化剂包括可再生失活催化剂和不可再生失活催化剂。

(2) 为了节约资源和保护环境，对于失活催化剂的处理，应以再生为优先原则。

(3) 对于不可再生的催化剂，宜无害化处理或资源化利用，同时确保不会造成二次污染。

(4) 为了保证再生催化剂的质量以及催化剂再生过程的污染防治和环境风险防控，宜选择工厂化再生。

(5) 失活催化剂被列入《国家危险废物名录》，类别为 HW50 废催化剂。对失活催化剂的收集、贮存和处置应按照危险废物执行。

4.4.1.2 失活催化剂的包装、运输和贮存

(1) 包装。失活催化剂应采用具有一定强度和防水性能的材料密封包装，并有减震措施，防止破碎、散落和浸泡。

(2) 运输。运输工具应配备防雨防震及固定措施；运输单位应具有交通主管部门颁发的允许从事危险货物道路运输许可证或经营许可证；失活催化剂公路运输车辆应按 GB 13392 的规定悬挂相应标志。

(3) 贮存。具有专门用于贮存失活催化剂的设施，并符合 GB 18597 的要求；失活催化剂在电厂仓库存放的时间不宜超过 1 年。

4.4.1.3 可再生判定规则

再生前脱硝催化剂的单元外观和理化性能应分别符合表 4-1 和表 4-2 的规定。

表 4-1 再生前单元外观要求

类 型	要 求
蜂窝式	迎风端磨损平均深度不大于 30 mm；贯穿性孔数不大于 5 个
平板式	迎风端膏料磨损长度不大于 50 mm；单板磨损面积小于整个单板面积的 10%

表 4-2 再生前理化性能要求

类型	项 目		指标
蜂窝式	抗压强度/MPa	径向抗压强度	≥0.2
		轴向抗压强度	≥1.0
	磨损率[①]/%·kg^{-1}	非迎风端磨损率	≤0.3
	比表面积（BET)/$m^2·g^{-1}$		≥30.0
平板式	耐磨强度/$mg·r^{-1}$		≤2
	比表面积（BET)/$m^2·g^{-1}$		≥40.0

①磨损率指标适用于蜂窝式脱硝催化剂 25 孔以内的产品。

4.4.1.4 再生步骤

（1）清灰。清灰是清除催化剂表面积灰及孔道内灰尘的过程。宜采用人工清理、压缩空气吹扫、真空吸尘、高压水流冲洗等方式中的一种或几种对催化剂进行清灰处理。清灰应避免对催化剂的力学性能造成不可逆的损伤。

（2）化学清洗。化学清洗是在化学药剂的作用下，清除催化剂孔道内堵塞物和中毒物质的过程。化学处理药剂组分的选取不应引入后续步骤无法去除的对催化剂造成毒害的物质。

（3）超声波清洗。超声波清洗是在超声波作用下，清除催化剂中有毒物质和微孔堵塞物的过程。应严格控制超声时间和频率，既保证清洗效果，又避免超声波对催化剂的机械强度造成损伤。

（4）漂洗。漂洗是用去离子水清洗催化剂，去除残留的化学物质和没有与催化剂结合的化学污染物。为增强漂洗效果，宜将去离子水加热。

（5）干燥。干燥是采用连续热空气对催化剂进行处理，干燥过程应防止催化剂破裂。

（6）浸渍。通过浸渍为清洗后的催化剂补充活性成分，使催化剂完全被浸渍液浸没，应严格控制浸渍液浓度、温度以及浸渍时间，根据对再生后催化剂活性组分含量的要求，选择浸渍步骤可在漂洗或者干燥后进行。

（7）焙烧。浸渍后的催化剂，应进行焙烧处理，焙烧过程应采用程序升温方式。

（8）检测。再生催化剂的外观、理化性能及反应性能检测项目应按 GB/T 31584 和 GB/T 31587 的规定执行。

（9）模块修复。可再生失活催化剂模块经再生后应进行修复，修复后的模块质量应符合 GB/T 31587 和 GB/T 31584 中的要求。一般的模块修复过程步骤为：

1）替换再生模块中不合格催化剂单元；

2）安装需替换的破损滤网；

3）紧固模块零件部位；

4）将催化剂模块表面打磨除锈。

根据《烟气脱硝催化剂再生技术规范》（GB/T 35209—2017）规定的失活脱硝催化剂再生工艺流程，现有再生技术的主要工艺都是采用清灰和清洗方法去除有害物质和恢复比表面积与孔结构，采用浸渍负载方式重新负载活性物质以获得脱硝活性。失活脱硝催化剂保级再生关键技术路线如图 4-14 所示。

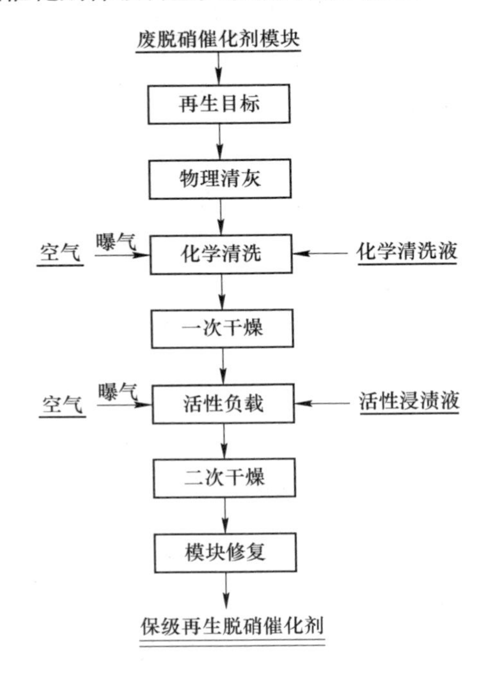

图 4-14　失活脱硝催化剂保级再生关键技术路线

4.4.2　清灰

积灰和孔道堵塞是引起脱硝催化剂失活中最普遍的现象之一。针对脱硝催化剂表面积灰导致的失活，利用有效的清灰手段可较好地去除。国内燃煤电厂脱硝系统中的失活脱硝催化剂，表面积灰有三个特征。

（1）松散，块体少。积灰成分主要为 SiO_2、Al_2O_3 等瘠性粉料，在干燥状态下容易通过气流将其吹散。

（2）在脱硝催化剂表面的黏附性弱。

（3）堆积面较为集中。

针对堆积在脱硝催化剂模块进气端上部的飞灰（见图 4-15），可以首先通过人工清灰，粗略清除表面浮灰。针对吸附在催化剂微孔和淤堵在烟气孔道内的粉尘，可选择使用高压空气吹扫和负压吸尘相结合的方式进行处理。通过高压空气吹扫，催化剂表面粒度较大、流动性较好的大部分粉尘都能随着气流进入到负压吸尘器的料斗中，淤堵在催化剂通气孔道内的飞灰也得到了部分清除。但是粒度细小的粉尘仍然会吸附在催化剂表面，而淤堵程度高、积灰层密实的催化剂孔道仍然不能完全疏通。

图 4-15　脱硝催化剂模块表面积灰现象

为提高清灰效果和保障从业人员的职业卫生安全，王杰等[32,33]发明了一种新型失活脱硝催化剂自动吹灰除尘装置，主要包括失活催化剂模块安装与移动装置、移动吹灰装置和除尘集灰系统（见图 4-16），可实现失活脱硝催化剂模块自动式高效除灰，避免人员进入除尘间，保障工作人员职业卫生安全。

该装置的主要特点包括：

（1）采用自动式除灰，相比于传统人工手持式吹灰更为精准，并保障工作人员的职业卫生安全；

（2）失活脱硝催化剂模块安装与移动架可同时安装两个催化剂模块，采用轨道耙式吹灰进行移动吹灰，极大地提高了吹灰效率；

（3）设计小除尘间以更好控制流场与集灰过程，通过集灰装置高效收集以粉煤灰为主的灰尘，以利于后续次生废物利用。

4.4.3 清洗

失活脱硝催化剂的清洗是将清灰之后的催化剂进一步采用湿法工艺深度清除催化剂内部的粉尘和有害物质。根据失活脱硝催化剂失活原因的差异，清洗的工艺也有所不同，常见的清洗工艺如下[34-36]。

（1）射流清洗。利用一定压力射流清洗失活脱硝催化剂，除去黏附的浮灰

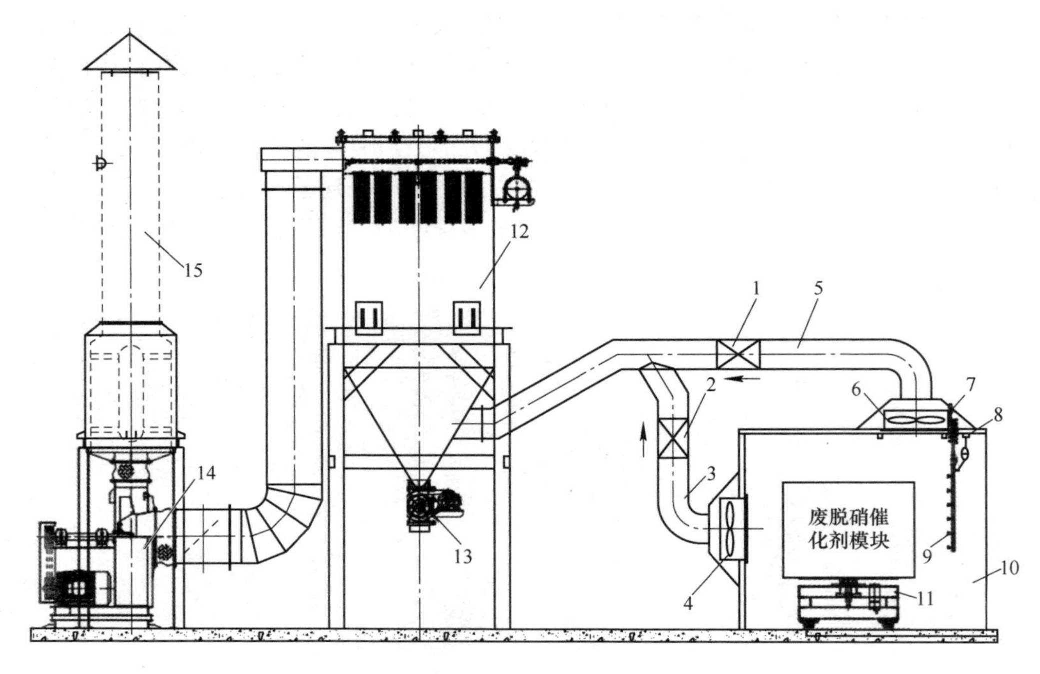

图 4-16 失活脱硝催化剂吹灰系统[32]

1—第一风阀；2—第二风阀；3，5—排尘管；4—第二排风扇；6—第一排风扇；7—气源管路；8—滑轨；9—喷枪管；10—除尘间；11—催化剂安装与移动架；12—除尘器；13—卸灰阀；14—风机；15—烟囱

和孔道堵塞物。射流清洗的冲洗压力过大会损伤催化剂机械强度，过小达不到除灰效果，其压力一般不大于 0.5 MPa。

（2）鼓泡清洗。采用专用鼓泡清洗装置，利用压缩空气进行鼓泡，去除催化剂单元体表层或孔道浮灰、堵塞物。

（3）超声波清洗。利用高频超声装置，清洗去除催化剂单元体孔道和微孔的堵塞物。

（4）化学清洗。前述射流、鼓泡和超声波清洗均为物理清洗，清洗程度有限，对黏附不牢的表层灰垢去除相对彻底，但深度除灰和去除有害化学成分需采用化学清洗的方法。通过分析失活脱硝催化剂的失活原因，判断催化剂中主要含有的有害物质组分，如 Na^+、K^+、$CaSO_4$、SiO_2 等粉尘常见组分和 As、Hg、Tl 等有害重金属组分，根据检测结果选用不同的化学清洗方法。通过配制有效的清洗药剂，溶解去除 Na^+、K^+等碱金属及重金属离子，使顽固性 $CaSO_4$、SiO_2 等组分溶胀，从而溶解至清洗液中达到去除的效果。

（5）特殊清洗。部分失活脱硝催化剂堵孔十分严重，表现在单元体堵孔率高、堵塞物板结、堵孔深而牢固。强行震动疏堵必然造成催化剂基体损坏，常规清洗又无法达到疏通的目的。一般需要采用专用化学药剂浸泡，逐步疏松、剥离，清洗时间相对比较长，但可达到清洗疏通率指标，而且不会损伤催化剂；有时甚至需要人工用铁签逐一疏通。

（6）去离子水清洗。使用去离子水漂洗是清除前工艺遗留下的粉尘、污垢及化学清洗剂，为下一步的活性物质负载提供清洁的界面。

4.4.3.1 物理清洗

物理清洗主要指射流、鼓泡和超声波清洗。脱硝催化剂的物理致失活主要表现在催化剂的磨损、堵塞、覆盖以及烧结，物理清洗基本能清除失活脱硝催化剂表面沉积、堵塞和覆盖的粉尘，而磨损与烧结团聚导致的物理失活目前无较好方法处理。

射流清洗能将催化剂表面和孔道内的飞灰有效清除，但渗入到催化剂表面微孔和吸附在催化剂表面的碱金属、重金属等有害组分还不能有效清除。为了深度清除催化剂表面和微孔中的积灰和有害组分，进一步提高催化剂孔道的疏通率，在清水或水溶液浸泡的条件下，采用超声波辅助清洗，利用超声波微小气泡的渗透和爆轰作用，有利于加快表面积灰和有害组分向水溶液中的溶解和扩散。超声波清洗装置（见图 4-17）主要包括失活脱硝催化剂模块吊装装置、超声波清洗槽、过滤回流系统等，通过吊装装置将催化剂模块吊装悬挂放入清洗

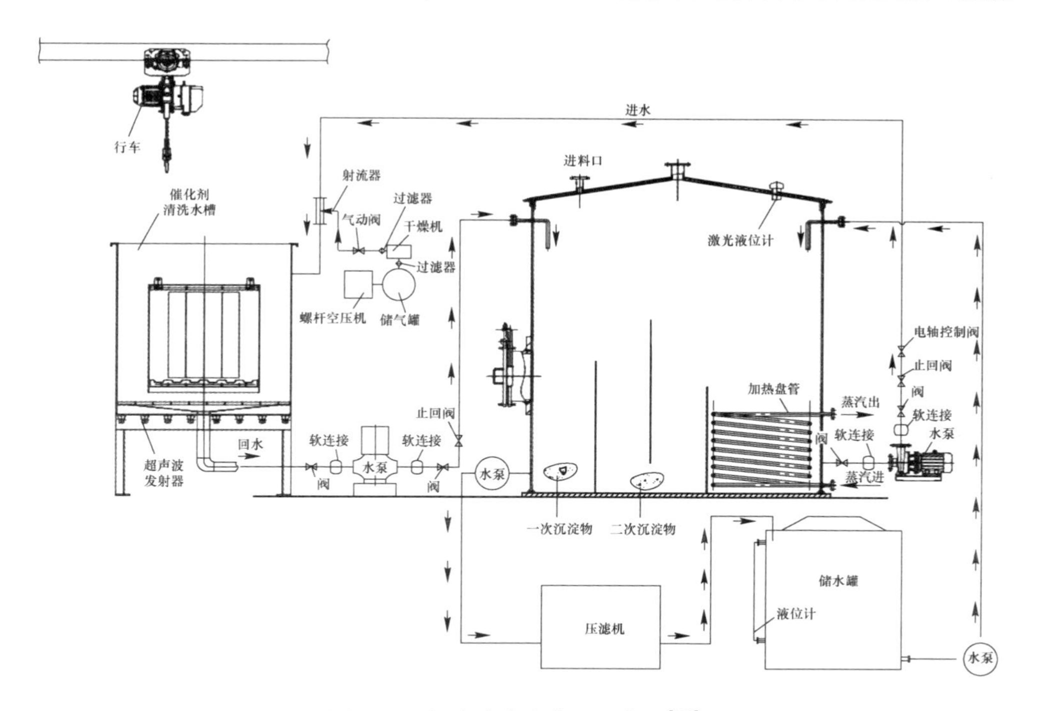

图 4-17 超声波清洗装置示意图[37]

槽中，启动超声波发射源和曝气装置对催化剂进行清洗，清洗液和洗出渣通过过滤回流系统过滤，除去清洗液中的污泥并将清洗液回用。该装备可较好地脱除失活脱硝催化剂表面和微孔有害组分，获得机械强度高、杂质含量低的清洗后脱硝催化剂。

4.4.3.2 化学清洗

一般只将 As、Pb、Tl 等有毒重金属致脱硝催化剂中活性组分 V_2O_5 的性质发生转变的过程称为化学失活，而 Na、K、Ca、Mg、S、Cl 等碱金属、碱土金属元素致失活的现象仍归类为物理失活，但其深度脱除均应采用化学清洗的方式。因此，化学清洗是失活脱硝催化剂中有害组分去除最为重要的环节，可去除物理清洗无法清除的有害组分和堵塞物，进一步提升催化剂基体的清洁程度，恢复比表面积、孔容和孔径，但清洗不当也会加剧催化剂活性物质的流失，更甚可能加重催化剂的中毒现象[36]。化学清洗在必要时辅助加温和超声波可进一步发挥化学药剂的作用。

化学清洗液一般含有酸/碱、渗透剂、表面活性剂和水等，针对不同因素导致的失活需采用不同的清洗液配方。表 4-3 中总结了不同有害物质致失活的脱硝催化剂的再生清洗方法。

表 4-3 不同有害物质致失活的脱硝催化剂再生清洗方法

失活因素	采用方法	效　果	参考文献
碱金属	水洗、酸洗、硫化再生	活性恢复 60%~80%	[38]
碱金属	硫酸、NH_4VO_3 和 $5(NH_4)_2O \cdot 12WO_3 \cdot 5H_2O$ 混合	350 ℃，NO_x 转化率从 45%升高到 85%	[39]
As	NaOH、KOH、Na_2CO_3、$NaHCO_3$ 和 K_2CO_3 碱洗，HNO_3 酸化	As 去除同时保留较多活性组分	[40]
P	碱浸泡+超声波清洗	P 降低 66%~77%，活性恢复 80%~90%	[41]
Ca	多元羧酸、表面活性剂、抗氧化剂、超声波辅助	去除 Ca 并保留活性组分	[42]
Fe	硫酸铵、抗氧化剂	去除 Fe 并保留活性组分	[43]
Pb、P	乙酸铵	去除 Pb、Ni 等金属	[44]
碱金属、Pb、As	硝酸、EDTA 混合，后补充组分	硝酸根和有机酸可回收	[45]

As是燃煤电厂失活脱硝催化剂中常见的有毒重金属元素，As的脱除也是失活脱硝催化剂再生的重要环节。重金属元素的酸洗效果甚微，碱洗效果相对较好，但也容易同时洗去脱硝催化剂表面的V_2O_5、WO_3等活性物质[46]。因此，化学清洗过程应做到既能有效地清除有害组分，又最大限度地保留失活脱硝催化剂中剩余的活性组分。

清洗完成后，一般需对催化剂的外观和成分进行检测，以判断是否需要进一步的再生处理措施。采用强光手电，从上至下或从下至上平行孔道照射，观察表面浮灰、孔道堵塞和基体结构损坏等情况。检测催化剂中Na、K、Ca、Mg、As、Hg等元素的含量，并与新催化剂各项化学成分进行比对，参照新催化剂质量标准，判断清洗是否达标。图4-18是某火电厂的失活脱硝催化剂清洗前后对比图，可见经过物理、化学清洗后的催化剂表面粉尘已基本清除，孔道疏通效果良好[36]。

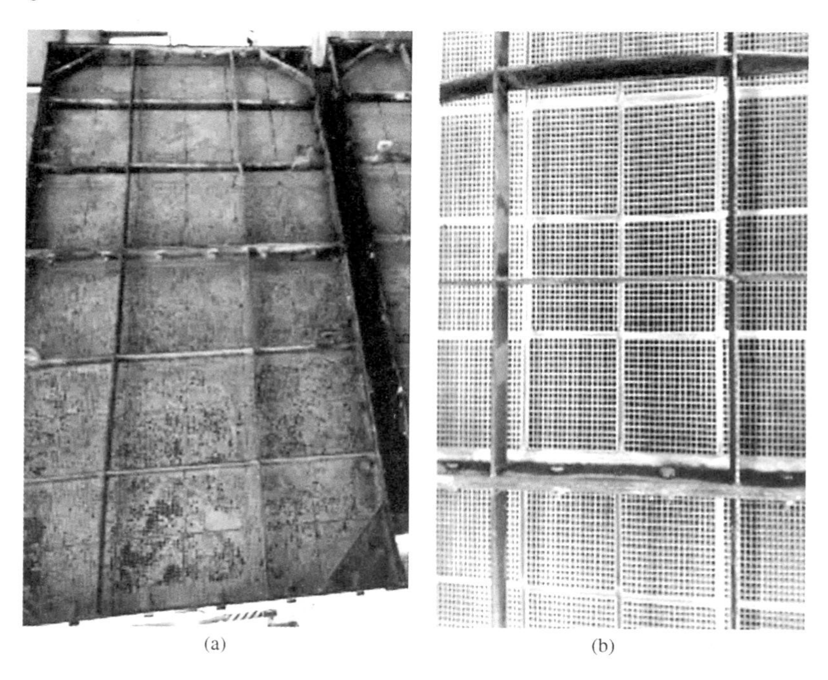

(a) (b)

图4-18 某火电厂失活脱硝催化剂清洗前后对比[36]
(a) 清洗前；(b) 清洗后

4.4.3.3 废水处理

清洗过程将产生大量的废水，其排放应符合国家规范，遵守当地的法律法规。杨晓良等[36]提供了一种失活脱硝催化剂清洗废水的处理方法，如图4-19所示。

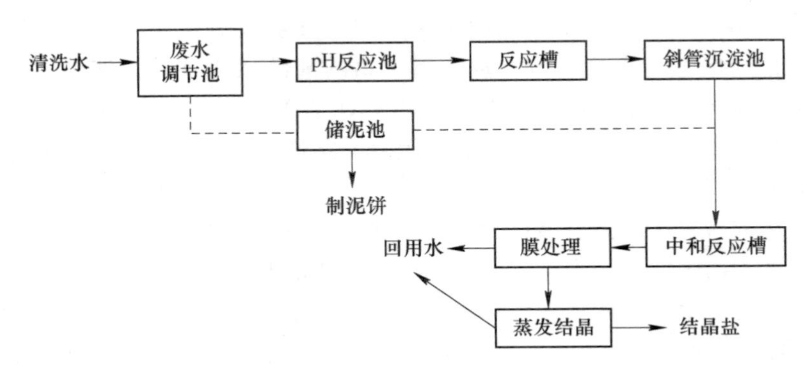

图 4-19 清洗废水处理流程[36]

清洗产生的废水首先进入废水调节池，除钙镁与重金属等离子，然后进入沉淀池进行沉淀，上清液进入 pH 反应池，根据废水成分，加入酸或碱搅拌混合，再进入反应槽充分反应后，进入斜管沉降池进行沉降固液分离，固相污泥进入储泥池然后制成泥饼收集处理。液相废水再进入中和反应池，继续调节酸碱度，并采用膜过滤处理，获得回用水和结晶盐，从而实现废水的零排放。

4.4.4 复孔处理

催化反应动力学的活性中心理论表明催化反应在催化剂表面的活性中心进行，大的比表面积能够提供更多数量的表面活性中心，而微孔结构越丰富则比表面积越大；在孔道结构方面，孔径大小在适应于 SCR 脱硝反应的范围内时，越大的孔容说明孔结构中能容纳的反应气体积越大，越有利于催化反应的进行[47]。脱硝催化剂在经过长时间使用后比表面积下降。虽然对于催化剂烧结、锐钛矿向金红石转变导致的比表面积下降还没有有效的恢复措施，但通过提升孔容等方式提升催化剂比表面积仍然是可行且非常有效的方案。

采用微波加热乙醇-水混合液以恢复失活脱硝催化剂孔道的方案，可以显著恢复其比表面积。由于混合液的快速蒸发在催化剂上可形成大量的孔道，增大了催化剂的比表面积，使得后续活性物质浸渍负载时可以负载更多的活性成分。微波加热通过被加热体内部偶极分子的高频往复运动，产生“内摩擦热”而使被加热物料温度升高，不需任何热传导过程就能使物料内外部同时加热，加热速度快且均匀，仅需传统加热方式能耗的几分之一或几十分之一就可达到加热的目的，其具体步骤为[48]：

（1）清洗后的脱硝催化剂转移至盛有复孔溶液的容器中，浸泡处理 10～30 min；

（2）将容器转移至微波装置中，微波加热处理 1～10 min，微波功率密度为 20～100 kW/m^3，频率 2450 MHz。

对失活脱硝催化剂清洗后不进行干燥，直接对其采用进行微波加热处理，利用其残余的清洗液代替乙醇等成分，同样可以起到上述复孔的作用[49]。该方法实现的比表面积恢复程度较添加复孔溶液浸泡的效果差，但其过程中无需添加新的化学试剂，避免了乙醇的浪费，因而具有更高的经济性。

4.4.5 干燥

第一次干燥是失活脱硝催化剂在经过物理、化学清洗及漂洗后的干燥过程，其主要目的是将湿的催化剂基体进行干燥，以除去其中的水分，便于在活性浸渍负载时吸收更多的活性液。第一次干燥不需要过高的温度，一般可采用热风干燥，将温度控制在 150 ℃以下，使催化剂基体中的水分以水蒸气的形式蒸发（见图 4-20），一般干燥至脱硝催化剂基体含水量低于 8%～10%即可。

图 4-20 再生过程的第一次干燥

4.4.6 活性物质负载

脱硝催化剂在运行过程中，因高温挥发、烟气冲刷和磨损、再生过程的清洗等导致活性组分流失。因此，失活脱硝催化剂再生过程中的活性物质负载是必要环节，可补充流失的活性物质，从而形成新的催化反应活性位点。进行活性物质负载后的催化剂活性能较好地恢复，但必须注意控制活性物质负载量，是因为过多的负载会导致 SO_2/SO_3 转化率超标。活性物质负载后的脱硝催化剂活性应至少恢复到新催化剂活性的 97%以上，SO_2/SO_3 转化率不超过原有水平或 1%。

活性物质负载一般采用浸渍法，将活性物质的前驱体配制成活性浸渍液，然后将干燥后的脱硝催化剂基体浸泡到活性浸渍液中，浸渍液通过毛细作用渗入基体内孔和吸附在基体表面，达到负载活性物质的目的[50]。

活性浸渍液的成分一般包括渗透促进剂、表面活性剂、活性物质 V、W 等的前驱体（如偏钒酸铵、草酸钒、偏钨酸铵等）和辅助催化物质如 Ce 等的前驱体，余量为去离子水、草酸和硫酸等。渗透促进剂和表面活性剂的添加可以提高活性物质在表面的分散程度，增加活性位点，从而改善再生效果。渗透促进剂占活性浸渍液质量的 0~1%，表面活性剂占 0~1%，活性物质前驱体以偏钒酸铵为例，一般为 1%~4%[51]。

再生过程中将清洗后的脱硝催化剂基体浸渍于含有活性物质的活性浸渍液，当达到吸附平衡时取出，沥干剩余液体，经干燥/焙烧使溶剂蒸发逸出，活性物质则附着在基体，从而获得活性物质分散良好的再生脱硝催化剂[50]。活性物质的负载量需根据再生脱硝催化剂的使用温度等条件来确定，一般可通过控制浸渍液中活性物质的浓度和基体吸水率来调控负载量。王兵[52]研究了以偏钒酸铵为活性物质前驱体的浸渍液浓度 $c_{浸渍液}$与 V_2O_5 负载量 $\Delta w_{V_2O_5}$之间的关系。

在 V_2O_5 负载量小于 1%的情况下为：

$$c_{浸渍液} = 0.3506 \times \exp(4.7831 \times \Delta w_{V_2O_5}) \tag{4-3}$$

在 V_2O_5 负载量大于 1%的情况下为：

$$c_{浸渍液} = 0.4484 \times \exp(1.5765 \times \Delta w_{V_2O_5}) \tag{4-4}$$

脱硝催化剂基体干燥后吸水率较高，图 4-21 所示为某火电厂失活脱硝催化剂清洗干燥后的基体及其浸渍吸水增重情况。清洗、干燥后的催化剂在浸渍负载活性液前后的质量分别为 2.16 kg 和 3.03 kg，浸渍过程增重 0.87 kg，增重率高达 40.3%。

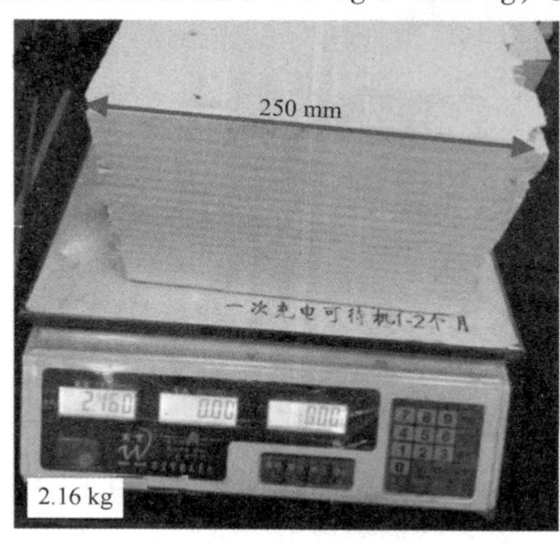

(a)

(b)

图 4-21　脱硝催化剂基体浸渍前后质量对比

（a）浸渍前；（b）浸渍后

脱硝催化剂的活性浸渍负载过程中一般还要采用超声波辅助，利用超声波高频振动提升溶液分子的迁移扩散，可提高浸渍液向微孔的渗透率，并显著提升浸渍速率，缩短浸渍时间。超声辅助具有浸渍速率快和浸渍均匀的优点，使再生过程中活性物质更均匀地负载到基体表面，优化活性物质的负载效果，甚至可拓宽催化反应的温度区间[53]。

活性液超声渗透浸渍负载装置与超声辅助清洗装置相似，主要包括脱硝催化剂模块吊装装置、活性液配置-储存槽、超声浸渍双槽、过滤回流系统等，通过将清洗、干燥后的失活脱硝催化剂模块吊装放入超声浸渍槽中，采用超声波振动增强活性液渗透性，可将活性液渗透进入催化剂载体微孔；通过设置浸渍双槽，可根据目标成分需求分别浸渍负载 V、W 组分，可采用先浸渍负载 W 组分，经热风干燥后再浸渍负载 V 组分，实现活性组分的高效负载；配套设置活性液配置-储存槽，根据活性液消耗量及活性物质浓度变化随时补充活性液；通过过滤回流系统将活性液过滤除渣，避免重复使用过程将渣料带入脱硝催化剂，同时提高活性液利用率。脱硝催化剂模块的活性物质浸渍负载如图 4-22 所示。

图 4-22 脱硝催化剂模块的活性物质浸渍负载过程

脱硝催化剂在浸渍负载活性物质后需进行第二次干燥，其目的主要是脱除催化剂中的水分，并将活性物质的前驱体转化为氧化物。第二次干燥的温度稍高于第一次干燥，一般为 300 ℃左右，显著低于新催化剂制备时的焙烧温度。第二次干燥只需要将水分、渗透剂、表面活性剂等组分蒸发脱除，并将偏钒酸铵、钨酸铵等组分加热分解为 V_2O_5、WO_3 等，避免过高的温度焙烧导致催化剂烧结和结构损坏。

4.4.7 再生污染控制技术规范

为规范和指导失活脱硝催化剂再生过程的污染控制，防治环境污染，改善生态环境质量，生态环境部于2022年12月24日发布了《失活脱硝催化剂再生污染控制技术规范》（HJ 1275—2022）强制标准，规定了失活脱硝催化剂再生过程的总体要求、再生过程污染控制技术要求、污染物排放控制要求和运行环境管理要求。

4.4.7.1 再生工艺过程污染控制要求

（1）预处理。宜采用压缩空气吹扫、真空吸尘、人工清理等方式中的一种或几种，去除失活脱硝催化剂表面及孔道内松散的粉尘；预处理工序操作场所应设置粉尘收集装置并导入除尘设施；预处理工序产生的含颗粒物、重金属等污染物的废气，可采用袋式除尘器处理，过滤风速宜小于1 m/min，漏风率小于2%，产生的除尘灰等固体废物应妥善收集处理。

（2）物理清洗。失活脱硝催化剂孔道内难以通过吹扫、抽吸等方式去除的有害附着物（如颗粒物），应采用湿法清洗等物理清洗方式去除，并可采用鼓泡、超声波等辅助方式；物理清洗设施或设备应防渗漏，操作过程中合理控制液位，防止溢洒或喷溅；物理清洗工序产生的含悬浮物、重金属等污染物的废水，以及废水处理产生的污泥等固体废物均应妥善收集处理。

（3）化学清洗。吸附在失活脱硝催化剂上的中毒物质应采用酸洗、碱洗、中性络合清洗等化学清洗方式去除；化学清洗设施或设备应防腐和防渗漏，操作过程中合理控制液位，防止溢洒或喷溅；化学清洗工序产生的含酸雾等废气应收集后送至喷淋塔、鼓泡塔等设备处理，产生的含悬浮物、重金属、化学需氧量、氨氮等污染物的废水，以及废水处理产生的污泥等固体废物均应妥善收集处理。

（4）活性植入。活性植入工序宜采用碱性含钒活性再生液浸渍失活脱硝催化剂；活性植入工序采用的设施或设备应防腐和防渗漏；活性植入工序产生的含钒及其化合物、氨氮等污染物的废水，以及废水处理产生的污泥等固体废物均应妥善收集处理。

（5）热处理。热处理工序温度宜控制在300～650 ℃，热处理时间不宜少于2 h；热处理工序产生的含颗粒物、二氧化硫等污染物的废气宜采用喷淋塔处理，喷淋塔喷淋覆盖率不应低于200%，产生的喷淋废水应妥善收集处理；热处理工序采用燃气锅炉加热的，应采用低氮燃烧等技术控制氮氧化物的产生。

4.4.7.2 污染物排放控制要求

（1）废气污染控制。预处理工序产生的含颗粒物等污染物的废气经除尘处理后，排放应满足GB 16297的要求；化学清洗工序产生的含颗粒物、硫酸雾、有害物质（铅、汞、铍及其化合物）等污染物的废气经处理后，排放应满足GB

16297 的要求；热处理工序产生的含烟尘等污染物的废气排放应满足 GB 9078 的要求；热处理工序采用燃气锅炉加热的，燃气锅炉产生的含氮氧化物、二氧化硫和颗粒物的废气排放应满足 GB 13271 的要求。

（2）废水污染控制。失活脱硝催化剂再生过程产生的废水应根据污染物种类、特征以及处理后去向选择适用的处理工艺，可采取物理化学法、生物法和深度处理等技术工艺组合处理；失活脱硝催化剂再生各工序产生的废水原则上应单独收集、单独处理。物理清洗和化学清洗工序产生的废水，在相关污染物满足 GB 8978 第一类污染物限值要求后可混合集中处理；失活脱硝催化剂再生过程产生的废水直接向环境排放的，pH 值、化学需氧量、氨氮、悬浮物、有害物质（总铍、总砷、总铬、六价铬、总铅、总汞、总镉等）等应满足 GB 8978 的要求；若排入公共污水处理厂，应满足纳管限值或 GB 8978 的三级标准要求。其他特征污染物的排放控制要求根据有关规定执行。

（3）固体废物污染控制。收集、运输失活脱硝催化剂过程产生的缠绕膜、包装袋等废弃包装材料，再生预处理工序产生的除尘灰，以及废水处理产生的污泥、废滤料、废活性炭、废滤膜等固体废物，应分类收集、贮存和处置；经鉴别属于危险废物且需要委托外单位利用处置的，应交由具有相应资质的单位利用处置。

（4）噪声污染控制。失活脱硝催化剂再生过程使用的空压机及其他设备应采用消声器等隔声降噪治理措施，优先采用低噪声设备，并优化噪声设备布局；厂界噪声应满足 GB 12348 的要求。

4.4.7.3 环境管理要求

（1）失活脱硝催化剂再生单位应建立环境保护管理责任制度，合理设置专职技术人员，负责失活脱硝催化剂收集、运输和再生过程的环境保护及相关监督管理工作。

（2）失活脱硝催化剂再生单位宜定期对操作人员、技术人员及管理人员进行环境保护相关法律法规、污染防治技术、环境应急等知识和技能培训。

（3）活脱硝催化剂再生单位应依法建立环境管理台账制度，环境管理台账记录应满足 HJ 944、HJ 1033 等相关规范和标准要求。

（4）失活脱硝催化剂再生单位应按照 HJ 819 等规定，根据再生活动实际排放污染物种类制定监测方案，对再生过程污染物排放情况开展自行监测，保存原始数据，并按照信息公开管理办法公布监测结果。参照执行的其他行业或种类的失活脱硝催化剂再生过程污染物排放监测指标，需结合行业特征污染因子、排放标准和环境管理要求综合确定。

（5）失活脱硝催化剂再生单位应加强环境风险管理，落实环境风险隐患的排查治理工作，有效预防环境风险事故的发生。

4.5 再生脱硝催化剂规范

4.5.1 火电厂烟气脱硝再生催化剂

《火电厂烟气脱硝再生催化剂》(DL/T 1828—2018) 规定了火电厂烟气脱硝失活催化剂可再生判断规则、再生催化剂性能、试验方法、检验规则、标志和包装、运输和贮存、产品随行文件，其中的可再生判断规则与 GB/T 35209 的规则一致。以下重点介绍再生催化剂的性能要求。

4.5.1.1 外观要求

(1) 蜂窝式催化剂单元应满足通孔率不小于 95%。

(2) 模块外观应符合表 4-4 的规定。

表 4-4 再生脱硝催化剂模块外观要求

名称	项目	指标
蜂窝式	催化剂通孔率（以模块计）	≥98%
	模块主要几何尺寸	不超过原设计尺寸±10 mm
	模块裸露面板	面板“凹陷”深度不超过 12 mm，数量不超过 2 处；面板不得出现贯穿性锈（腐）蚀孔
	模块各部件连接质量	模块框不存在焊缝脱焊、焊缝开裂、连接螺栓松动等现象
	模块单元垫片	垫片溢出宽度不大于 15 mm
平板式	格栅及焊接	模块顶部应设有防止大颗粒物与催化剂直接接触的防尘格栅；模块焊接处应无气孔、弧坑、漏焊、虚焊和夹渣等缺陷

4.5.1.2 理化性能要求

再生脱硝催化剂理化性能应满足表 4-5 的规定。

表 4-5 再生脱硝催化剂理化性能要求

类型	项目		指标
蜂窝式	抗压强度/MPa	径向抗压强度	≥0.2
		轴向抗压强度	≥1.0

续表 4-5

类　型	项　　目		指标
蜂窝式	磨损率[①]/%·kg^{-1}	非迎风端磨损率	≤0.30
		迎风端磨损率	≤0.15
	比表面积（BET）/$m^2 \cdot g^{-1}$		≥40.0
平板式	耐磨强度/$mg \cdot r^{-1}$		≤2
	比表面积（BET）/$m^2 \cdot g^{-1}$		≥55.0
蜂窝式、平板式	Na_2O 质量分数/%		≤0.10
	K_2O 质量分数/%		≤0.10
	As 质量分数/%		≤0.10

①磨损率指标适用于蜂窝式脱硝催化剂 25 孔以内的产品。

4.5.1.3　反应性能要求

再生脱硝催化剂反应性能应满足表 4-6 的规定。

表 4-6　再生脱硝催化剂反应性能要求

项　　目	指标
相对活性（以相对活性值计）/%	≥97
SO_2/SO_3 转化率增加值/%	≤0

表 4-6 中再生催化剂的相对活性按式（4-5）计算，即

$$相对活性 = \frac{再生催化剂活性}{新鲜催化剂活性} \times 100\% \tag{4-5}$$

表 4-6 中再生催化剂的 SO_2/SO_3 转化率增加值按式（4-6）计算，即

$$SO_2/SO_3\ 转化率增加值 = \frac{再生催化剂\ SO_2/SO_3\ 转化率 - 新鲜催化剂\ SO_2/SO_3\ 转化率}{新鲜催化剂\ SO_2/SO_3\ 转化率} \times 100\% \tag{4-6}$$

4.5.1.4　出厂检验

再生脱硝催化剂出厂检验按每个项目作为一个交货批，检验项目及抽样频次见表 4-7。

表 4-7 再生脱硝催化剂出厂检验项目及频次

种类	项　目	检验频次	
		再生前	再生后
1	单元外观	全检	全检
2	抗压强度	1 次/100 m^3	1 次/100 m^3
3	磨损率或耐磨强度	2 次/300 m^3	2 次/300 m^3
4	比表面积（BET）	2 次/300 m^3	2 次/300 m^3
5	Na_2O、K_2O 及 As 等含量	2 次/300 m^3	2 次/300 m^3
6	反应性能试验	—	1 次/300 m^3

注："—" 表示该项无要求。

4.5.2 再生烟气脱硝催化剂微量元素分析方法

《再生烟气脱硝催化剂微量元素分析方法》(GB/T 34701—2017) 规定了电感耦合等离子体发射光谱测定再生烟气脱硝催化剂微量元素含量的方法，适用于再生烟气脱硝催化剂中 K、Fe、Mg、Na、P、As、Cr、Hg 质量分数的测定。

4.5.2.1 试样制备

(1) 试样。将实验室样品混合均匀并用清洁压缩空气或氮气进行吹扫，用四分法分取约 10 g，置于研钵内研碎，再用四分法分取约 2 g，继续研细至试样全部通过 250 μm 试验筛，置于烘箱中，在 105 ℃±2 ℃干燥 2 h 后，移至干燥器中冷却至室温，备用。

(2) 试料溶液制备。称量 0.1~0.2 g（精确至 0.0001 g）试样，置于 50 mL 聚四氟乙烯消解罐内，加入 2 mL 硝酸和 2 mL 氢氟酸，于电加热板上 105 ℃恒温加热至充分溶解，冷却至室温后移入 100 mL 容量瓶中用水稀释至刻度摇匀，待用。

4.5.2.2 试验步骤

(1) Hg 元素工作曲线的绘制。取 6 只 100 mL 容量瓶，分别加入 Hg 标准溶液 0 mL、0.50 mL、1.00 mL、1.50 mL、2.00 mL、2.50 mL。在每个容量瓶中，各加 2 mL 硝酸，用水稀释至刻度，摇匀。

按仪器工作条件，以不加入 Hg 元素标准溶液的空白溶液调零，按推荐的分析线波长测定空白溶液的分析线信号强度。

以上述溶液中 Hg 元素的质量浓度（单位为 μg/mL）为横坐标，Hg 元素的分析线的信号强度值为纵坐标，绘制工作曲线。

(2) As、Cr、K、Fe、Mg、Na、P 元素工作曲线的绘制。取 6 只 100 mL 容

量瓶，分别加入 As、Cr、K、Fe、Mg、Na、P 混合标准溶液 0 mL、0.50 mL、1.00 mL、1.50 mL、2.00 mL、2.50 mL。在每个容量瓶中，各加 2 mL 硝酸，用水稀释至刻度，摇匀。

按仪器工作条件，以不加入混合标准溶液的空白溶液调零，按推荐的分析线波长测定空白溶液的分析线信号强度。

以上述溶液中汞元素的质量浓度（单位为 μg/mL）为横坐标，汞元素的分析线的信号强度值为纵坐标，绘制工作曲线。

（3）测定试料溶液中待测元素的分析线信号强度，从工作曲线上查出被测溶液中待测元素的浓度。

4.5.2.3 数据处理

元素的质量分数按式（4-7）计算：

$$w = \frac{c \times V \times 10^{-6}}{m} \times 100\% \tag{4-7}$$

式中 c——从工作曲线上查得的待测元素质量浓度的数值，μg/mL；

V——试料溶液体积的数值，mL；

m——试样质量的数值，g。

取两次平行测定结果的算术平均值为测定结果。

4.6 再生技术应用案例

原环境保护部科技标准司和中国环境科学学会于 2016 年 11 月发布了《国家环境保护工程技术中心成果案例汇编（大气领域）》，公布了“SCR 脱硝催化剂再生技术”和“失活脱硝催化剂再生改性技术”的成果案例，分别为大唐宝鸡热电厂 2×330 MW 机组和浙江浙能嘉华发电有限公司 1000 MW 机组[54]。

4.6.1 大唐宝鸡热电厂 2×330 MW 机组脱硝催化剂再生案例[53]

4.6.1.1 案例概况

大唐宝鸡热电厂 2×330 MW 国产亚临界抽气供热燃煤机组脱硝系统采用 SCR 脱硝技术，双反应器布置，催化剂采用 2+1 布置（上层为备用层）。1 号机组于 2009 年 6 月投产，催化剂采用雅佶隆公司生产的蜂窝式催化剂，单台机组每层催化剂由 45 个模块组成，单台机组共安装 180 个催化剂模块，催化剂总体积为 260 m^3，再生催化剂体积共 130 m^3。

4.6.1.2 技术指标

根据全尺寸性能检测，再生后的催化剂性能见表 4-8。

表 4-8 再生脱硝催化剂活性检测结果

	项　　目	数值/m · h^{-1}	对应脱硝效率/%
活性指标	初装活性	35	≥80
	12000h 后活性	30	≥80
	24000h 后活性	25	≥80

再生后单层催化剂 SO_2/SO_3 转化率低于 0.5%，化学寿命不低于 24000 h，再生催化剂单层压差不超过 150 Pa。

4.6.1.3 投资费用

催化剂总体积为 260 m^3，需要更换的体积数为 130 m^3，按新催化剂价格 1.0 万元/m^3 计算，更换费用为 234 万元；再生催化剂能保证与新鲜催化剂相同的活性，成本仅为新鲜催化剂的 60%，更换费用大约为 140.4 万元。

4.6.1.4 运行费用

运行之中的主要损耗为氨耗和电耗，氨耗量为 0.23 t/h，在 24000 h 内氨耗量为 5520 t，按 3000 元/t 计算，共需 1656 万元；电耗量为 3050 kW · h，在 24000 h 内电耗量为 7320 万千瓦时，按 0.35 元/(kW · h) 计算，共需 25.62 万元。共计运行费用为 1681.62 万元。

4.6.2 浙江浙能嘉华发电有限公司 1000 MW 机组脱硝催化剂再生案例[54]

4.6.2.1 案例概况

浙江浙能嘉华发电有限公司 7 号机组（1000 MW）SCR 脱硝催化剂再生工程于 2014 年 4 月对失活催化剂进行再生生产，并于 2014 年 6 月开始投运。

4.6.2.2 技术指标

再生后脱硝催化剂的活性能恢复到新鲜催化剂的 94%，脱硝效率为 81.5% 时，氨逃逸为 0.3×10^{-6}，完全满足脱硝系统设计要求。再生脱硝催化剂已连续稳定运行超过 10000 h。

4.6.2.3 投资费用

相比于更换新鲜催化剂（约 1.1 万元/m^3），再生催化剂费用大幅降低至约 0.7 万元/m^3。

4.6.3 华能玉环电厂 1000 MW 机组脱硝催化剂再生案例[55]

4.6.3.1 案例概况

华能玉环电厂是我国首座装备国产百万千瓦级超临界燃煤机组的电厂。项目完成 1632.8 m^3 脱硝催化剂再生，采用先进催化剂再生技术，通过多级物理化学清洗去除毒性物质，层级优化钒钨植入技术获得高分散、高活性的再生催化剂。

4.6.3.2 技术指标

对比全新催化剂，再生催化剂的活性100%恢复，二氧化硫氧化率低于0.25%，再生催化剂寿命与全新催化剂相同。第三方检测指标全部合格，投入至今稳定运行。

4.6.3.3 降本增效

该案例在25天的执行周期内处理固体废物约1632.8 m^3，减少固废填埋面积超600 m^2 和钛钨钒矿产资源开采约4354 t，原材料和生产总计降碳约3000 t，减少固废处理费用近500万元，采购费用降低近800万元，见表4-9。

表4-9 再生的降本增效效果

环保指标		再生	换新
减污	填埋面积/m^2	—	≥ 600
	矿产资源/t	—	4354.13
降碳	原料碳排/t	661.28	3102.32
	生产碳排/t	514.33	1077.65
增效	处置费用/万元	—	489.84
	采购费用/万元	1828.74	2612.48

SCR催化剂再生技术能够等质量地减少失活脱硝催化剂危险废物的产生，较新脱硝催化剂生产降碳72%。

4.6.4 皖能铜陵发电有限公司脱硝催化剂再生案例[55]

4.6.4.1 案例概况

该案例为电站锅炉的脱硝下层催化剂再生，根据低温脱硝催化剂的主要失活原因及有害失活组分的赋存规律，开发清洗药剂，组合成套再生工艺流程，有针对性地对复杂中毒失活体系的中低温脱硝催化剂进行处理再生，并资源回用废脱硝催化剂中的有价金属及载体。项目具体内容为再生工程催化剂模块装卸、代保管、运输、催化剂再生、反应器清灰及再生后催化剂模块安装，共完成催化剂再生760 m^3。

4.6.4.2 技术指标

该案例实现运行效果如下：

（1）再生催化剂活性恢复至初始95%以上；

（2）SO_2/SO_3 转换率达0.5%以下；

（3）氨逃逸达3×10^{-6}以下；

（4）机械强度、硬度及硬化端长度符合国家标准；

（5）同等条件下再生催化剂与原始催化剂保持失活速率相同；

（6）再生单层催化剂层阻力小于 200 Pa；

（7）疏通率达 99%以上。

针对可再生脱硝催化剂，该案例按图 4-23 所示方案和步骤对催化剂进行再生处理。

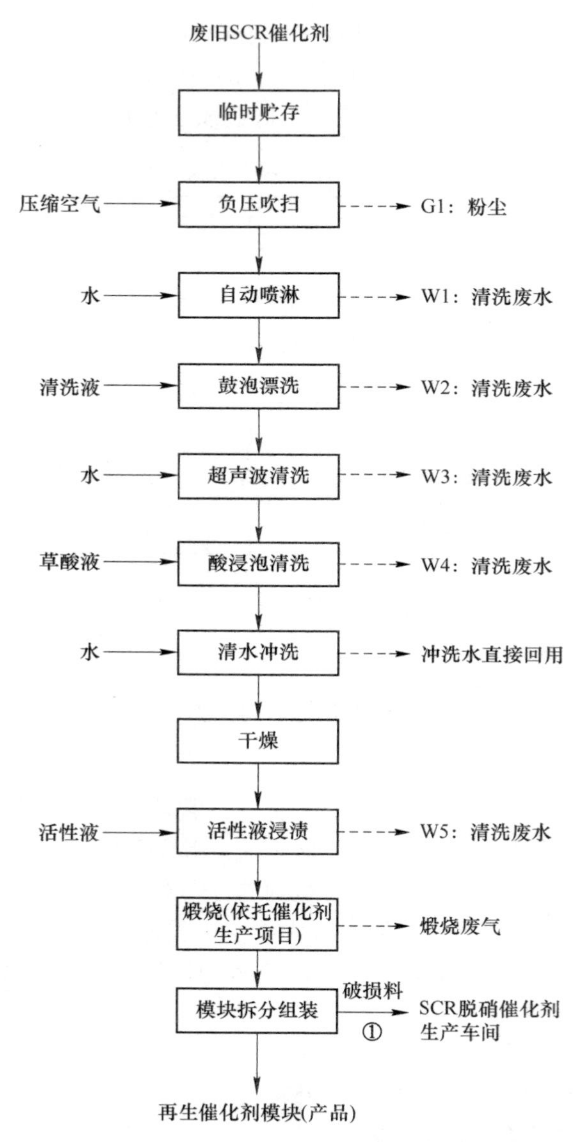

图 4-23 皖能铜陵发电有限公司应用案例的再生技术路线

（①预处理后，不同来源的不可再生废催化剂需分别经有资质鉴定机构进行鉴定，鉴定其不属于危险废物后方可作为原料综合利用，否则需作为危险废物送至有资质单位处置。）

4.6.4.3 减污降碳能力

无害化处理危险废物失活脱硝催化剂，节省土地资源，减少水体、土壤污染。本案例相较采购新催化剂，节约资源超 400 t，减少碳排放 540 t。通过对失活脱硝催化剂的再生，减少了危险废物对环境的污染；同时通过资源循环，减少了原材料的使用；此外，催化剂再生过后使用性能更优，减少了用户的能耗。在减少污染物的同时，协同达到了降低碳排放的效果。

4.6.5 意大利城市垃圾焚烧厂脱硝催化剂再生案例[56]

4.6.5.1 案例概况

该案例为脱硫、除尘后并将烟气温度升温至在 180~250 ℃的末端脱硝，烟气中粉尘和 SO_2 已被脱除，脱硝系统采用小孔径脱硝催化剂，且脱硝催化剂寿命一般较长。本案例通过超声清洗、微波复孔、活性植入等工艺进行再生，对比新鲜脱硝催化剂，再生催化剂的活性恢复到了原催化剂的 96%。

4.6.5.2 减污降碳能力

无害化处理危险废物 SCR 废催化剂，节省土地资源，减少水体、土壤污染。本案例相较采购新催化剂，节约资源超 400 t，减少碳排放 540 t。通过对废旧 SCR 脱硝催化剂的再生，减少了危险废物对环境的污染，同时通过资源循环，减少了原材料的使用，在减少污染物的同时，协同达到了降低碳排放的效果。

4.6.6 美国东南部某燃气电厂脱硝催化剂再生案例[57]

4.6.6.1 案例概况

Concord Environmental 公司负责对某 490 MW 天然气发电机组（Siemens 501F HRSG）的脱硝催化剂进行再生。天然气发电机组的 SCR 催化剂通常不能在不同机组之间通用，此发电厂在催化剂需要更换时面临产能不足的情况，需要快速更换催化剂，由于原 SCR 催化剂供应商需要 4 周交付时间，此电厂选择进行原位再生。

4.6.6.2 技术指标

经过原位再生后，再生催化剂活性恢复至初始 95%以上，氨逃逸为 5×10^{-6} 以下，再生单层催化剂层阻力小于 200 Pa，疏通率达 99%以上。

4.6.6.3 经济效益

购买新 SCR 脱硝催化剂总价格为 250000 美元，再生和调整总开销为 150000 美元，节约 100000 美元。

江苏龙净科杰环保技术有限公司是国内首家开展失活脱硝催化剂再生业务的公司，拥有行业首张危险废物经营许可证（JSYC0902OOD001-6），以脱硝催化剂再生为主导，经营脱硝催化剂制备、再生、安全处置和检测全产业链业务，其中催化剂再生和处置能力为 80000 m^3/a，是脱硝催化剂再生行业龙头。表 4-10～表 4-12 分别列出了江苏龙净科杰环保技术有限公司近年来在蜂窝式、平板式和波纹板式失活脱硝催化剂再生领域的部分工程应用案例。

表 4-10 部分蜂窝式脱硝催化剂再生案例列表

序号	应用单位	再生体积/m^3	应用温度/℃	实施年份	脱硝效率/%
1	广州市旺隆热电有限公司	136	380	2015	≥89.5
2	山西鲁能河曲发电有限公司	140	362	2016	≥83
3	江苏中能硅业科技发展有限公司	359	363	2017	≥85
4	广西华银铝业有限公司	80	380	2018	≥80
5	江苏国信协联能源有限公司	223	370	2018	≥90
6	华能国际电力股份有限公司　玉环电厂	1633	317～400	2018	≥80
7	内蒙古大唐国际呼和浩特热电有限责任公司	219	355～366	2018	≥85.6
8	广州华润热电有限公司	205	280～400	2018	≥90
9	滨州市北海信和新材料有限公司	228	280～420	2018	≥90
10	滨州市宏诺新材料有限公司	332	300～430	2018	≥90
11	大唐略阳发电有限责任公司	125	383	2018	≥90
12	邹平县汇能热电有限公司	1134	300～430	2018	≥90
13	惠民县汇宏新材料有限公司	675	384	2018	≥89
14	江苏国信扬州发电有限责任公司	233	356	2018	≥88
15	中玻（临沂）新材料科技有限公司	54	330～350	2018	≥88.3
16	华能济南黄台发电有限公司	166	348	2018	≥89
17	北京亚太环保股份有限公司	236	200～280	2018	≥90
18	广西信发铝电有限公司电厂	233	370	2019	≥93
19	江苏射阳港发电有限责任公司	164	295～430	2019	≥87.5
20	华能济宁运河发电有限公司	241	343	2019	≥85
21	无锡利信能源科技有限公司	180	320～345	2019	≥80
22	内蒙古赤峰新城热电公司	841	408	2019	≥88

续表 4-10

序号	应用单位	再生体积/m³	应用温度/℃	实施年份	脱硝效率/%
23	通辽发电总厂有限责任公司	280	318~427	2019	≥80
24	华能平凉发电有限责任公司	522	372	2019	≥86
25	唐山市热力总公司	87	310~420	2019	≥90
26	威海市文登热电厂有限公司	157	380	2019	≥88
27	国电东北电力有限公司沈西热电厂	201	378	2019	≥80
28	华能临沂发电有限公司	165	365	2019	≥86
29	焦作万方铝业股份有限公司	169	407	2020	≥93
30	长安益阳发电有限公司	196	374	2020	≥91
31	江苏国信协联能源有限公司	111	300~420	2020	≥80
32	国电双鸭山发电有限公司	470	300~420	2020	≥91
33	广西投资集团北海发电有限公司	168	300~420	2020	≥93.2
34	国电双辽发电有限公司	218	300~420	2020	≥80
35	滨州绿能热电有限公司	768	384	2020	≥90
36	国电康平发电有限公司	295	300~420	2020	≥89
37	东方希望包头稀土铝业有限责任公司	364	383	2020	≥91.3
38	江苏淮阴发电有限责任公司	127	370	2020	≥85
39	华能济南黄台发电有限公司	168	377	2021	≥92.5
40	华润电力（海丰）有限公司	350	305~420	2022	≥88

表 4-11 部分平板式脱硝催化剂再生案例列表

序号	应用单位	再生体积/m³	应用温度/℃	实施年份	脱硝效率/%
1	大唐宝鸡热电厂	130	364	2016	≥80
2	大唐黑龙江发电有限公司哈尔滨第一热电厂	387	350	2016	≥91
3	新疆公司大唐呼图壁能源开发有限公司	538	385	2017	≥90
4	三河发电有限责任公司	339	355	2018	≥84
5	兰州西固热电有限责任公司	378	351	2018	≥90

续表 4-11

序号	应 用 单 位	再生体积/m^3	应用温度/℃	实施年份	脱硝效率/%
6	广西华银铝业有限公司	80	380	2018	≥80
7	内蒙古京科发电有限公司	212	400	2018	≥84
8	南通醋酸纤维有限公司	59	350	2019	≥80
9	珠海金湾发电公司	193	338	2019	≥87
10	大唐山西发电有限公司太原第二热电厂	424	386	2019	≥90
11	华能嘉祥发电有限公司	326	386	2019	≥88
12	大唐珲春发电厂	190	360	2020	≥88
13	江苏新海发电有限公司	430	389	2020	≥82
14	大唐甘肃发电有限公司西固热电厂	220	376	2020	≥90
15	华能八〇三热电有限公司	364	320~420	2021	≥88
16	大唐陕西发电有限公司灞桥热电厂	133	365	2021	≥90
17	新疆天富能源股份有限公司天河热电分公司	240	380	2021	≥83. 3
18	大唐华银电力股份有限公司金竹山火力发电分公司	560	380	2021	≥90
19	大唐国际发电股份有限公司张家口发电厂	217	355	2021	≥92. 5
20	大唐华银攸县能源有限公司	796	310~420	2022	≥92

表 4-12　部分波纹板式脱硝催化剂再生案例列表

序号	应 用 单 位	再生体积/m^3	应用温度/℃	实施年份	脱硝效率/%
1	福建鸿石狮鸿山热电厂	455	400	2014	≥80
2	陕西有色榆林新材料有限责任公司发电分公司	171	290~400	2016	≥87
3	福建华电可门发电有限公司	660	371	2016	≥85
4	内蒙古能源发电兴安热电有限公司	339	416	2019	≥87. 5

参 考 文 献

[1] 马少丹 . 失活 SCR 脱硝催化剂资源化利用技术进展 [J]. 化工管理, 2022 (35): 68-72.

[2] Moon G, Kim J H, Lee J Y, et al. Leaching of spent selective catalytic reduction catalyst using

alkaline melting for recovery of titanium, tungsten, and vanadium [J]. Hydrometallurgy, 2019, 189: 105132.

[3] 周凯，陆斌，王圣，等．废弃SCR脱硝催化剂中Ti、V、W元素回收工艺研究［J］．电力科技与环保，2019，35（4）：8-13.

[4] 朱跃，何胜，张扬．从废烟气脱硝催化剂中回收金属氧化物的方法：中国，CN101921916A［P］．2010-12-22.

[5] 方朝君，金理鹏，李红雯．火电厂SCR脱硝催化剂失活原因的分析［J］．电力安全技术，2013，15（9）：22-26.

[6] He C, Chen J, Yin L, et al. Regeneration of deactivated commercial SCR catalyst by alkali washing [J]. Catalysis Communications, 2013, 39: 78-81.

[7] 孙红娟．影响低温废SCR脱硝催化剂清洗再生的因素［J］．环境生态学，2021，3（12）：71-74.

[8] 史雅娟．SCR烟气脱硝气相主体中硫酸铵盐生成特性研究［D］．南京：东南大学，2017.

[9] Tong T, Chen J J, Xiong S C, et al. Vanadium-density-dependent thermal decomposition of NH_4HSO_4 on V_2O_5/TiO_2 SCR catalysts [J]. Catalysis Science & Technology, 2019, 9 (14): 3779-3787.

[10] 刘亮，王朝曦，李鑫龙，等．钒钛系脱硝催化剂抗硫酸氢铵中毒改进措施研究进展［J］．化工进展，2023，42（1）：215-225.

[11] Kaizik A D, Hoeg H D. Process for the regeneration of arsenic-contaminated catalysts and sorbents: DE3816600A [P]. 1989-11-23.

[12] Tian Y M, Yang J, Liu L, et al. Insight into regeneration mechanism with sulfuric acid for arsenic poisoned commercial SCR catalyst [J]. Journal of the Energy Institute, 2020, 93 (1): 387-394.

[13] Niu T Q, Wang J, Chu H C, et al. Deep removal of arsenic from regenerated products of spent V_2O_5-WO_3/TiO_2 SCR catalysts and its concurrent activation by bioleaching through a novel mechanism [J]. Chemical Engineering Journal, 2021, 420: 127722.

[14] Huang X, Wang D, Zhao H, et al. Severe deactivation and artificial enrichment of thallium on commercial SCR catalysts installed in cement kiln [J]. Applied Catalysis B: Environmental, 2020, 277: 119194.

[15] 滕玉婷．废弃SCR脱硝催化剂资源化成分回收［D］．南京：东南大学，2020.

[16] Cormetech. On-line SCR catalyst cleaning [EB/OL]. https://www.cormetech.com/online-catalystcleaning/.

[17] Thompson. In-situ SCR catalyst cleaning [EB/OL]. https://industrial.thompsonind.com/services/additional-specialty-services/in-situ-scr-catalyst-cleaning.

[18] Williams A, McCormick R, Luecke J, et al. Impact of biodiesel impurities on the performance and durability of DOC, DPF and SCR technologies [J]. SAE International Journal of Fuels and Lubricants, 2011, 4 (1): 110-124.

[19] Tembaak C, Marrino B L, Stier A J. Pluggage removal method for SCR catalysts and systems: US8268743B2 [P]. 2012-09-18.

[20] Xie X Y, Peng J L, Zhao S L, et al. DeNO$_x$ characteristics of commercial SCR catalyst regenerated on-line by dry ice blasting in a coal-fired power plant [J]. Industrial & Engineering Chemistry Research, 2022, 61 (38): 14382-14392.

[21] Cheng Y, Montreuil C, Cavataio G, et al. Sulfur tolerance and DeSO$_x$ studies on diesel SCR catalysts [J]. SAE International Journal of Fuels and Lubricants, 2009, 1 (1): 471-476.

[22] Hirata K, Takagi M, Kishi T. Study on marine SCR system at national maritime research institute [J]. Papers of National Maritime Research Institute, 2011, 2 (11): 71-89.

[23] 日本海事协会 . Research and development of exhaust gas temperature characteristics and durability of SCR denitration catalysts [EB/OL]. https://www.classnk.or.jp/classnk-rd/assets/pdf/katsudou201310_C.pdf.

[24] 孙刚森, 尹华, 吕文彬, 等. 焦炉烟气脱硫除尘脱硝及其热解析一体化工艺 [J]. 燃料与化工, 2015, 46 (6): 40-41.

[25] 朱廷钰, 徐文青, 高磊, 等. 一种 SCR 脱硝催化剂原位再生系统及再生方法: 中国, CN111467961A [P]. 2020-07-31.

[26] Jang J, Ahn S, Na S, et al. Effect of a plasma burner on NO$_x$ reduction and catalyst regeneration in a marine SCR system [J]. Energies, 2022, 15 (12): 1-14.

[27] Mori T, Hikazudani S, Umeo K. On-site regeneration method of denitration catalyst in exhaust gas purification system: US9784164B2 [P]. 2014-02-12.

[28] Eckhoff S, Grisstede I, Mueller W, et al. Method for regenerating soot filters in the exhaust gas system of a lean mix engine, and exhaust gas system therefor: US20100101210A1 [P]. 2008-01-31.

[29] Masuda T, Miyoshi T, Higashino K. Flue gas treatment system and flue gas treatment method: US20160129395A1 [P]. 2015-06-17.

[30] 杜学森, 王向民, 陈艳容, 等. 一种硫中毒 SCR 脱硝催化剂原位再生方法及装置: 中国, CN107376930A [P]. 2017-11-24.

[31] Yan Z, Yu J Y, Liu H, et al. A novel regeneration method for deactivated commercial NH$_3$-SCR catalysts with promoted low-temperature activities [J]. Environmental Science and Pollution Research, 2020, 27 (33): 41970-41986.

[32] 王杰, 邓立锋, 刘安阳, 等. 一种新型催化剂吹灰装置: 中国, CN215693192U [P]. 2022-02-01.

[33] 王杰, 赖晓清, 任英杰, 等. 新型废催化剂除尘间: 中国, CN216779694U [P]. 2022-06-21.

[34] 白伟, 赵冬梅, 肖雨亭. 失活 SCR 脱硝催化剂化学清洗再生技术研究 [J]. 中国电力, 2015, 48 (4): 6-10.

[35] 吴凡, 段竞芳, 夏启斌, 等. SCR 脱硝失活催化剂的清洗再生技术 [J]. 热力发电, 2012, 41 (5): 95-98.

[36] 杨晓良, 史伟伟, 方海峰, 等. 火电厂失活 SCR 催化剂再生利用中清洗技术应用 [J]. 清洗世界, 2019, 35 (6): 26-28.

[37] 王杰, 邓立锋, 高敏瑞, 等. 一种新型废催化剂预处理的清洗循环装置: 中国,

CN115254200A [P]. 2022-11-01.

[38] Khodayari R, Odenbrand C. Regeneration of commercial SCR catalysts by washing and sulphation: Effect of sulphate groups on the activity [J]. Applied Catalysis B-Environmental, 2001, 33 (4): 277-291.

[39] Kim D W, Lee J B, Lee I Y. Regeneration method and apparatus of De-No_x spent catalyst by controlling the Ph of acid solution: KR20110027489A [P]. 2009-09-10.

[40] Shishido S. Regenerated denitration catalyst and method for manufacturing the same, and denitration apparatus: US20220126280A1 [P]. 2020-12-02.

[41] Hartenstein H, Hoffmann T. Methods of regeneration of SCR catalyst poisoned by phosphorous components in flue gas: US7741239B2 [P]. 2008-10-08.

[42] Cooper M D, Patel N. Method for removing calcium material from substrates: US20110160040A1 [P]. 2009-12-30.

[43] Foerster M. Method for regeneration iron-loaded denox catalysts: US20090291823A1 [P]. 2019-08-03.

[44] Farrell D R, Ward J W. Method for rejuvenating catalysts in hydrodesulfurization of hydrocarbon feedstock: US4122000A [P]. 1978-01-05.

[45] Dittmer E, Schluttig A. Method for regenarating catalysts: WO0001483A1 [P]. 1999-06-17.

[46] Li X, Li J, Peng Y, et al. Regeneration of commercial SCR catalysts: probing the existing forms of arsenic oxide. [J]. Environmental Science & Technology, 2015, 49 (16): 9971-9978.

[47] Lisi L, Lasorella G, Malloggi S, et al. Single and combined deactivating effect of alkali metals and HCl on commercial SCR catalysts [J]. Applied Catalysis B-environmental, 2004, 50 (4): 251-258.

[48] 祝社民，杨波，沈树宝．一种 SCR 烟气脱硝催化剂再生方法：中国，CN102658215A [P]. 2012-09-12.

[49] Qiu K Z, Song J, Song H, et al. A novel method of microwave heating mixed liquid-assisted regeneration of V_2O_5-WO_3/TiO_2 commercial SCR catalysts [J]. Environmental Geochemistry and Health, 2015, 37 (5): 905-914.

[50] Kobayashi M, Miyoshi K. WO_3-TiO_2 monolithic catalysts for high temperature SCR of NO by NH_3: Influence of preparation method on structural and physico-chemical properties, activity and durability [J]. Applied Catalysis B-Environmental, 2007, 72 (3/4): 253-261.

[51] 吴凡，严纯华．一种 SCR 脱硝催化剂再生液：中国，CN101574671 [P]. 2009-11-11.

[52] 王兵．脱硝催化剂再生技术开发和应用效果分析 [D]. 北京：华北电力大学，2016.

[53] 朱凯，刘俊，田辉平．镍盐应用及其浸渍方法研究进展 [J]. 工业催化，2018，26 (6): 8-13.

[54] 中华人民共和国生态环境部．国家环境保护工程技术中心成果案例汇编（大气领域）[EB/OL]. https://www.mee.gov.cn/ywgz/kjycw/tzyjszd/gjhjjstx/201811/P020181129550496269253.pdf.

[55] 生态环境部对外合作与交流中心．2021 年“一带一路”减污降碳协同增效典型案例候选名单公示 [EB/OL]. http://www.fecomee.org.cn/dtxx/tzgg/202111/t20211125_961795.html.

[56] Gonzalez Garcia S, Bacenetti J. Exploring the production of bio-energy from wood biomass. Italian case study [J]. Science of the Total Environment, 2019, 647: 158-168.

[57] Gretta B. SCR catalyst—Regeneration or replacement? [EB/OL]. http: //concord-environmental. com/wp-content/uploads/2018/04/Concord-SCR-Catalyst-Regeneration-or-Replacement. pdf.

5 废脱硝催化剂全组分资源化

5.1 概述

环境保护部于2014年发布的《关于加强废烟气脱硝催化剂监管工作的通知》指出，鼓励废烟气脱硝催化剂（钒钛系）优先进行再生，培养一批利用处置企业，尽快提高废脱硝催化剂（钒钛系）的再生、利用和处置能力。尽管该政策已推动实施多年，但我国对废脱硝催化剂的再生并未形成较大规模，全国废脱硝催化剂中再生的总体比例不足30%，大量废脱硝催化剂未能得到有效再生，因而需开展有效的资源化利用。废脱硝催化剂模块中包含废脱硝催化剂、模块铁框、密封陶瓷纸和粉尘等多种有价资源，其全组分资源化利用具有重要的经济价值和环境效益。

废脱硝催化剂模块的全组分资源化首要是解决废弃脱硝催化剂中V、W、Ti有价金属的回收和TiO_2载体的再用，其次是模块铁框废旧钢铁材料和密封陶瓷纸的再利用，最后是资源化过程产生的粉尘和含重金属危险废物的安全处置。北京科技大学张深根等[1]针对废脱硝催化剂模块资源化难题，提出了全组分资源化利用技术路线，具体工艺路线如图5-1所示。江苏龙净科杰环保技术有限公司

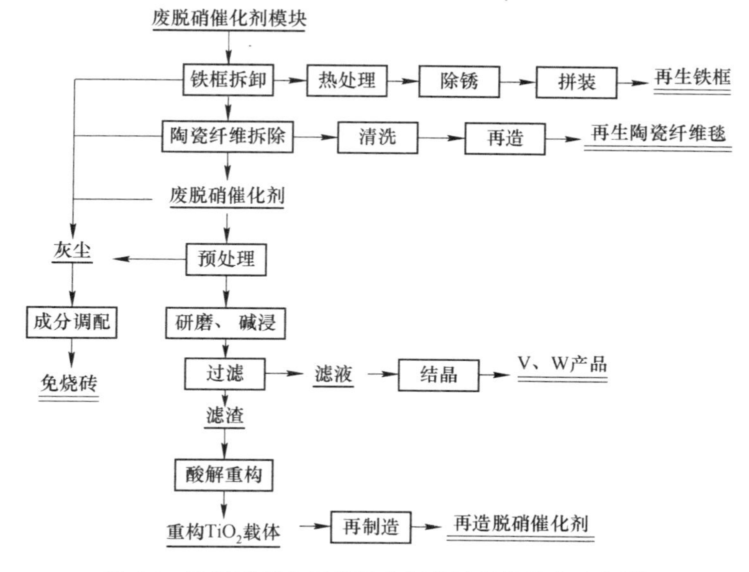

图5-1 废脱硝催化剂模块全组分资源化技术路线[1]

是国内最早从事废脱硝催化剂再生和资源化的企业，目前已形成废脱硝催化剂模块全组分资源化利用产业。

废脱硝催化剂的资源化利用是脱硝催化剂行业发展的必由之路，采用有效的资源化方式实现废弃脱硝催化剂的高值化利用成为亟待解决的问题，其不仅能避免废脱硝催化剂大量堆积带来的环境污染问题，而且能实现资源的循环利用，将大幅度降低脱硝运行成本。针对废脱硝催化剂再生问题，我国结合国内烟气复杂工况国情，已开展了多年的废脱硝催化剂的资源化利用技术创新，形成了多种有效的资源化途径，逐步规范了废脱硝催化剂的处理方法。

5.2 废脱硝催化剂的元素分离

废脱硝催化剂中有价金属元素的资源回收和载体再用的首要前提是将各有价元素分离，将 V、W 及有害组分从 TiO_2 载体上分离，从而分别回收 V、W 和 TiO_2 载体。废脱硝催化剂中 V、W、Mo、Ti 等金属元素的分离方法主要有火法工艺、湿法工艺和氯化法等[2]。

火法工艺主要是通过高温焙烧将金属氧化物转化为溶解度具有显著差异的盐类，进而通过溶解分离；湿法工艺主要是使用酸、碱、盐等单一或混合化合物溶液，将金属氧化物通过氧化、还原、水解或络合等方式将不同金属元素分顺序浸出分离；氯化法直接将废脱硝催化剂中 V、W、Ti 转化为气态氯化物，根据不同物质的冷凝点不同而实现分离[3,4]。

5.2.1 火法工艺

火法工艺中经过预处理的废脱硝催化剂按一定比例与固体碱均匀混合，将混合物在高温下进行焙烧，使废脱硝催化剂中不同金属氧化物与添加物之间发生反应，生成不同特性的钨酸盐、钒酸盐和钛酸盐，而后通过水、酸或碱浸出的方式分离不同元素。火法冶金工艺中使用的化合物主要为 Na、Ca 的碱和盐，具体的工艺步骤如图 5-2 所示。

以 Na、Ca 化合物作为添加剂与废脱硝催化剂混合进行焙烧的工艺分别被称为钠化焙烧和钙化焙烧法。钠化焙烧法的焙烧过程中 V、W 和 Mo 等金属氧化物可生成水溶性的钒酸钠和钨酸钠，TiO_2 则转化为难溶的钛酸钠，焙烧后经进一步粉碎、水洗可分离出钛酸盐和 V、W 溶液。钙化焙烧法则生成的 V、W、Ti 的钙盐均难溶于水，需采用酸洗将其溶解到溶液中，进而进行 V、W 和 Ti 的分离。

5.2.1.1 钠化焙烧法

钠化焙烧法形成的钒酸钠和钨酸钠易溶于水，而钛酸钠难溶于水，利用水洗

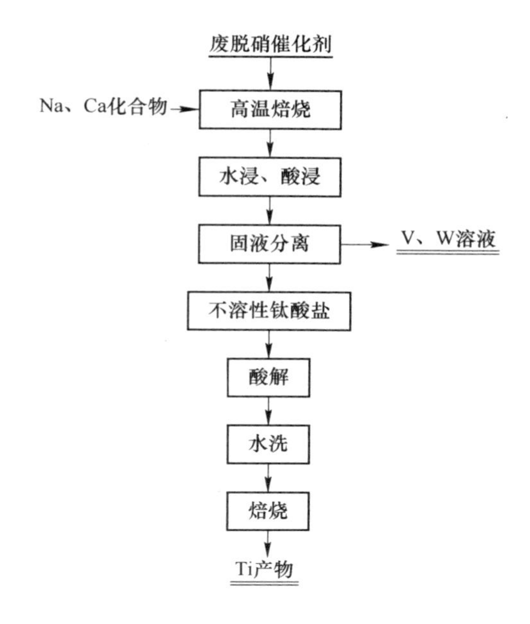

图 5-2 火法冶金工艺流程

可将 V、W 与 Ti 分离。钠化焙烧常用 NaOH、Na_2CO_3 等固体碱性物质，其典型流程如图 5-3 所示[5]。

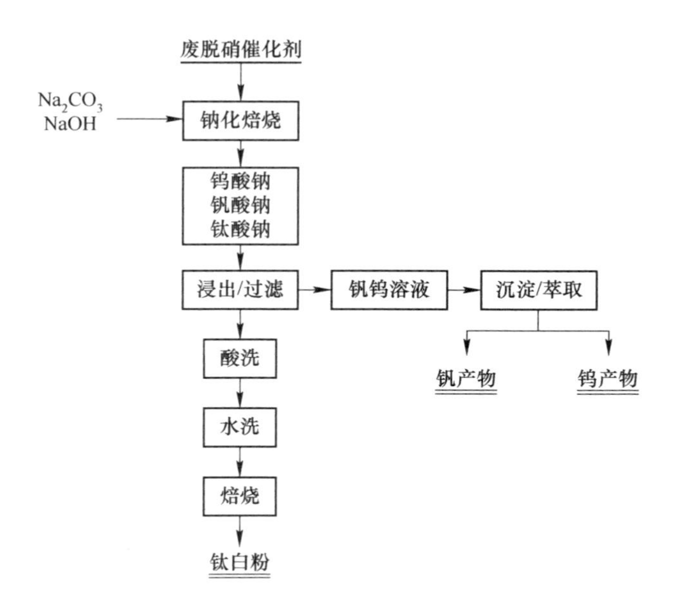

图 5-3 钠化焙烧典型工艺流程[5]

A NaOH 焙烧

将低熔点 NaOH 与废脱硝催化剂混合均匀，通过焙烧使 NaOH 熔融，催化剂粉末在熔融碱中迅速分散并发生反应，冷却后以去离子水清洗数次冷却后的物料得到产物粉体。反应组分在液相盐熔体中的流动性增强，显著提高了扩散速率，增强了反应物活性，而且可以缩短反应时间。

NaOH 的熔点只有 318 ℃。将废脱硝催化剂研磨至一定粒度的粉末与固体 NaOH 混合均匀后加热熔融，使 V、W、Ti 等元素在较低温度下与熔融态碱液发生反应，反应时间为 2~3 h，最佳温度为 500 ℃以上，废弃脱硝催化剂粉体与 NaOH 的最佳质量比为 1∶1.2 以上[6]。废脱硝催化剂与熔融 NaOH 过程中发生的主要化学反应如下[7]：

$$V_2O_5 + 2NaOH \longrightarrow Na_2VO_3 + H_2O \tag{5-1}$$

$$V_2O_5 + 6NaOH \longrightarrow 2Na_3VO_4 + 3H_2O \tag{5-2}$$

$$WO_3 + 2NaOH \longrightarrow Na_2WO_4 + H_2O \tag{5-3}$$

过量的 NaOH 除了与 V_2O_5、WO_3 发生反应，还可与 TiO_2 反应生成多种难溶性钛酸钠，以及与废脱硝催化剂中 Si、Al、S 等杂质元素发生反应生成水溶性化合物，主要反应式如下[8]：

$$xTiO_2 + 2NaOH \longrightarrow Na_2O \cdot xTiO_2 + H_2O \tag{5-4}$$

$$SiO_2 + 2NaOH \longrightarrow Na_2SiO_3 + H_2O \tag{5-5}$$

$$Al_2O_3 + 2NaOH \longrightarrow 2NaAlO_2 + H_2O \tag{5-6}$$

$$2SO_3 + 2NaOH \longrightarrow Na_2SO_4 + H_2O \tag{5-7}$$

Zhang 等[9]通过热力学模拟计算分析了 NaOH 与废脱硝催化剂中 V、W、Ti 等主要金属元素反应的 ΔG 值均小于 0，表明上述反应在热力学上可自发进行；基于 Avrami 模型，对 400~550 ℃下 NaOH 焙烧体系的液固非均相反应进行分析，建立了焙烧过程 TiO_2 反应扩散的动力学方程［见式（5-8）］，为进一步优化工艺提供了基础。

$$-\ln(1-x) = K_0 C_{\frac{m(\mathrm{NaOH})}{m(\mathrm{SCR})}}^{-2.2012} \exp\left(-\frac{4120}{8.314T}\right) t \tag{5-8}$$

进一步对比研究了焙烧温度和时间、NaOH 和废脱硝催化剂质量比等参数对 Ti 元素提取率的影响，表明在 NaOH 和废脱硝催化剂质量比为 1.8∶1 时，550 ℃焙烧 10 min 获得的渣料浸出后渣中 Ti 元素保留率达到 97.8%。贾秀敏等[6]研究了碱用量、焙烧温度、时间、废脱硝催化剂粒度等对钠化焙烧过程 Ti 提取率的影响，表明 NaOH 碱用量为理论用量的 1.2 倍，焙烧温度为 700 ℃，焙烧时间为 3 h，物料粒度为 150 μm 以下时，焙烧熟料相对最佳，熟料浸出渣中 Ti 元素提取率大于 89%。

赖周炎[10]提供了一种废脱硝催化剂的回收利用方法，能够实现 TiO_2、含钒化合物、含钨化合物的分离，且可闭合循环而无三废排放，具体方法为将废脱硝催化剂与 NaOH 混合进行熔盐反应，反应完后进行第一次固液分离，得到以 TiO_2 为主要成分的产物；向第一次固液分离的滤液中加入 $(NH_4)HCO_3$ 进行沉淀反应，反应完毕再进行第二次固液分离，得到 $NHVO_3$ 和含 W 溶液，即实现了 V、W、Ti 的分离。

李化全等[7]将废脱硝催化剂与 NaOH 混合后进行焙烧熔融，然后采用去离子水浸取、板框压滤将 Ti 分离，进而通过离子交换法将 V、W 分离，研究表明在熔融温度 (500±5)℃、反应时间 60 min、催化剂与 NaOH 质量比 1：1.5 条件下熔融效果最佳，通过该工艺可实现 V、W、Ti 回收率 95.0%以上。具体工艺路线如图 5-4 所示。

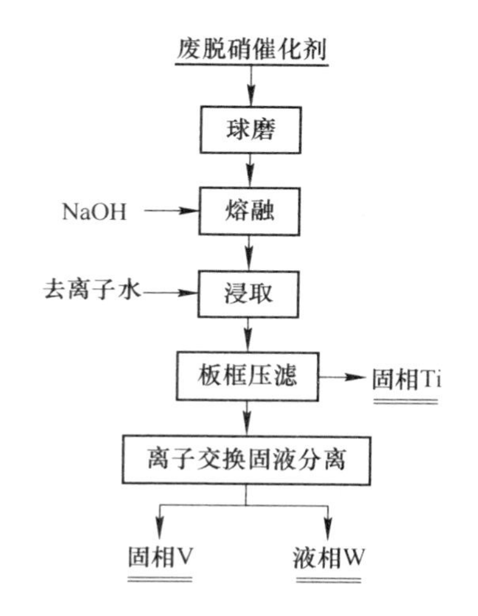

图 5-4 钠化焙烧与离子交换分离工艺流程[7]

NaOH 的钠化焙烧工艺具有产品回收率高、设备成熟等优点，其有价金属回收率高达 95%以上的，而且 TiO_2 载体易与 NaOH 反应形成钛酸钠，后续处理重新获得 TiO_2 载体的比表面积和孔容将有显著提升。

B Na_2CO_3 焙烧

Na_2CO_3 是钠化焙烧法常用的固体碱，其来源广、价格便宜，相比于 NaOH，其具有成本相对较低和对设备的腐蚀相对较弱等优势[11]。Na_2CO_3 在焙烧过程高温分解产生 CO_2 向外扩散，可使焙烧熟料形成疏松多孔结构，从而增大反应接触面积，利于反应的传质。Na_2CO_3 的钠化焙烧过程中主要发生如下反应[12]：

$$V_2O_5 + Na_2CO_3 \longrightarrow 2NaVO_3 + CO_2 \tag{5-9}$$

$$WO_3 + Na_2CO_3 \longrightarrow Na_2WO_4 + CO_2 \tag{5-10}$$

$$TiO_2 + Na_2CO_3 \longrightarrow Na_2TiO_3 + CO_2 \tag{5-11}$$

$$TiO_2 + 2Na_2CO_3 \longrightarrow Na_4TiO_4 + 2CO_2 \quad (5\text{-}12)$$

$$2TiO_2 + Na_2CO_3 \longrightarrow Na_2Ti_2O_5 + CO_2 \quad (5\text{-}13)$$

刘子林等[13]从热力学角度研究了添加 Na_2CO_3 焙烧回收 V 和 W 的机理，分别以焙烧温度和 Na_2CO_3 加入量为变量，用热力学软件 HSC Chemistry 计算了废脱硝催化剂钠化焙烧的过程，并结合实验研究了焙烧温度、Na_2CO_3 加入量、废脱硝催化剂粒度和焙烧时间对焙烧熟料中 V、W 浸出率的影响（见图 5-5），最终确认了焙烧条件为 Na_2CO_3 加入量为 30%、焙烧温度为 800 ℃、粒度为 75~100 μm、焙烧时间为 2~2.5 h，此条件下将 V、W 从 TiO_2 中分离，V 和 W 的回收率分别达到 82.6%和 90.1%。

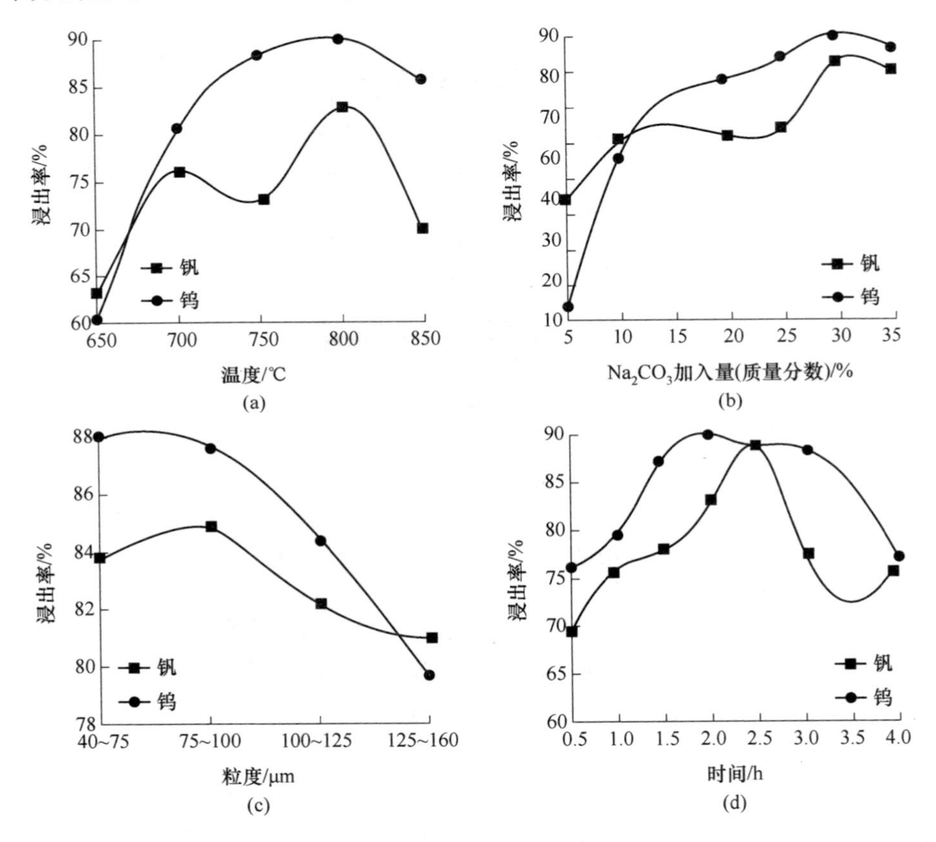

图 5-5 不同焙烧条件对钨和钒浸出率的影响[13]

（a）焙烧温度；（b）Na_2CO_3 加入量；（c）废脱硝催化剂；（d）焙烧时间

进一步研究发现添加 Na_2CO_3 焙烧后破坏了废脱硝催化剂原有的组织结构，形成了完全分离的烧结相和非烧结相，V、W 等主要存在于柱状烧结相中，通过水浸处理即可分离 V、W；进一步根据焙烧形貌和假设模型，采用非端面柱状缩合模型推导了浸出过程动力学方程，得出了浸出率和时间的函数关系［见式(5-14)］，结合实验研究得出 V、W 元素的浸出动力学分别见式（5-15）和式(5-16)[14]。

$$\eta = -\frac{K^2}{r_0^2}t^2 + \frac{2K}{r_0}t \tag{5-14}$$

$$\eta_V = 0.00105t^2 + 0.0662t + 0.01466 \tag{5-15}$$

$$\eta_W = 0.00105t^2 + 0.0662t + 0.01466 \tag{5-16}$$

Choi 等[15]发现 W 的浸出效率随 Na_2CO_3 添加量、焙烧时间和温度的增加而显著增加，主要因为 Na_2CO_3 添加抑制了 $CaWO_4$ 的生成，提高了 W 的浸出率；在反应温度 800 ℃、反应时间 2 h、废脱硝催化剂粒度小于 106 μm、Na_2CO_3 与 V_2O_5 和 WO_3 总量的质量比为 10：1 时，焙烧熟料中 W 的浸出率可达到 92%。朱跃等[16]研究了石油化工领域使用的废脱硝催化剂的火法回收工艺，将废脱硝催化剂破碎后进行高温预焙烧处理后，加入 Na_2CO_3 混合、粉碎进行高温焙烧，然后用 80~90 ℃热水搅拌浸出、过滤、沉淀所得滤渣为钛酸盐，滤液为含 V、W 溶液，可实现 V、W、Ti 元素的分离。

路光杰等[17]提出了一种添加 Na_2CO_3 焙烧分离废弃脱硝催化剂中 V、W、Ti 的方法，将废脱硝催化剂吹灰、清洗和干燥处理后，将其粉碎成粉末并加入 Na_2CO_3 混合均匀，然后在 800~1000 ℃焙烧 3~5 h 得到焙烧熟料，将焙烧熟料再次粉碎后，加入稀 H_2SO_4 溶液经 80~100 ℃水浴 3~5 h 后，使用氨水调节 pH=8~11 并过滤，对滤液净化后采用 R（≡NOH)$_2$ 树脂交换器除盐，最终可得到含 V、W、Mo 的回收液。

李文军等[18]用 Na_2CO_3 作为助溶剂、Na_2O_2 作为消解剂，对比研究微波焙烧法和马弗炉焙烧法消解处理废脱硝催化剂的效果，结果表明，与马弗炉焙烧法相比，微波焙烧法得到的钛钨粉纯度更高，TiO_2 与 WO_3 含量（质量分数）之和大于 96.7%。微波焙烧法消解废脱硝催化剂的原理如图 5-6 所示[18]。

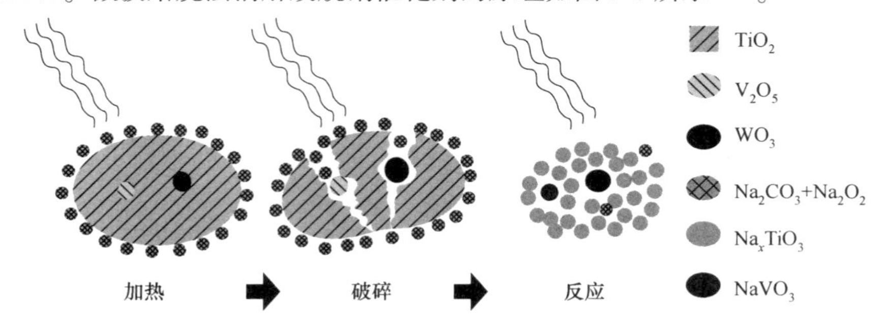

图 5-6 微波焙烧法消解废脱硝催化剂原理[18]

钠化焙烧法是废脱硝催化剂中各元素分离的常见方法，较容易实现 V、W 与 Ti 元素的分离，分离过程产生的碱性废液污染性较弱，具有较好的工业化应用条件和前景，当前研究仍应进一步降低能耗和污染问题[19]。

5.2.1.2　钙化焙烧法

钙化焙烧法是添加钙化合物对废脱硝催化剂进行焙烧，从而与 V、W、Ti 反应并分步分离。钙化合物来源广泛、价格便宜，相比于钠化焙烧在原料上具有更高的经济性，且更易与 V、W 元素发生反应，因此其应用前景或更佳。

A　CaO 焙烧

CaO 在高温下极易与 V、W 元素反应，因此是较为理想的废脱硝催化剂钙化焙烧的添加剂。钙化焙烧工艺与钠化焙烧工艺基本相同，将破碎到一定粒度的废脱硝催化剂粉末与 CaO 均匀混合，然后高温焙烧，焙烧过程的主要反应如下[20]：

$$V_2O_5 + CaO \longrightarrow Ca(VO_3)_2 \tag{5-17}$$

$$V_2O_5 + 2CaO \longrightarrow Ca_2V_2O_7 \tag{5-18}$$

$$V_2O_5 + 3CaO \longrightarrow Ca_3(VO_4)_2 \tag{5-19}$$

$$WO_3 + CaO \longrightarrow CaWO_4 \tag{5-20}$$

$$WO_3 + 3CaO \longrightarrow Ca_3WO_6 \tag{5-21}$$

$$TiO_2 + CaO \longrightarrow CaTiO_3 \tag{5-22}$$

钙化焙烧生成的 V、W、Ti 的产物都是难溶于水的，酸解可使 V、W、Ti 的钙盐分别转化为 H_3VO_4 溶液和 H_2WO_4、H_2TiO_3 固体，主要的反应方程式如下[20]：

$$VO_4^{3-} + 3H^+ \longrightarrow H_3VO_4 \tag{5-23}$$

$$WO_4^{2-} + 2H^+ \longrightarrow H_2WO_4 \tag{5-24}$$

$$TiO_3^{2-} + 2H^+ \longrightarrow H_2TiO_3 \tag{5-25}$$

酸解后通过固液分离可将含 V 溶液单独分离，包含钨酸和钛酸的滤渣可以直接加工成钛钨粉，或者通过碱溶等方式将 W 元素和 Ti 元素分离后获得不同产物。

Yao 等[21]研究了 CaO 连续焙烧配合 $H_2C_2O_4$ 浸出从废脱硝催化剂中分离回收 W 的工艺，一次焙烧时 CaO 与 WO_3 反应生成 $CaWO_4$，通过稀释的 $H_2C_2O_4$ 浸出使 $CaWO_4$ 转化为可溶性化合物，而 Ca 以 CaC_2O_4 的形式存在于浸出渣中；以浸出渣为 CaO 来源进行二次焙烧，CaC_2O_4 分解成 CaO 并与 WO_3 反应，如此循环利用 CaO，其工艺流程如图 5-7 所示。

B　$CaCO_3$ 焙烧

采用 $CaCO_3$ 与采用 CaO 作为添加剂进行钙化焙烧的原理相似。废脱硝催化剂粉料与 $CaCO_3$ 均匀混合，通过焙烧使 $CaCO_3$ 熔融，催化剂粉料在熔融碱中迅速分散并发生反应。$CaCO_3$ 受热分解可形成 CaO 和 CO_2，而释放的 CO_2 气体具

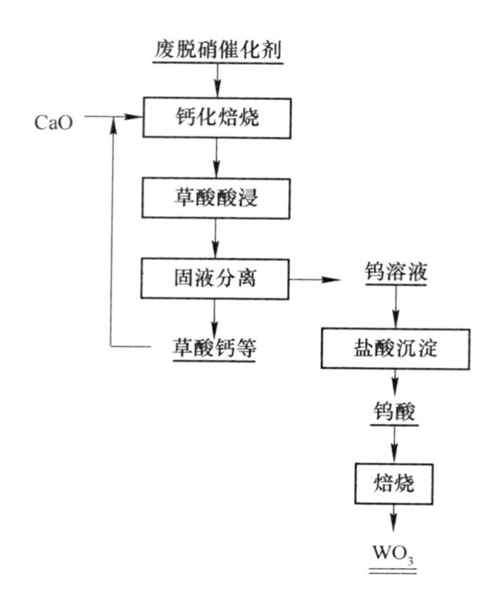

图 5-7 CaO 连续焙烧配合 $H_2C_2O_4$ 浸出工艺的流程[21]

有造孔作用，提高焙烧料的疏松程度，进而增强空气中 O_2 在焙烧料中的渗透性和扩散能力，有利于促进钙化反应的进行。以 $CaCO_3$ 为添加剂的钙化焙烧过程中发生的主要反应如下：

$$V_2O_5 + CaCO_3 \longrightarrow Ca(VO_3)_2 + CO_2 \tag{5-26}$$

$$WO_3 + CaCO_3 \longrightarrow CaWO_4 + 2CO_2 \tag{5-27}$$

$$TiO_2 + CaCO_3 \longrightarrow CaTiO_3 + 2CO_2 \tag{5-28}$$

王光应等[22]提出了一种以 $CaCO_3$ 作为添加剂焙烧废脱硝催化剂的方法，将预处理后的废脱硝催化剂高温活化，采用 $NaHCO_3$ 浸出对 V 元素进行分离，将浸出渣与 $CaCO_3$ 混合后进行钙化焙烧，然后通过酸浸分离 W 和 Ti 元素。

钙化焙烧相比于钠化焙烧降低了原料成本，对于工业化回收废脱硝催化剂具有更好的经济性，但焙烧熟料在浸出分离时，因为 $CaWO_4$ 溶解度低，所以从 $CaWO_4$ 中酸解回收 H_2WO_4 的难度增加。此外，钙化焙烧工艺所需反应温度较高、后续酸解的酸用量较大，其能耗较高，且产生大量的含钙废酸液，环境负担相对较大。

5.2.1.3 混合体系焙烧

单一碱焙烧法不仅碱消耗量大，易造成设备腐蚀，而且后续工艺中会产生大量碱性废液，具有较大的经济和环境负担。结合多种不同的化合物形成混合体系，使碱性化合物与盐之间相互配合，提高反应物和废脱硝催化剂之间的反应，可有效地节省原料和减少废弃物的生产。混合体系焙烧法在保留单一碱焙烧法中金属高反应率的基础上降低了反应温度和碱用量，同时减缓了环境污染和设备腐蚀等问题。

Wang 等[23]研究了 NaCl-NaOH 混合体系的焙烧效果，发现添加熔点较低的 NaOH 可以通过增强不同物质之间的传质来降低焙烧温度，而 NaCl 中的 Cl 元素可用作催化剂和氧化剂，促进低价 V 的氧化，使 V 与添加剂反应更充分，从而在后续浸出过程提高 V 的浸出率。当 NaCl-NaOH 添加量与废脱硝催化剂质量比为 2.5∶1、NaCl 和 NaOH 质量比为 1.5∶1 时，在 750 ℃焙烧 2.5 h 获得的焙烧熟料，在后续浸出工艺中 V 和 W 的浸出率分别达到了 93.3%和 99.2%。

Yang 等[24]以 16%Na_2CO_3-8.8%NaCl 混合体系作为焙烧反应的添加剂，经过 750 ℃焙烧后的产物中 V 和 W 浸出率达到 94.9%和 95.5%，同时浸出液中 V 和 W 的回收率达到 93.4%和 96.2%，而浸出渣中的 TiO_2 和钛酸钠均为纳米尺度，可作为重金属吸附剂。Song 等[25]采用了多种盐与碱混合的 Na_2CO_3-NaCl-KCl 混合体系焙烧，在 12%Na_2CO_3-40%NaCl-KCl、750 ℃反应条件下焙烧产物中 W 和 V 元素浸出率可以达到 99.3%和 98.4%，过滤得到的浸出渣也可作为重金属 Cd 的吸附剂。

总体而言，焙烧工艺较高的反应温度造成的高能耗、强碱对设备的严重腐蚀以及后续工艺产生的废碱液直接排放会造成资源浪费和环境污染等问题，制约其工业化大规模生产的应用，仍需进一步研究解决能耗和污染等问题[8]。

5.2.2 湿法工艺

5.2.2.1 碱浸法

碱浸法是将废脱硝催化剂加入碱液中浸出，使废脱硝催化剂中的 V_2O_5、WO_3、TiO_2 等与碱液反应生成可溶性钒酸钠、钨酸钠和难溶性钛酸钠，经固液分离得到粗制的钛酸钠和含 V、W 溶液，从而实现 V、W 与 Ti 元素的分离，其典型工艺流程如图 5-8 所示[26]。碱浸过程一般需要加热和搅拌，为提高 V、W 的浸出效率可在碱浸溶液中鼓入空气或氧气[27]。

A NaOH 碱浸

NaOH 碱浸法主要通过控制 NaOH 浓度、反应温度、压力、固液比和转速等参数来调控 V、W、Ti 元素的浸出效率和浸出率。废脱硝催化剂在高压或常压下浸出，过滤得到浸出液和富钛渣，浸出液为 Na_2VO_3 和 Na_2WO_4 的混合溶液，富钛渣常为 Na_2TiO_3 或锐钛型 TiO_2 固体[28]。NaOH 碱浸过程发生的主要反应与 NaOH 焙烧过程发生的基本反应相同，见式（5-1）~式（5-7），其中 V、W 的反应相对容易发生，Ti 的反应相对较难发生。

Su 等[29]计算发现 NaOH 浸出体系中不同温度下 V、W、Si 元素与 NaOH 反应的 $\Delta_r G$ 值均小于 0（见图 5-9），表明上述反应在热力学上均可自发进行，且浸

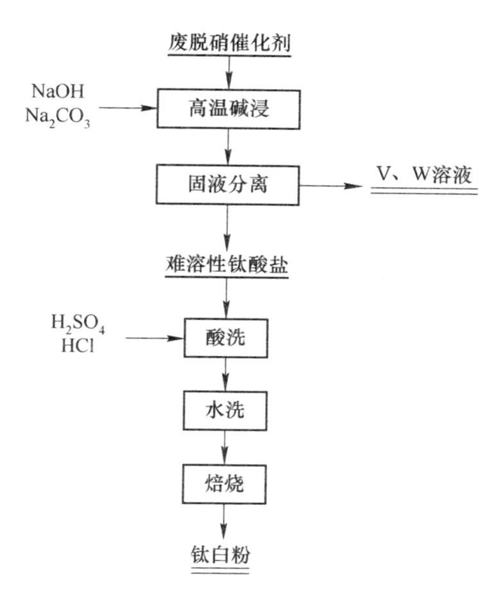

图 5-8 碱浸法典型工艺流程

出过程与 NaOH 反应的顺序依次为 V、W、Si 元素，因此在碱浸时应严格控制好反应时间，避免长时间碱浸导致 SiO_2 与 NaOH 反应形成难以处理的水玻璃。

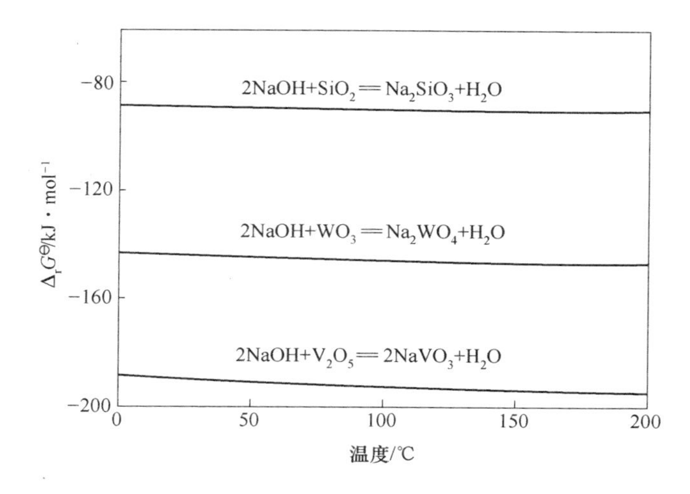

图 5-9 NaOH 体系反应热力学计算结果[29]

NaOH 浸出法的金属浸出效率、浸出率、钛产物的比表面积和孔容等与浸出反应条件存在密切的联系[30]。唐丁玲等[31]将 NaOH 浸出体系中 V 和 W 的浸出反应视为典型的液固非均相反应，并研究了其浸出动力学，结果表明浸出反应过程包括液相传质控制、固膜扩散控制和化学反应控制三个阶段，因而反应是在高速搅拌的条件下进行的，液相传质过程对浸出反应速率的影响可以忽略，因此使用核收缩模型通式分别总结了式（5-29）和式（5-30）的固膜扩散控制和化学反应控制的动力学函数。

（1）固膜扩散控制：

$$\tau = \frac{\rho_p R_p^2}{6D_c b M_p C_{NaOH}^0}\left[1 - \frac{2\eta}{3} - (1-\eta)^{\frac{2}{3}}\right] \tag{5-29}$$

（2）化学反应控制：

$$\tau = \frac{\rho_p R_p}{k b M_p C_{NaOH}^0}\left[1 - (1-\eta)^{\frac{2}{3}}\right] \tag{5-30}$$

由式（5-29）可知，若碱浸过程符合固膜扩散控制过程，$1 - \frac{2\eta}{3} - (1-\eta)^{\frac{2}{3}}$ 应与时间 τ 呈线性关系；由式（5-30）可知，若碱浸过程符合化学反应控制过程，$1 - (1-\eta)^{\frac{1}{3}}$ 应与时间 τ 呈线性关系。

陈洋等[32]研究表明 NaOH 浸出 W 反应过程应属于固膜扩散控制反应，且添加搅拌条件后 NaOH 浸出体系中 W 浸出的表观活化能由 1.26 kJ/mol 提升至 29.28 kJ/mol，所以搅拌有效地减小了扩散阻力，提高了反应元素的扩散速率，从而强化了有价金属元素的浸出。

戚春萍等[33]研究了 V 和 W 浸出率随反应条件的变化，结果表明 NaOH 浓度、反应温度、反应时间、液固比等条件与浸出率成正相关性，在浸出最优工艺条件 180 min、160 ℃、液固比为 15：1、2.5 mol/L NaOH 时，V 和 W 浸出率分别达到 98%和 86%。渣料比表面积和孔容受 NaOH 浓度和反应时间影响较大，最优条件下可达 108 m^2/g 和 0.54 cm^3/g。

陈颖敏等[34]研究了 NaOH 碱性浸出法一次性浸出废脱硝催化剂中 V 和 W 的过程，将废弃脱硝催化剂放入锥形瓶中，加入一定量的 NaOH 溶液混合，置于恒温磁力搅拌器上反应一段时间，即过滤得到滤液和滤渣，通过对比研究发现当 NaOH 含量（质量分数）为 25%、固液比 1：7、催化剂粒径 125~180 μm、温度为 60 ℃、浸出时间为 60 min 时，废脱硝催化剂中 V 的浸出率最佳，达到了 93%。

李雄浩等[35]提出的碱浸工艺可以有效浸出并回收金属氧化物，具体工艺流程为将废脱硝催化剂破碎后通过浸泡、吸附去杂获得湿料，加入湿料 3~4 倍的 20%~30%（质量分数）的 NaOH 溶液，加热至 80 ℃，碱浸 1~2 h，再加入氯酸钾将原料中的 V^{4+}氧化为 V^{5+}，所得溶液用 NH_4Cl 调节 pH = 1.7~1.8，煮沸沉 V 即得到 NH_4VO_3，在分离 V 后的滤液中加 HCl，调节 pH = 4.5~5.0，加入 $CaCl_2$ 沉淀出 $CaMoO_4$ 和 $CaWO_4$，进一步用 HCl 处理即可得 H_2MoO_4 和 H_2WO_4。

席晓丽等[36]提出的废脱硝催化剂碱浸提取 W、V 工艺，是将废脱硝催化剂粉末与 NaOH 溶液在高压状态下进行一次浸出，得到含 Na_2WO_4 和 Na_2VO_3 的液相，通过固液分离实现 W 和 V 的分离，W 和 V 的浸出率分别可达到 97.5%和 88.6%，而且可将 TiO_2 载体的晶型保持为锐钛矿型，因而可作为催化剂载体重新利用。

此外，废脱硝催化剂中的 Al-Si-Ca 系玻璃纤维在高温高压的浸出过程同样会被碱液浸出，使浸出液中含有 Al、Si、Ca 元素，其中 Si 元素易形成水玻璃，在后续工艺中难以去除，而 Ca 元素易与可溶性 V 和 W 元素形成 $CaWO_4$ 和 CaV_2O_6 等溶解度较低的物质，抑制 V、W 元素的浸出[37]。TiO_2 在高温高压下既容易发生晶型转变形成金红石结构，又可与 NaOH 反应形成 Na_2TiO_3、Na_2TiSiO_5 等，同样不利于 TiO_2 载体的直接回用。因此，在 NaOH 碱浸过程应严格控制好碱浸反应条件，避免发生不必要的反应。

B　Na_2CO_3 碱浸

NaOH 碱浸可以获得较高的 V、W 浸出率，反应条件相对温和，且对废脱硝催化剂原料的普遍适用性较好，但碱浓度高、用量大，在浸出过程中不易控制反应程度，而容易使 TiO_2、SiO_2 等反应，增加碱的消耗量，并降低浸出渣中钛的品位，不利于 TiO_2 的直接回收利用。为保证较高的 V、W 浸出率，同时避免碱与 TiO_2 等的过度反应，可选择碱性较弱的 Na_2CO_3 进行碱浸反应，既可降低碱的消耗量，又可得到高品位的富钛渣[38]。Na_2CO_3 碱浸和 NaOH 碱浸的工艺路线相似，如图 5-9 所示。

Na_2CO_3 高压浸出过程中，废脱硝催化剂中的 V_2O_5 和 WO_3 分别与 Na_2CO_3 反应生成相应可溶性钠盐进入到液相，而 TiO_2 在低浓度碱中几乎不发生反应，留在浸出渣中，从而实现 V、W 与 Ti 的分离。浸出过程发生的主要化学反应如下[39]：

$$V_2O_5 + 6Na_2CO_3 + 3H_2O \longrightarrow 2Na_3VO_4 + 6NaHCO_3 \tag{5-31}$$

$$WO_3 + 2Na_2CO_3 + H_2O \longrightarrow Na_2WO_4 + 2NaHCO_3 \tag{5-32}$$

采用 Na_2CO_3 高压浸出工艺处理废脱硝催化剂时，V、W 可高效地浸出，而由于 TiO_2 几乎不与 Na_2CO_3 反应，因此可降低 Na_2CO_3 的消耗量，并使 TiO_2 未发生晶型转变，从而经过除杂后可直接回用 TiO_2 载体。为了进一步促进 Na_2CO_3 高压浸出废脱硝催化剂中的 V、W，可适量添加 NaOH、Na_3PO_4 和 $NaNO_3$ 等提升 V、W 的浸出效果。

C　$NH_3 \cdot H_2O$ 碱浸

$NH_3 \cdot H_2O$ 浸出在一定程度上保留了强碱浸出体系对废脱硝催化剂中 V、W 元素的较高浸出率，且避免了强碱与 TiO_2 载体反应，经过焙烧处理浸出渣即可实现对 TiO_2 载体的回收，有效地减少了废液的产生。此外，$NH_3 \cdot H_2O$ 浸出时，废脱硝催化剂中的杂质元素也较少与 $NH_3 \cdot H_2O$ 反应，提高了 V、W 元素的浸出率和溶液洁净度，保证了产物的品质。

$NH_3 \cdot H_2O$ 浸出体系中 V 元素更容易生成热力学更稳定的 $(NH_4)_2HVO_4$，与 W 元素生成的 $(NH_4)_2WO_4$ 在高温下溶解于碱液，而载体 TiO_2 与氨水不发生反应。$NH_3 \cdot H_2O$ 碱浸过程发生的主要反应如下[40]：

$$V_2O_5 + 6NH_3 \cdot H_2O \longrightarrow 2(NH_4)_3VO_4 + 3H_2O \tag{5-33}$$

$$V_2O_5 + 4NH_3 \cdot H_2O \longrightarrow 2(NH_4)_2HVO_4 + H_2O \tag{5-34}$$

$$WO_3 + 2NH_3 \cdot H_2O \longrightarrow (NH_4)_2WO_4 + H_2O \tag{5-35}$$

废脱硝催化剂中 Al_2O_3、SiO_2 等杂质也可与 $NH_3 \cdot H_2O$ 发生反应，会对 V、W 元素的浸出分离造成不良影响，其主要反应如下[19, 40]：

$$Al_2O_3 + 2NH_3 \cdot H_2O \longrightarrow 2NH_4AlO_2 + H_2O \tag{5-36}$$

$$SiO_2 + 2NH_3 \cdot H_2O \longrightarrow (NH_4)_2SiO_3 + H_2O \tag{5-37}$$

但高温下 Al_2O_3、SiO_2 与 $NH_3 \cdot H_2O$ 之间的反应不易进行，因此溶解量较小，对碱液成分造成的不良影响程度较低。

武文粉[40]计算的图 5-10 所示 $NH_3 \cdot H_2O$ 浸出体系 0~200 ℃时不同元素高温反应热力学结果中，$NH_3 \cdot H_2O$ 和 W、V、Al 和 Si 等元素反应的 $\Delta_r G^\ominus$ 均为负值，其中 W 和 V 元素与 $NH_3 \cdot H_2O$ 反应的 $\Delta_r G^\ominus$ 随温度升高不断减小，而 Al 和 Si 元素与 $NH_3 \cdot H_2O$ 反应的 $\Delta_r G^\ominus$ 随温度升高而降低，这导致了 Al 和 Si 元素与 $NH_3 \cdot H_2O$ 的反应不易发生，表明 $NH_3 \cdot H_2O$ 体系溶解有价金属元素在热力学上具有可行性。实验结果表明，浸出渣中 TiO_2 晶相仍为锐钛型，而比表面积和孔径却分别提高至 63.82 m^2/g 和 0.37 cm^3/g，证明了 $NH_3 \cdot H_2O$ 浸出体系的优越性。

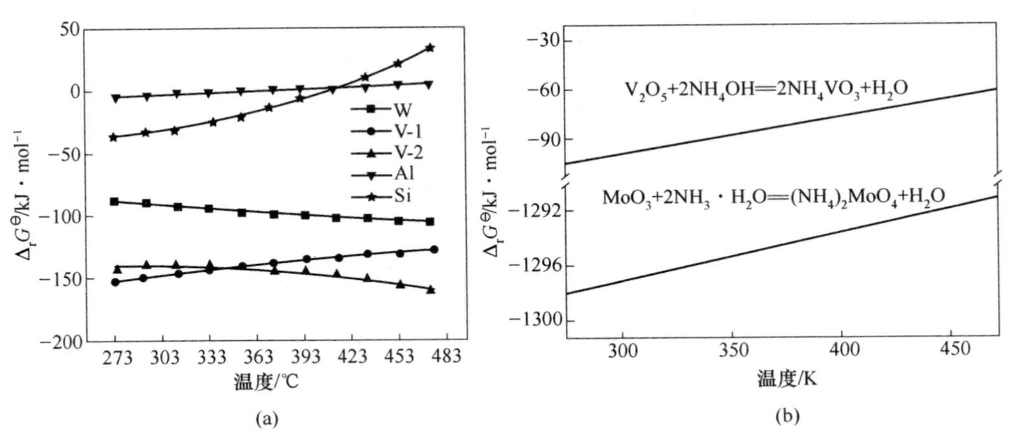

图 5-10 $NH_3 \cdot H_2O$ 体系反应热力学计算[40,41]

(a) 不同温度氨水浸出 V、W、Al、Si 元素热力学计算结果；

(b) 不同温度氨水浸出 V、Mo 元素热力学计算结果综上所述，$NH_3 \cdot H_2O$ 碱浸体系可以选择性地浸出废催化剂中的有价金属，减少了碱液中杂质含量并提高了 V、W 等有价元素的浸出率，TiO_2 载体碱浸过程与碱液也未发生反应，从而避免了其他元素成分的引入，简化了后续提纯工艺，降低了后续酸洗工艺中废酸液的产出量。

D　$(NH_4)_2CO_3$ 碱浸

$(NH_4)_2CO_3$ 作为一种碳酸盐，呈碱性的水溶液是溶解废脱硝催化剂中有价金属的有效选择之一。$(NH_4)_2CO_3$ 浸出体系具有与 NH_4OH 浸出体系较为相同的优势，避免了与 TiO_2 载体反应引入新杂质元素需酸洗去除和设备严重腐蚀的问题，其与杂质元素更低的反应率使浸出液中的杂质元素含量极少，可以获得高纯度的产物。废液中的 NH_4HCO_3 可以在低温下分解成气体进行回收，减少了环境危害。

$(NH_4)_2CO_3$ 浸出体系中废脱硝催化剂中以氧化物存在的 V、W 元素被浸出，而 Ti 元素无法浸出，未发生反应的 TiO_2 仍以锐钛矿形式存在于浸出渣中，以 $VOSO_4$ 形式存在的部分 V 元素，可能与 $(NH_4)_2CO_3$ 反应生成 $(NH_4)_2V_4O_9 \cdot nH_2O$ 或 $(NH_4)_2V_2O_5 \cdot nH_2O$ 阻碍溶解[42]。反应过程中 V、W 元素涉及的主要反应如下：

$$V_2O_5 + (NH_4)_2CO_3 \longrightarrow 2NH_4VO_3 + CO_2 \tag{5-38}$$

$$WO_3 + (NH_4)_2CO_3 \longrightarrow (NH_4)_2WO_4 + CO_2 \tag{5-39}$$

$(NH_4)_2CO_3$ 作为碳酸氢氨和氨基价酸铵组成的混合物，各成分在碱浸反应中的效用有所区别。武文粉[40]计算了 NH_4HCO_3 浸出体系下 V、W、Al 和 Si 元素反应的热力学，结果表明 0~200 ℃时 W 和 V 元素与 NH_4HCO_3 反应的 $\Delta_r G^{\ominus}$ 值正值逐渐降至负值，而 Al 和 Si 反应 $\Delta_r G^{\ominus}$ 值均为正值，表明其在热力学上具有可行性。其主要反应如下[40]：

$$V_2O_5 + 6NH_4HCO_3 \longrightarrow 2(NH_4)_3VO_4 + 3H_2O + 6CO_2 \tag{5-40}$$

$$WO_3 + 2NH_4HCO_3 \longrightarrow (NH_4)_2WO_4 + H_2O + 2CO_2 \tag{5-41}$$

$$Al_2O_3 + 2NH_4HCO_3 \longrightarrow 2NH_4AlO_2 + H_2O + 2CO_2 \tag{5-42}$$

$$SiO_2 + 2NH_4HCO_3 \longrightarrow (NH_4)_2SiO_3 + H_2O + 2CO_2 \tag{5-43}$$

$(NH_4)_2CO_3$ 与 $NH_3 \cdot H_2O$ 浸出体系中的反应类似，其中热力学稳定的 $(NH_4)_2WO_4$ 和 $(NH_4)_2HVO_4$ 更易形成，而 Al_2O_3、SiO_2 与 NH_4HCO_3 反应的 $\Delta_r G^{\ominus}$ 大于 0，所以不会自发进行反应进入溶液。

综上所述，相比于 NaOH、$NH_3 \cdot H_2O$ 浸出体系溶液中较多的杂质元素含量，$(NH_4)_2CO_3$ 和 NH_4HCO_3 浸出体系中杂质元素发生反应较为困难，不易生成可溶物进入溶液，因此后续分离工艺能获得高纯度的 V、W 产物[43]。但单一体系的 $(NH_4)_2CO_3$、NH_4HCO_3 等浸出体系中 V、W 等有价元素的浸出率较低，需通过其他反应物配合来实现有价金属元素的浸出，提高了生产成本，使得工艺条件比较复杂，不利于实现工业化生产。

5.2.2.2 酸浸法

酸浸法是利用废脱硝催化剂中不同组分与酸反应特性的差异，采用酸液浸出以分离各组分，如废脱硝催化剂中 V_2O_5 易与酸反应，而 WO_3、TiO_2 等则微溶或难溶于酸，因此可通过酸浸法从废脱硝催化剂中分离提取 V，同时获得含 WO_3 的 TiO_2 载体，即钛钨粉，可作为脱硝催化剂制备原料。

A 草酸法

$H_2C_2O_4$ 可与废弃脱硝催化剂中的 V_2O_5 反应，主要反应如下[40]：

$$V_2O_5 + 3H_2C_2O_4 \longrightarrow 2VOC_2O_4 + 2CO_2 + 3H_2O \tag{5-44}$$

武文粉[40]研究了草酸法处理废脱硝催化剂，将废脱硝催化剂置于 1.5 mol/L 的草酸溶液中反应 180 min，固液比为 1：20、搅拌速率 500 r/min、酸浸温度 90 ℃，得到的 TiO_2 载体经草酸酸浸净化，去除了有害物质。

李力成等[44]通过比较回收载体的比表面积、晶粒尺寸、晶型结构等因素发现草酸相较于其他常用酸，草酸浸出可有效地提取废脱硝催化剂中的 V 和 Fe 元素，其浸出效率受草酸浓度的影响较小，但受浸出温度影响较大，对 TiO_2 载体的比表面积恢复效果良好，且不会改变 TiO_2 的晶体结构。

齐立强等[45]提出了一种利用草酸酸浸从废脱硝催化剂中回收利用 V_2O_5 的方法，首先将废弃脱硝催化剂清扫、高温焙烧去除部分杂质，然后采用草酸酸浸，调节溶液 pH＝1～1.5，在水浴恒温 90～100 ℃下搅拌反应 3 h，使 V^{5+} 充分还原为 V^{4+}，随后将浸出液浓缩结晶即得 V 产物。该工艺的优点是有机酸原料易得、经济成本低、能耗小且不会造成二次污染，含钒滤液浓缩结晶提取废脱硝催化剂 95%以上的 V，不仅可以为脱硝催化剂的再生的活性浸渍液提供原料，还可以直接用于脱硝催化剂的制备。

B 硫酸等酸浸法

硫酸法是目前制备钛白粉应用最广泛的技术，用浓硫酸加热酸解钛精矿中的 TiO_2，再利用不同元素的溶解度差异，通过固液分离回收高浓度含钛溶液，并采取加热浓缩的方式进一步除杂处理即可得到粗制产品，精制后即可得到钛白粉。硫酸酸浸同样可用于废脱硝催化剂的资源回收。

王仁虎[46]提出了一种低能耗、低成本的酸浸回收技术，将废脱硝催化剂进行预处理去除表面的杂质并进行粉碎，然后在 0.1%～5.0%的 H_2SO_4 溶液中利用 SO_2 气体将 V^{5+} 还原，过滤分离后调节 pH 值进行沉钒，可将 V 从废脱硝催化剂中分离。陆强等[47]提出了一种回收废脱硝催化剂中的 V_2O_5 的方法，其主要工艺流程为在甲酸、乙酸、盐酸等酸性溶液中利用乙二醇、丙三醇、异丙醇、乙醛、甲酸钠等还原剂将催化剂中的 V^{5+} 还原为易浸出的 V^{4+}，从而将 V 浸出，随后用高氯酸钾、氯酸钾、高锰酸钾等氧化剂将浸出的 V^{4+} 氧化为 V^{5+}，进而通过调节 pH 值沉 V，最终实现 V 的分离提取。

赵宝平等[48]提出首先通过还原酸在 500~800 ℃将废脱硝催化剂中的 V^{5+} 还原为更易浸出的 V^{4+}，然后利用硫酸将 V^{4+} 浸出，实现 V 元素的分离；进一步将浸出渣中的 WO_3 或 MoO_3 采用碱性溶液浸出，从而分离 W、Mo 和 Ti，最终进行钛白粉的回收利用，其工艺路线如图 5-11 所示。

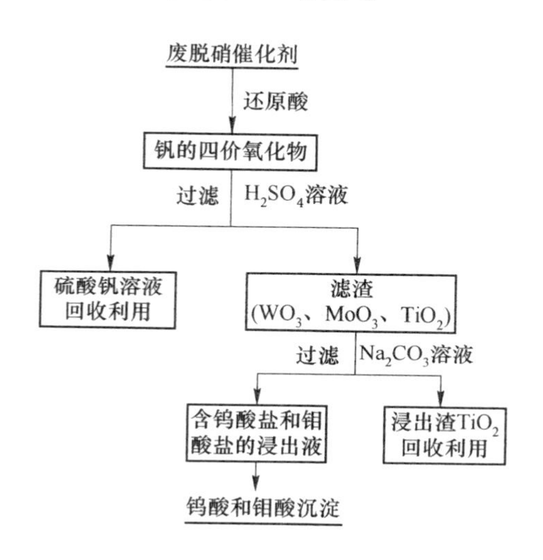

图 5-11 还原酸浸回收废脱硝催化剂中的金属工艺流程图[47]

5.2.2.3 酸碱综合浸出法

根据废脱硝催化剂中 V、W、Mo、Ti 的不同特性，可采用不同酸碱液进行分步浸出分离。李寒春等[49]提出了湿法回收废脱硝催化剂中 Ti、W、V 的方法，首先对废脱硝催化剂进行除尘、破碎、研磨获得催化剂粉末，进而采用 NaOH 碱浸经固液分离获得含 V、W 溶液和 TiO_2 固体，通过将滤液 pH 值调节至 7.5~8.5 固液分离获得 SiO_2，进一步加入 $CaCl_2$ 和 NaOH 调节 pH=10~12，固液分离获得含 V、W 的钙盐，进而将钙盐加入 36.5%的浓盐酸中处理可分离 W，最终实现 V、W、Ti 的分离，如图 5-12 所示。

5.2.2.4 氯化法

氯化法处理废脱硝催化剂的基本原理是氯化剂将 V_2O_5、WO_3、TiO_2 等组分进行氯化，根据产物的沸点差异采用蒸馏方式分离。氯化过程发生的主要反应包括[50]：

$$V_2O_5 + 2AlCl_3 \longrightarrow 2VOCl_3 + Al_2O_3 \tag{5-45}$$

$$2V_2O_5 + 2NaCl + O_2 \longrightarrow 4NaVO_3 + 2Cl_2 \tag{5-46}$$

$$3NaVO_3 + 4AlCl_3 \longrightarrow 3VOCl_3 + 2Al_2O_3 + 3NaCl \tag{5-47}$$

$$2TiO_2 + 3C + 4Cl_2 \longrightarrow 2TiCl_4 + CO_2 + 2CO \tag{5-48}$$

$$TiCl_4 + O_2 \longrightarrow TiO_2 + 2Cl_2 \tag{5-49}$$

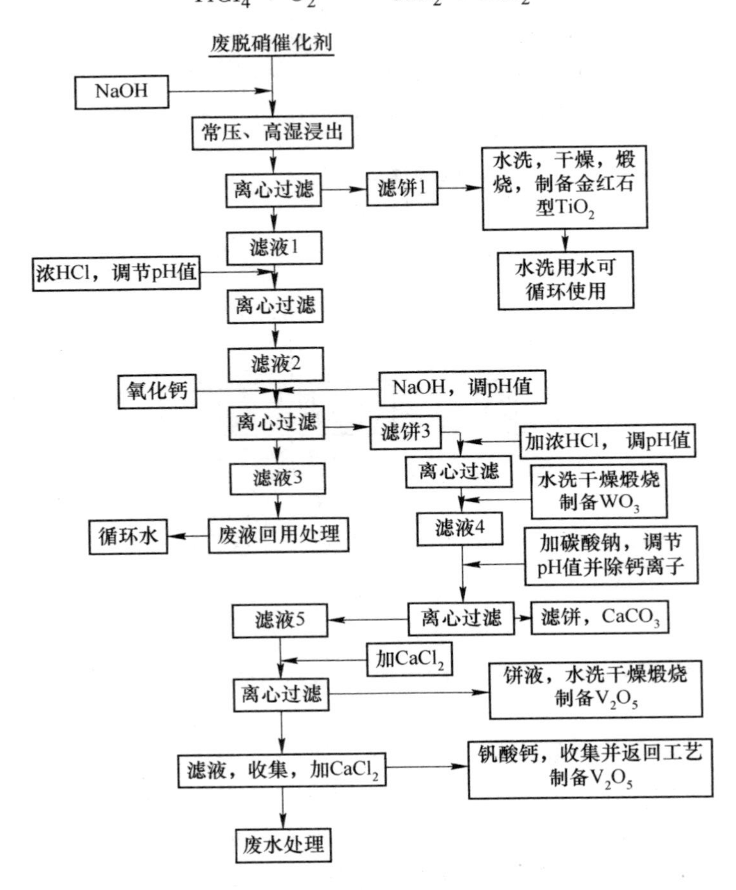

图 5-12 碱-酸浸分离回收废脱硝催化剂中 V、W、Ti 流程[49]

图 5-13 显示了一种氯化法分离回收废脱硝催化剂的工艺流程，将废脱硝催化剂进行预处理后采用 Cl_2、NaCl 和石油焦进行氯化处理，随后根据不同产物的沸点差异分离各产物，其中获得的 $TiCl_4$ 可作为重要的化工原料，同时也可经后续工艺回收获得钛白粉[19]。该工艺的能耗相对较低，气体可以循环利用，回收的 TiO_2 产品质量较好，整体工艺技术较为先进，但对于废脱硝催化剂原料品质要求较高，同时会产生 CO_2、CO 等气体，对于设备的抗高温性、抗氧化性和抗腐蚀性要求均较高[51]。

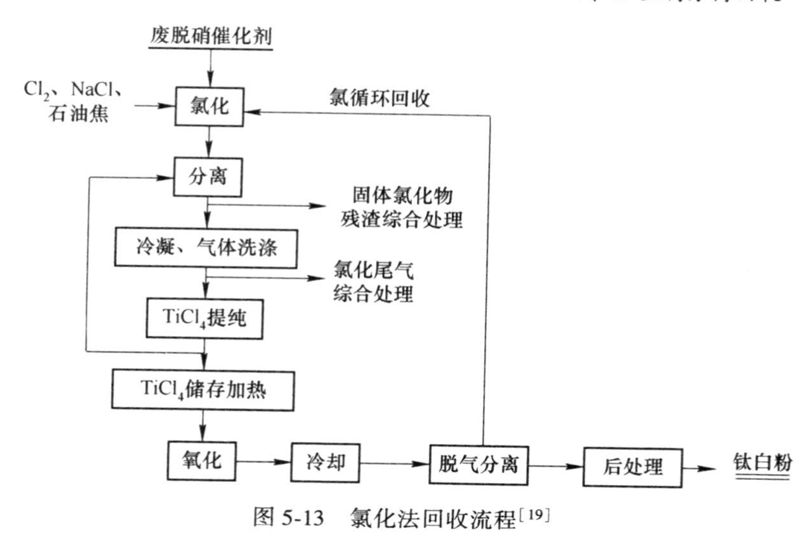

图5-13 氯化法回收流程[19]

5.3 V、W金属分离回收

5.3.1 沉淀法

沉淀法主要用于浸出液中V、W元素的分离回收，使用火法或湿法工艺处理废脱硝催化剂中的V、W、Mo氧化物，实现有价金属元素与废脱硝催化剂TiO_2载体分离得到含有V、W、Mo元素的溶液，再向溶液中加入一定量的沉淀剂生成偏钒酸盐、钨酸盐的沉淀，从而实现有价金属元素的回收[52]。

V的沉淀可采用铵盐作为沉淀剂，调节V、W溶液到特定pH值后加入铵盐[NH_4Cl或$(NH_4)_2SO_4$]，铵盐与钒酸根充分反应沉淀，过滤水洗得到NH_4VO_3，经过进一步水洗、干燥或焙烧得到V_2O_5，具体流程如图5-14所示[53]。

沉淀工艺过程主要反应如下[54]：

$$NaVO_3 + NH_4Cl \longrightarrow NH_4VO_3 + NaCl \tag{5-50}$$

$$2NH_4VO_3 \longrightarrow V_2O_5 + NH_3 + H_2O \tag{5-51}$$

Yang等[24]为提高溶液中V、W元素的分离效果，先采用阴离子交换树脂（Dex-V）对V、W浸出液进行浓缩富集后再加入NH_4Cl选择性沉V，V沉淀率达到93.4%。但是铵盐分离V、W具有一定的选择性，所以需进一步使用其他沉淀剂进行W元素的沉淀分离。

丁建峰[55]对废脱硝催化剂处理获得Na_2WO_4和$NaVO_3$混合溶液后，调节pH=6.5~7.5，加入NH_4HCO_3或NH_4Cl溶液，析出NH_4VO_3沉淀，过滤后先用稀NH_4HCO_3溶液洗涤2~3次，接着用30%的乙醇洗涤1~2次，烘干后得

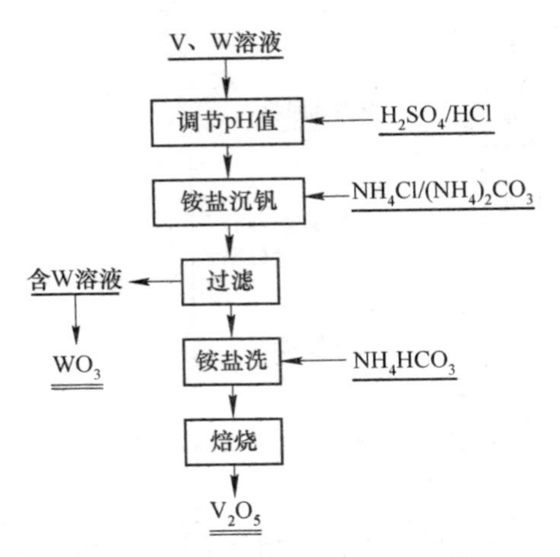

图 5-14 氨盐沉淀法工艺过程[53]

NH_4VO_3 产品；剩余溶液里的 Na_2WO_4 已转换成 $(NH_4)_2WO_4$，将剩余溶液蒸发制得晶体，再进行煅烧即可得到三氧化钨（WO_3）。

$$2NaVO_3 + 2NH_4HCO_3 \longrightarrow 2NH_4VO_3 + Na_2CO_3 + H_2O + CO_2 \tag{5-52}$$

$$Na_2WO_4 + 2NH_4HCO_3 \longrightarrow (NH_4)_2WO_4 + 2NaHCO_3 \tag{5-53}$$

$$(NH_4)_2WO_4 \longrightarrow WO_3 + 2NH_3 + H_2O \tag{5-54}$$

由于 $CaWO_4$ 和 H_2WO_4 的溶解度不高，通过在溶液中添加 Ca 盐或酸使可溶的 $(NH_4)_2WO_4$、Na_2WO_4 生成 $CaWO_4$ 或 H_2WO_4 沉淀，从而实现对溶液中 W 元素的分离和回收。具体工艺步骤为：

（1）调整含 W 溶液的 pH 值为 4.5~5；

（2）将 $CaCl_2$ 加入钨溶液后，WO_4^{2-} 和 Ca^{2+}生成 $CaWO_4$ 沉淀；

（3）过滤、水洗获得滤渣，然后将滤渣加入酸液中使 $CaWO_4$ 转化为钨酸；

（4）钨酸沉淀经过滤、水洗、焙烧得到 WO_3。

上述工艺主要涉及的反应如下[56]：

$$(NH_4)_2WO_4 + CaCl_2 \longrightarrow CaWO_4 + 2NH_4Cl \tag{5-55}$$

$$CaWO_4 + 2HCl \longrightarrow CaCl_2 + H_2WO_4 \tag{5-56}$$

$$H_2WO_4 \longrightarrow WO_3 + H_2O \tag{5-57}$$

溶液中包含的部分杂质元素和沉淀剂生成的沉淀产物会对 W 产物的纯净度造成影响，可以通过后续酸洗工艺去除绝大部分杂质成分。Na_2WO_4 在催化剂、分析试剂、水处理药剂等领域均可作为原料应用，因此可以利用 NaCl 作为助剂，采用蒸发结晶法得到 Na_2WO_4 固体。然而，NaCl 的加入会导致得到的 Na_2WO_4 中含有杂质，从而影响产物的使用[57]。

此外，因为火法或湿法获得的滤液中包含大量的 Si、Al 等杂质元素，所以进行有价金属元素沉淀之前需要先对溶液进行除杂处理。陈敏[53]提出碱浸沉淀工艺中对 NaOH 浸出法获得的滤液先进行除杂后，才通过沉淀法进行 W、Mo、Al、Co 四种金属元素的分离回收。工艺流程为：

（1）通过添加硫酸或盐酸调节滤液 pH = 10.5，用质量分数 25%的 $MgCl_2$ 溶液除去溶液中 Si 等杂质离子；

（2）将滤液用硫酸中和至 pH = 6.0~7.0 后，以 $Al(OH)_3$ 析出的方式回收 Al；

（3）向除 Al 滤液中加入硫化剂（NaHS），溶液煮沸 2 h 进行硫化；

（4）调整降温至 40~60 ℃的溶液 pH = 1~2.5，过滤得到 MoS_2；

（5）将新得到的滤液进行稀释、吸附、淋洗和解吸四道离子交换步骤，得到粗钨酸钠溶液，再经过沉淀、酸解，溶制为钨酸铵；

（6）压滤后的滤渣用稀硫酸浸煮，使 Co 和 Fe 都进入溶液，用碱调 pH = 4~5，滤液中的 Fe 呈 $Fe(OH)_3$ 沉淀除去；继续用碱调 pH = 9，则有 $Co(OH)_2$ 沉淀，将其过滤并加热处理回收得到 CoO。

王洪明等[58]提出了一种整体湿法回收废脱硝催化剂中有价金属的方法，具体工艺流程如图 5-15 所示。通过分别加入不同沉淀剂，经过滤、焙烧等工序依次得到 TiO_2 粉体、V_2O_5 晶体、WO_3 或 MoO_3，能有效回收失效 SCR 脱硝催化剂的有价金属氧化物，在解决环境问题、节约资源的同时获得可观经济效益。

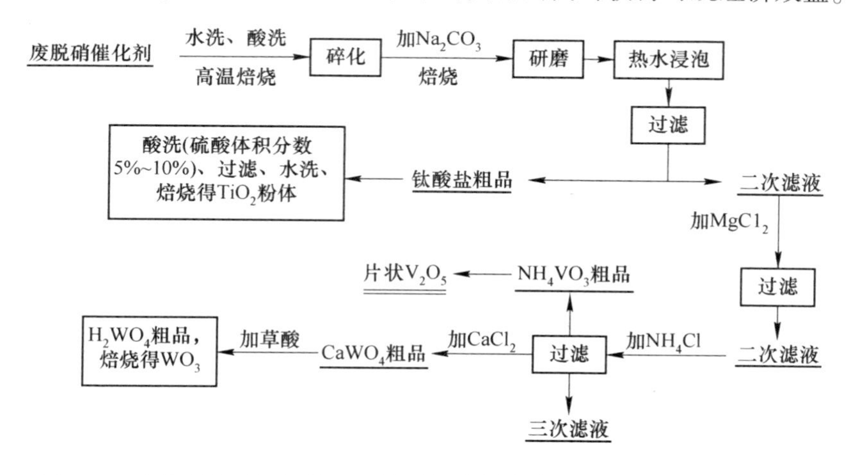

图 5-15 整体湿法回收失效 SCR 脱硝催化剂中的有价金属工艺流程图[58]

邓文燕[59]先通过钙盐将溶液中 V 和 W 转变为钨酸钙和钒酸钙的混合沉淀后，进一步用甲酸从钒酸钙和钨酸钙沉淀中选择性溶解 V 的工艺进行有价金属元素的回收。酸浸液中的 V 通过氨水转化为偏钒酸铵的形式回收，酸浸渣通过用盐酸处理后使钨酸钙转变为钨酸并去除杂质元素后，高温煅烧沉淀物实现 WO_3 的回收。Choi 等[60]采用氯化钙作为沉淀剂实现脱硅后浸出液中 V、W 沉淀分离。当钙与 V、W 的总摩尔质量比大于 2 时，二者的沉淀率均大于 95%，再通过加入盐酸使 V 溶解在溶液中，W 以钨酸的形式形成沉淀物后完成元素分离。

沉淀法具有流程简单、易操控、效率高、成本低，可以同时回收多种金属等优势，有利于实现大规模的有价金属浸出液的回收。但较低的金属回收率以及回收过程中使用较多酸碱溶液会产生大量污染性的废液，对环境造成危害。

5.3.2 萃取法

萃取法主要是利用 V、W 在不同溶剂之间溶解系数的差异，选择性地将溶液中待分离组分转移到有机相中，从而达到 V、W 分离回收的效果[61]。典型萃取法回收 V、W 的技术路线如图 5-16 所示。

（1）除杂，将含钒溶液 pH 值调整至 10～11 时加入沉淀剂 $MgCl_2$，一定温度下反应生成沉淀除去溶液中的硅等杂质；

（2）沉淀 V、W，调节溶液 PH = 9～10 时加入 $CaCl_2$，得到 $CaWO_4$ 和 CaV_2O_7 沉淀物；

（3）V、W 分离，过滤后的沉淀物用盐酸酸洗后，得到含钒溶液和钨酸沉淀；

（4）萃取提 V，含 V 溶液采用 N235、仲辛醇、P_5O_7、磺化煤油的一种或几种复合溶液作为萃取剂进行 3～5 级萃取，然后利用氨水进行反萃；

（5）沉淀提 V，萃取液经过滤结晶、干燥等步骤可以回收得到 NH_4VO_3。

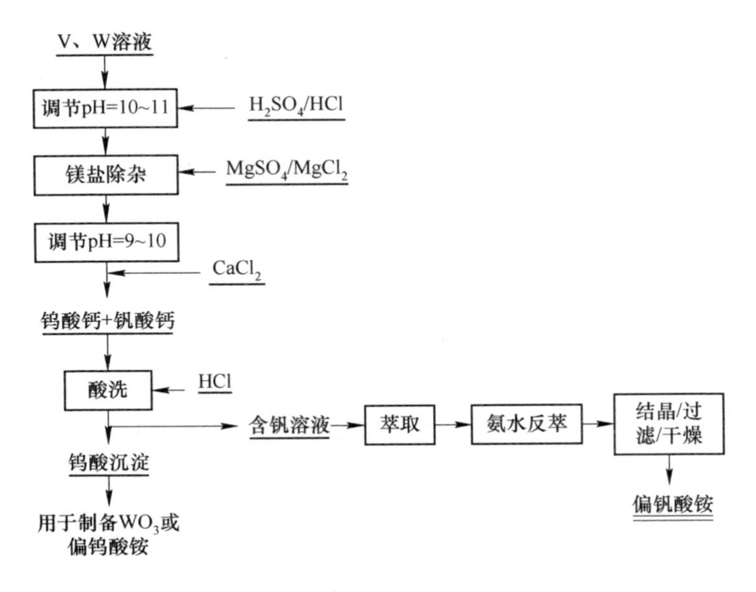

图 5-16 萃取法回收技术路线

萃取法作为含有众多稀贵金属元素溶液分离纯化方法中的核心技术，近年受到国内外学者针对进行了大量研究。Sola 等[62]对比分析了稀释剂的种类、pH 值、相比的影响，结果表明低介电常数的 Exxsol™ D80 作为稀释剂更有利于增强萃取剂的溶剂化进程，在 pH = 5.56、水与甲基三辛基氯化铵的比值为 1∶7 的条件下，甲基三辛基氯化铵对 V、W 的萃取率均大于 99%，使 V、W 得到了有效回收。张琛[63]采用组合萃取剂协同萃取的方法选择性分离溶液中的 W、V 元素，但并未阐明具体萃取剂的类型。当溶液 pH = 5.7 时，混合萃取剂对 W、V 的萃取率分别为 5.9%和 91.4%，一定程度上实现了 W、V 的分离。李智虎等[12]以三正辛胺（TOA）的煤油溶液为萃取剂，对浸出液中的 W、V 进行共萃取，在 pH = 2.5、萃取剂浓度（质量分数）12%时，W、V 的萃取率分别达到了 98.8%、94.9%，再使用铵盐和钙盐分离 W、V。

丁万丽[64]提出了一种电化学还原萃取法，用分阶段调节 pH 值的方式对反萃取液中的 W 和 V 进行沉淀回收，实现了 V、W 的高效分离与回收，具体工艺路线如图 5-17 所示。首先将废脱硝催化剂中的 V、W 转化为可溶性的 Na_2WO_4 及 $NaVO_3$；然后利用稀 H_2SO_4 溶液实现对催化剂中 V、W 的高效浸出；再以三正辛胺（TOA）的煤油溶液为萃取剂，加入相调节剂异癸醇，对酸浸液中的 W、V 进行萃取，并利用 NaOH 对萃取有机相中的 V、W 进行反萃取。

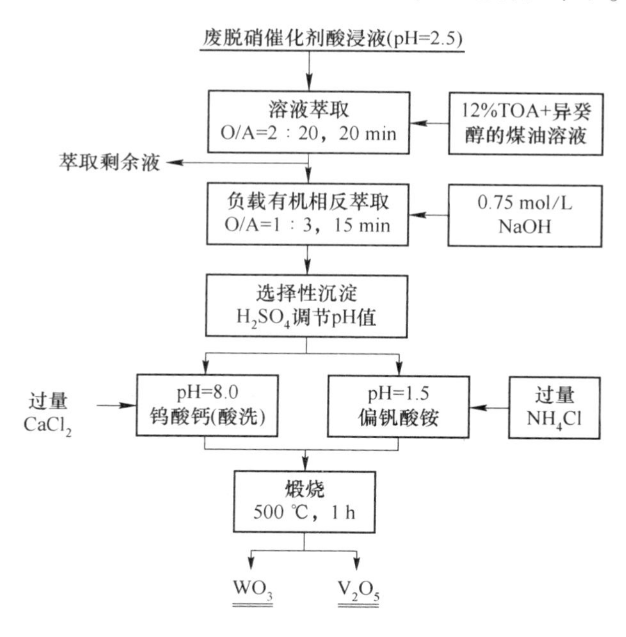

图 5-17 电化学还原萃取法工艺流程图[64]

张景文[65]利用萃取法从含 W 溶液中回收高纯度 $(NH_4)_6W_{12}O_{39}$ 和 WO_3，首先调节含 W 溶液 pH=7~12 并进行加热搅拌，使溶液中 Si、Al 发生水解而从溶液中沉淀，通过冷却沉淀及过滤，利用萃取剂萃取 W 元素，进行清水洗涤，并配置反萃溶液萃取 W，通过浓缩蒸干含 W 反萃液，可回收得到 $(NH_4)_6W_{12}O_{39}$ 和 WO_3。

5.3.3 离子交换法

离子交换法主要是利用离子交换树脂对于溶液中不同金属离子的亲和力不同，通过吸附和解吸浸出液中的 V 和 W 离子来实现不同元素的分离提纯。V 和 W 均以阴离子团形式存在，所用离子交换树脂多为阴离子型树脂，其离子交换反应式如下[66]：

$$A^{n-} + \overline{R-B} \rightleftharpoons \overline{R_n-A} + nB^- \tag{5-58}$$

式中 A^{n-}——VO_3^- 或 WO_4^{2-}；

R——阴离子型树脂骨架；

B——阴离子型树脂上的被交换离子。

郝喜才等[67]提出的离子交换法回收废脱硝催化剂浸出液中 V 的新工艺中，着重改进了浸 V、沉 V 等工艺环节来提高元素回收率，并进一步探讨了回收过程中离子交换树脂、V 溶液浓度、流速、温度、淋洗剂和沉 V 溶液的温度、加氨系数等因素对 V 回收率的影响，得出了适宜的工艺条件，具体工艺流程如图 5-18 所示。在此工艺条件下，溶液中 V 的回收率达到 91.8%，而且制备出的 V_2O_5 产品的质量优于当前的国家标准。

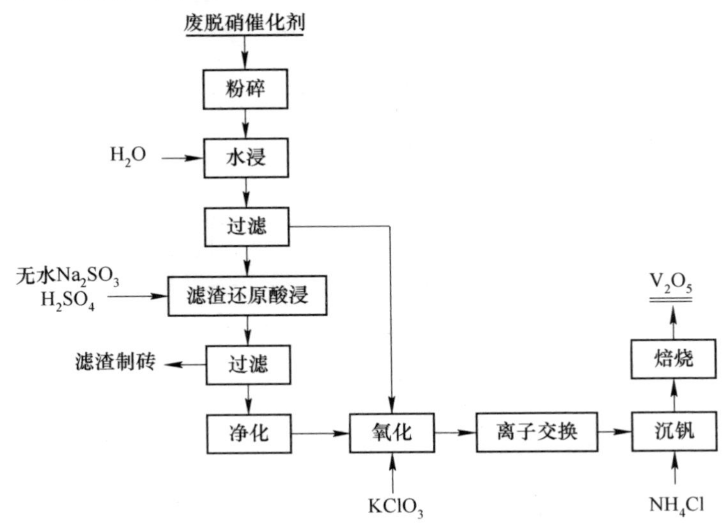

图 5-18 离子交换法回收废钒催化剂中钒工艺流程图[67]

刘丁丁[66]采用图 5-19 所示的对废脱硝催化剂浸出液钨钒分离的离子交换技术的新工艺路线，先研究了吸附过程溶液 pH 值对钒钨吸附解析的影响，确定了碱性条件下钒钨离子交换分离的工艺路线。然后对钒钨离子交换的吸附流速、解吸流速、解吸剂组成等条件进行优化，并在此基础上提出了新的解吸工艺。即先使用 1 mol/L 的 NaOH 溶液对溶液中 V、W 进行解吸，绝大部分的 V 和少部分的 W 被解吸出来，而且得到的流出液成分与吸附原液相近，可掺混进吸附原液重新利用。

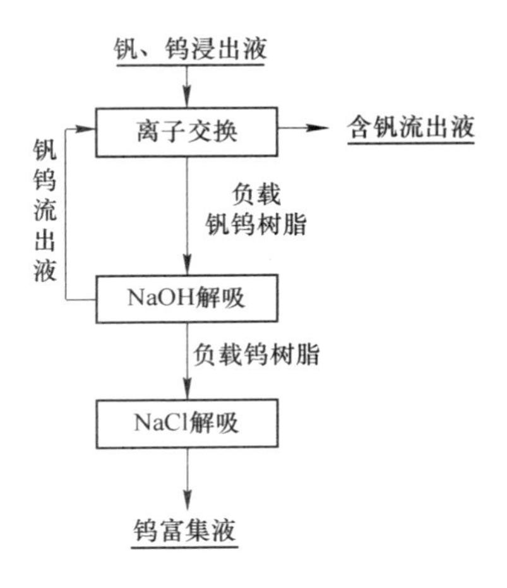

图 5-19　钒钨离子交换新工艺流程图[66]

Wu 等[68]研究了强碱性阴离子树脂（IRA900）分离废脱硝催化剂碱性浸出液中 V、W 的性能，结果表明强碱性条件下 IRA900 树脂对碱性溶液中 W 元素的亲和力远大于 V 元素，导致这一现象主要因为 IRA900 树脂上两个相邻带正电位点的高比例；通过解吸-吸附可以实现 V、W 的选择性分离，最终溶液中 W 浓度富集到 8.4 g/L，纯度达到 98%，V 则留在原液中。吴坚等[69]根据浸出液中 V、W 元素的负电荷数的差异，针对废催化剂浸出模拟液中 V、W 的分离进行研究，在 $pH<12.5$ 的条件下用强碱阴离子交换树脂选择性负载 W，但其模拟浸出液中 V、W 的浓度偏低，对指导实际生产有限。Zhu 等[70]研究了聚羟基螯合树 D403 对溶液中 V、W 的去除效果，在 $pH=9.25$ 时，V、W 的去除率均高于 90%。

离子交换法是冶金分离工艺中常用的分离方法，具有选择性好、作业回收率高、作业成本低、可以得到质量较高的产物等优点，一般适用于低浓度溶液的富集和浓缩[71]。离子交换法可以结合浸出和吸附过程两个步骤，直接从浸出矿浆中直接提取目的组分，便于废脱硝催化剂浸出液中有价金属元素的提取。但处理量小、周期长等缺点限制了其大规模工业应用[72]。

5.3.4 其他回收法

肖雨亭等[73]提出了电解法回收废脱硝催化剂中 V 元素的方法，将废脱硝催化剂粉末加入电解槽，正负两极电解槽内均加入 2～10 mol/L 的抗还原的强电解质溶液，控制电解电流密度为 60～100 mA/cm^2 进行恒流电解，或控制电解电压为 2~6 V 进行恒压电解，可将 V_2O_5 溶解至电解液中，重新取一个电解槽，正极加入第一次电解所得的含 V 溶液，负极加入抗还原的强电解质溶液，再一次进行恒流或恒压电解，进而通过调节 pH 值并加入铵盐沉 V，最后通过焙烧获得 V_2O_5，其工艺流程如图 5-20 所示。

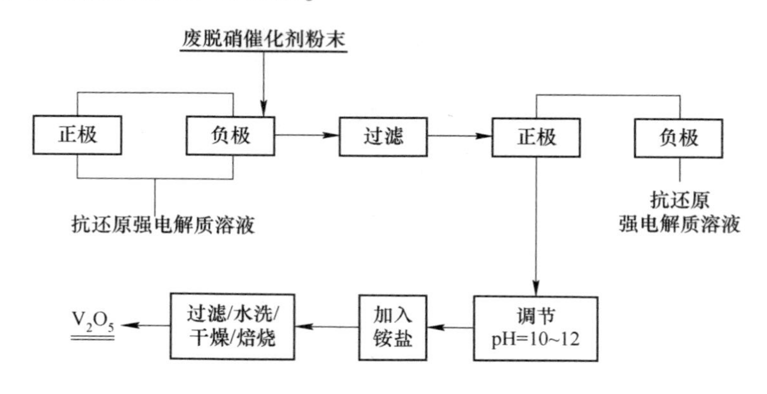

图 5-20 电解法回收 V 的技术路线图[73]

两次电解的正负极电化学方程式如下：

第一次电解

正极
$$2H_2O - 4e \longrightarrow 4H^+ + O_2 \tag{5-59}$$

负极
$$V_2O_5 + 6H^+ + 2e \longrightarrow 2VO^{2+} + 3H_2O \tag{5-60}$$

$$VO^{2+} + 2H^+ + e \longrightarrow V^{3+} + H_2O \tag{5-61}$$

第二次电解

正极
$$V^{3+} + H_2O - e \longrightarrow VO^{2+} + 2H^+ \tag{5-62}$$

$$VO_2^+ + 4H_2O - 2e \longrightarrow 2VO_3^- + 8H^+ \tag{5-63}$$

负极
$$2H^+ + 2e \longrightarrow H_2 \tag{5-64}$$

通过多种回收脱硝催化剂方式相结合的综合分离法，有助于提升催化剂中金属回收效率，降低能耗，是实现废脱硝催化剂资源化的重要手段。丁建峰[55]针对废脱硝催化剂中的钛钒钨金属的初步分离以及高效富集进行了研究，提出通过高温烧结、选择性萃取、碱溶液反萃取回收以及通过过筛烧结、酸液浸出、蒸发煅烧回收两种方法，这两种综合回收的方法均能够减少废脱硝催化剂的污染，同时实现贵金属的回收利用，但是如何实现大规模工业化应用还有待进一步研究。

夏启斌等[74]提出一种适宜工业应用的废脱硝催化剂的综合回收利用方法，具有钒、钨的回收率高，浸出时间短，偏钒酸铵产品的纯度高，工艺流程简单，设备成本低、能耗小等优点，适宜工业应用。经过预处理获得的废脱硝催化剂粉体加入 H_2SO_4 溶液中，在微波作用下浸出钒后固液分离得到酸浸液和浸出渣；浸出渣通过微波作用在氨水溶液中浸出钨，固液分离后得到含钨酸铵的浸出液，蒸发结晶即可得到仲钨酸铵，滤渣即为粗 TiO_2；酸浸液采用5,8-二乙基-7-羟基-6-十二烷基肟和三辛胺萃取钒，然后用氢氧化钠溶液进行反萃；反萃液调 pH = 8~10 加氯化铵沉钒，得到偏钒酸铵产品。

陈允至等[75]公开了一种通过氧化还原回收处理废脱硝催化剂的方法，该方法的具体工序流程如图5-21所示。该工艺采用先水浸后酸浸的方法，大幅度降低浸取钒的过程中酸的使用量，而且也不需要用到昂贵的萃取剂，降低了生产成

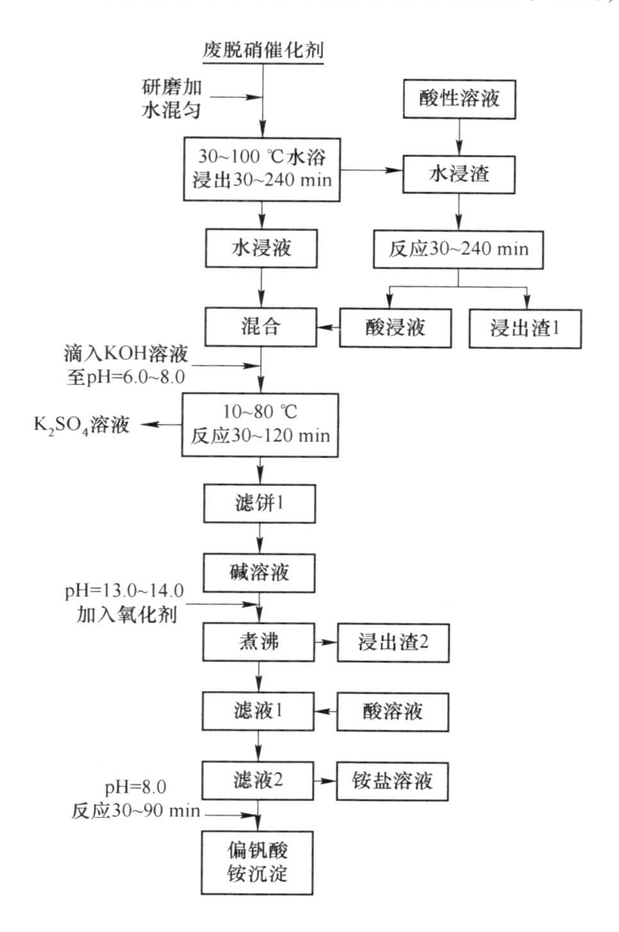

图5-21 浸出-氧化沉淀法在废催化剂中提取钒的应用[75]

本；采用二氧化硫作为还原剂，有效地利用了工厂排出的二氧化硫废气，减少环境的污染；实现了对钒和钾的同步回收，也解决了对废脱硝催化剂中的二氧化硅、铁化合物和铝化合物的处理问题，是一种理想的无废气和废渣排放的处理方法。

综合多种方式进行分离可以通过结合不同工艺的优势部分，克服单一工艺所存在的纯度不高、实用性较低、不够灵活、不能够根据浓度进行适应性的调整的缺点，进一步实现降低能耗、提升有价金属回收率，是较为理想的工业化应用的废脱硝催化剂元素分离工艺。

5.4 TiO_2 载体回收与再用

5.4.1 TiO_2 载体回收

TiO_2 在废脱硝催化剂中占比超过 80%，因此，TiO_2 载体的回收与再用是其资源化的关键，也是近年来的研究热点。TiO_2 载体的回收再用不仅可提高资源的利用率，而且可降低脱硝催化剂的生产成本。当前，废脱硝催化剂中 TiO_2 载体回收再用的关键难点是恢复载体的孔容和比表面积。

废脱硝催化剂中 TiO_2 载体的回收根据后续处理工艺不同可以分为钛白粉和钛钨粉两种产物，TiO_2 的回收主要采用钛盐酸解回收 TiO_2 以及 TiO_2 直接分离回收技术。钛盐酸解回收 TiO_2 技术是指经火法或湿法处理废脱硝催化剂后，将 TiO_2 转化为钛酸钠、$TiOSO_4$ 等钛盐，再通过 H_2SO_4 酸洗等将钛盐转化为钛酸，进而热解形成 TiO_2。TiO_2 直接分离回收技术是指经湿法或简易的机械方法处理废脱硝催化剂后，将有害物质及 V、W 进行分离后，剩余 TiO_2 直接分离回收利用[76, 77]。

5.4.1.1 钛白粉

钛酸盐沉淀分离 TiO_2 技术的路线如图 5-22 所示[78]。废脱硝催化剂经火法或湿法处理后将 V、W、Ti 元素分离，其中 Ti 转化为钛酸盐进入固相，采用热水浴浸出钛酸盐沉淀物，进一步去除部分杂质和其他组分，再加入 H_2SO_4 进行酸解处理，使钛酸盐转化为钛酸，进而经过过滤、水洗和焙烧得到 TiO_2。

华攀龙等[79]公开了一种从废脱硝催化剂中回收钛白粉的方法（见图 5-23），首先对废脱硝催化剂进行除尘、粉碎磨粉，然后加入浓 H_2SO_4 将其酸解后得到 $TiOSO_4$ 浓溶液，再加水稀释；接着加入非离子型乳化剂作为絮凝剂，磺酸盐表面活性剂或聚羧酸盐表面活性剂作为助凝剂，接着加入水溶性甲基硅油；再泵入板框压滤机进行压滤，将滤液真空浓缩再加热至 90~98 ℃并保持 5.5 h 使滤液水解；然后水解产物冷却至 40 ℃，进行真空过滤使偏钛酸沉积出来；再用砂滤水

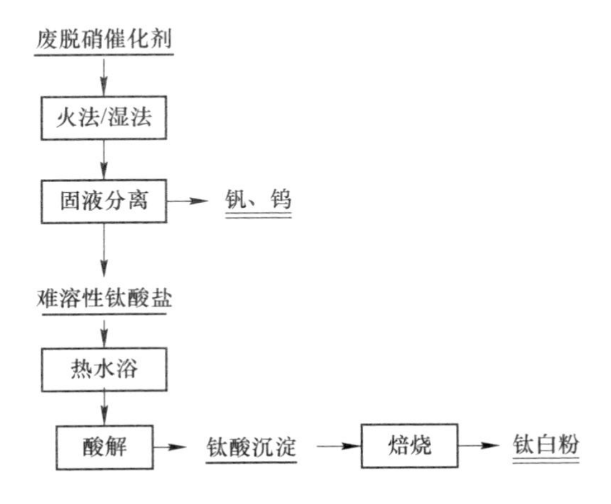

图 5-22 钛酸盐沉淀分离 TiO_2 技术路线图[78]

和去离子水漂洗后，加入 K_2CO_3 或 H_3PO_4 得到偏钛酸滤饼；对滤饼烘干后在500~800 ℃下煅烧，接着粉碎、磨细得到钛白粉成品。

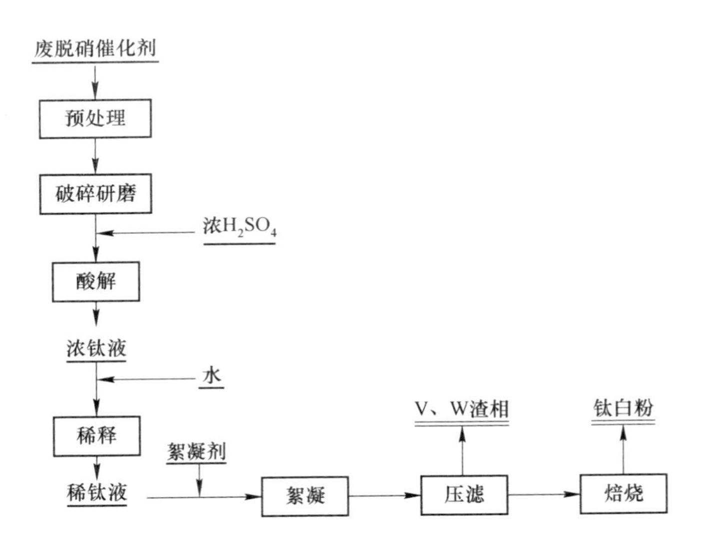

图 5-23 从废脱硝催化剂中回收钛白粉的工艺

郑荣钏等[80]提出了一种从废脱硝催化剂中分离回收锐钛型 TiO_2 的方法，具体操作步骤为：取废脱硝催化剂进行水洗、除尘、干燥，然后粉碎，得催化剂粉末；将得到的催化剂粉末在碱溶液中进行浸渍，浸渍后固液分离，得到滤液和滤饼；将得到的滤饼进行多次水洗，然后在碱溶液中进行第二次浸渍，浸渍后固液分离，得到滤液和滤饼；将第二次得到的滤饼进行多次水洗，然后干燥，得 TiO_2

成品。该方法操作简单，提纯率高，TiO_2 回收率可达 97%，纯度可达 98%，但过程中会产生大量废液，需要对废液进行无害化处理再排放。

朱建兵等[81]提供了一种废脱硝催化剂诱导重构 TiO_2 载体的方法，其具体步骤为：将废脱硝催化剂预处理制成浆料，然后与超细偏钛酸浆料混合、处理；控制浆料在 60~70 ℃并缓慢加入 98%的浓 H_2SO_4，控制 H_2SO_4 的滴加速度，使滴加处浆料的温度不超过 100℃，浓 H_2SO_4 加入量为浆料体积的 2%~2.5%，进行诱导重构；浆料陈化后，经过干燥和粉碎后获得质量合格的再生 SCR 催化剂载体。该工艺针对 TiO_2 比表面积下降的问题，通过加工研磨超细偏钛酸浆料至 D50 为 0.15~0.2 μm，可以诱导失活 SCR 催化剂粗粉在浓 H_2SO_4 作用下，生成粒径较小、比表面积较大的颗粒，所回收的载体 D50≤2.0 μm，D90≤10.0 μm，具有大的孔容和比表面积，完全满足制备 SCR 催化剂的要求。

5.4.1.2 钛钨粉

废脱硝催化剂的失活主要受活性物质 V 性质改变的影响，而且 W 和 Ti 元素的性质相近致使其分离更加复杂。因此，目前另一种回收方式为集中于去除失去催化活性的 V 元素，直接保留利用 W、Ti 等元素的载体进行新催化剂的生产来实现再利用。

由于 WO_3、MoO_3 等成分微溶于酸，使用酸浸进行元素分离会造成大量的成分残留，严重影响 TiO_2 纯度和品质。张柏林等[82]提出了一种废脱硝催化剂回收制备钛硅载体的方法（见图 5-24），对废脱硝催化剂进行吸尘、破碎和预研磨，然后采用 NaOH 或氨水进行碱浸处理。由于 NaOH 浸出极易导致 TiO_2 和 SiO_2 与

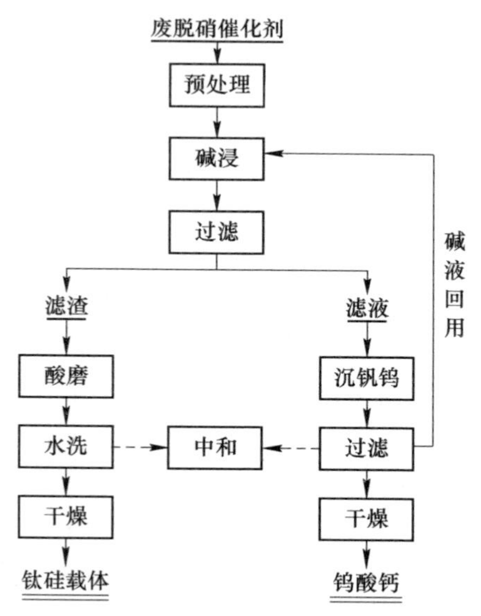

图 5-24 废脱硝催化剂回收制备钛硅载体的工艺[82]

NaOH 发生反应，获得的钛酸钠需进行酸洗才能得到 TiO_2，而 SiO_2 反应形成水玻璃后严重影响 V、W 产品质量。因此，该工艺采用低浓度 NaOH 在搅拌反应器中反应，且 NaOH 具体浓度根据废脱硝催化剂粉料中 V、W 总含量和液固比确定，可避免 TiO_2 发生反应，且很好地抑制 SiO_2 发生反应。该工艺的特点是避免了复杂的除硅工艺，将难除的硅作为有价组分加以利用，制备获得钛硅载体；通过控制反应过程，抑制碱浸过程 SiO_2 和 TiO_2 的反应，以相对节能的方式浸出钒钨，同时保留了 SiO_2 和 TiO_2 组分。

张涛等[83]提出了一种从废催化剂中回收钛钨粉的方法，将预处理后的废脱硝催化剂粉体分别进行草酸酸浸、氢氟酸酸浸、硫酸溶液酸浸来去除杂质，过滤得到的滤渣经过高温煅烧、研磨得到钛钨粉。回收钛钨粉的比表面积高 90 m^2/g 以上，孔容大于 0.3 cm^3/g，完全满足工业脱硝催化剂生产钛钨粉的指标要求。

张深根等[84]提出了一种废 SCR 脱硝催化剂回收制备钛钨粉和钒产物的方法（见图 5-25），对经预处理的废 SCR 脱硝催化剂粉料活化处理后再进行混合碱液高压浸出，在浸出完成后进行固液分离，得到以二氧化钛和三氧化钨为主的浸出渣和含钒元素的浸出液；浸出渣进一步酸洗、水洗、干燥获得再用的钛钨粉，浸出液经 pH 值调整沉钒、过滤、干燥获得钒产物。

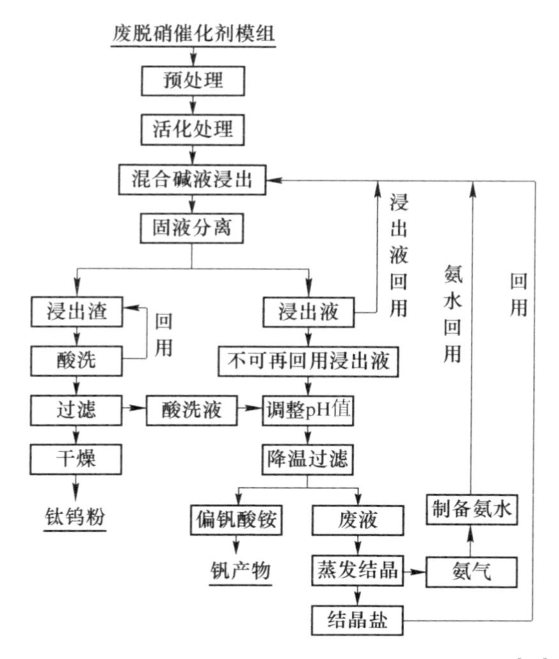

图 5-25 废脱硝催化剂回收制备钛硅载体的工艺[84]

吴晓东等[85]提出一种制备钛钨粉的回收工艺，制备的钛钨粉纯度较高，钛含量（质量分数）可达 90%～92%，三氧化钨含量（质量分数）可达 3%～5%，同时比表面积较同类型大，可达 80～100 m^2/g，产物可作为原料直接用于脱硝催化剂的生产。

将废脱硝催化剂直接制备成钛钨粉的工艺，不仅避免了分步提取 Ti、W 金属组分所造成的工艺复杂、成本高等问题，而且对于废脱硝催化剂中金属成分的回收率超过 95%。此外，制备的钛钨粉产物完全满足当前工业生产的标准，可完全替代新鲜钛钨粉或钛白粉用于脱硝催化剂的生产。

5.4.2 TiO_2 载体再用

TiO_2 载体再用是指将由废脱硝催化剂回收获得的 TiO_2 载体，重新用于制备脱硝催化剂。TiO_2 载体再用实际在脱硝催化剂生产中较为常见，包括对生产过程中产生的边角料、残次品等，一般在生产过程中均会重新回到配料环节进行再次利用，但由于缺乏 TiO_2 载体再用的技术和产品标准，目前很少有厂家公开宣传载体再用的成效。回收 TiO_2 载体的孔容和比表面积直接影响生产脱硝催化剂的质量，一般而言，经过简单处理回收获得的 TiO_2 载体的堆密度较大，会导致采用回收 TiO_2 载体生产的脱硝催化剂比采用原生钛白粉生产的产品的密度更大。因此，为控制好产品质量，厂家常采用回收 TiO_2 载体掺混原生钛白粉的方式进行再利用。

掺混回用制备脱硝催化剂是将废脱硝催化剂经过处理掺入催化剂制备原材料中制备新催化剂，技术核心在于通过控制各类元素掺混比例，确保新催化剂基本性能不受影响，同时毒性浸出达到标准限值，实现危险工业固体废物转化为可利用资源[86, 87]。

樊永生等[88]将废脱硝催化剂在 500～700 ℃的条件下煅烧 10～20 h，研磨成粒径为 40～50 μm 的粉末状回收料，将回收料与 TiO_2、WO_3、V_2O_5、玻璃纤维、柠檬酸溶液、稀土氧化物按一定比例配制，并通过常规方法经混练、挤出、干燥、煅烧，制备脱硝催化剂。该工艺流程可明显降低生产成本，制备出的新脱硝催化剂比表面积高，孔体积大，抗压力强，磨损率低，实现了废脱硝催化剂高效资源化利用。

为了更有效地避免废脱硝催化剂中杂质对于新催化剂性能的影响，从而使得新催化剂能够达到商用标准，付淑珍[89]研发出一种废脱硝催化剂再利用技术，首先通过化学药剂清洗除去废脱硝催化剂的杂质，再将其磨制成具有一定细度的再生粉，按照一定的比例将再生粉和新鲜钛白粉在搅拌罐中搅拌混合均匀，经过滤机除去多余的水分得到钛白粉滤饼，再通过闪蒸干燥机对滤饼进行干燥，以干燥后滤饼为原料掺混制备新脱硝催化剂。

王朋等[90]通过将废蜂窝式脱硝催化剂进行切割、清洗、干燥、粉碎，并与钼酸铵、偏钒酸铵、草酸、玻璃纤维、羟丙基甲基纤维素等混合，重新制备成板式脱硝催化剂。该方法利用回收料制备的板式催化剂的活性高、强度大、耐磨性强，保障了其基本的催化性能，同时还拥有一定的抗硫中毒能力。戚春萍[91]对废脱硝催化剂采用草酸浸钒除铁后得到净化渣，将其作为制备新催化剂的原料，通过对制备的催化剂的活性评价，表明回收载体制备的脱硝催化剂活性恢复至新鲜催化剂水平，在 300 ℃时 NO 转化率为 91%，且具有良好的抗硫抗水性。

一些欧美国家制造商也会在生产新催化剂的过程中，将经过洗涤和粉碎的废脱硝催化剂以 10%~12%的比例与新催化剂混合，新催化剂的脱硝性能相比无掺混样品有轻微下降，该混合物仅用于燃煤电厂的催化剂。国内废催化剂掺混比例一般小于 5%，其脱硝性能相比无掺混样品有轻微下降，而当掺混大于 5%时，催化剂寿命明显缩短[88]。因此，掺混回用仍需进一步提升回收 TiO_2 载体的品质，确保在再制备脱硝催化剂时能获得良好的催化活性和寿命。

5.5 废旧铁框、陶瓷纸等资源化

废脱硝催化剂模块中除了废脱硝催化剂，还包括废旧铁框、陶瓷纤维纸、粉煤灰等，其全组分资源利用具有重要的经济价值和环境效益。张深根等[1]提出了一种废脱硝催化剂模块全组分综合利用的方法，分为铁框再生、陶瓷纤维回用、可再生催化剂的再生，不可再生催化剂资源回收及灰尘资源化制备微晶玻璃 5 条资源循环利用路线，实现废脱硝催化剂模块全组分的综合回收利用，如图 5-26 所示。

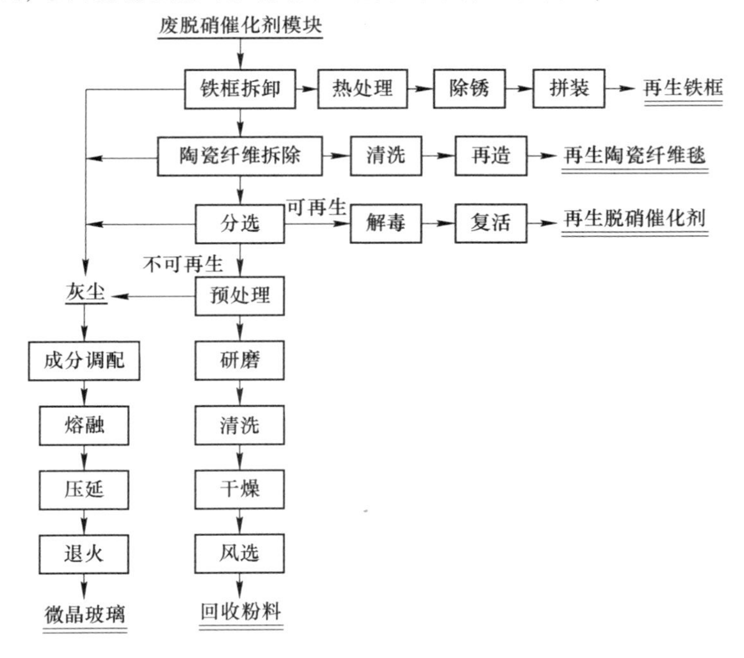

图 5-26 废脱硝催化剂模块全组分资源化技术路线[1]

5.5.1 铁框再生

基于废旧铁框资源利用价值高、可再利用性强，江苏龙净科杰环保技术有限公司开发了废旧铁框机械为主、人工为辅的拆解，抛丸除锈，定向改造与重组等关键技术，可实现废旧铁框材料的资源循环利用，钢铁材料循环利用率不低于95%，经“外观、拆解、改造、重组”四关四检，再生铁框满足脱硝催化剂使用要求。

铁框再生的具体工艺路线是将拆卸后的铁框经热处理、除锈、拼装获得再生铁框，即首先将废脱硝催化剂模块的铁框迎风面与背风面钢板条拆除，然后将四周钢板沿焊缝切割，再对拆卸后铁框材料进行淬火和回火处理，淬火为将铁框材料加热至820~960 ℃，保温15~60 min，然后进行水淬；回火处理为将淬火后的铁框材料加热至450~550 ℃，保温15~60 min，然后空冷至室温；进一步对热处理后的铁框材料进行质量检测，确保达到脱硝催化剂铁框强度要求，经检测合格的铁框材料进行表面除锈；最后对除锈后的铁框材料重新焊接、组装形成再生铁框。图5-27显示了废旧铁框及其再生后获得的再生铁框的照片。

图5-27 废旧脱硝催化剂铁框与再生铁框
(a) 废旧铁框；(b) 再生铁框

5.5.2 陶瓷纸再生

废旧的密封与缓冲用陶瓷纤维纸产生量大、堆存填埋环境风险大，因此其资源化利用意义较大。废旧陶瓷纤维纸再制备的主要工艺流程为：清洗除杂→混料打浆→真空吸附→压制成型→焙烧→切割。将从废脱硝催化剂模块中拆解的废旧陶瓷纸装于清洗吊具中，置于清洗池中使用超声震荡清洗，除去废旧陶瓷纸中粉煤灰等杂质；将清洗后的陶瓷纸放入泡发池中吸水打浆，并加入无机胶水混料，然后将浆料加入真空吸附机，再经压制成型、焙烧与切割即得到再生陶瓷纸，并回用于脱硝催化剂制备的单元体组装。图 5-28 显示了由废脱硝催化剂模块中拆卸获得的废旧陶瓷纤维纸及其再生后重新制备的再生陶瓷纸照片。

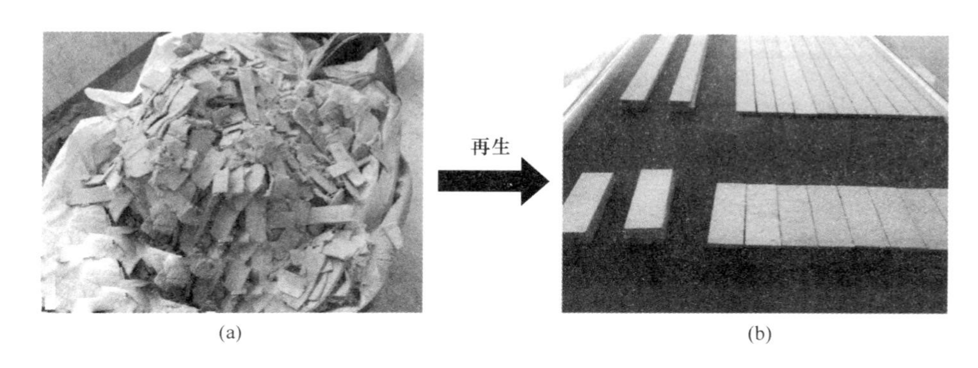

(a) (b)

图 5-28 废旧陶瓷纸制备再生陶瓷纸
（a）废旧陶瓷纸；（b）再生陶瓷纸

5.5.3 粉煤灰制砖

废脱硝催化剂中含有大量粉煤灰等粉尘，再生和资源回收过程分离收集大量粉尘，其处置成本高。因此，江苏龙净科杰环保技术有限公司研发了粉煤灰制备免烧砖技术（见图 5-29），通过粉煤灰、水泥、胶凝剂、固化剂按比例混合制备砖，其中粉煤灰掺混比例不低于 25%，采用自然养护形成免烧砖，免烧砖达到了 GB/T 8239—2014 要求，建成了年产 6000 t 的免烧砖生产线，解决了废脱硝催化剂再生与资源回收过程中次生废物处置难题。

(a) (b)

图 5-29 废脱硝催化剂中的粉煤灰制备为免烧砖
（a）粉煤灰；（b）免烧砖

5.6 金属回收与载体再用技术规范

《火电厂废弃脱硝催化剂金属回收与载体再用技术规范》(T/CEC 817—2023)规定了火电厂废脱硝催化剂碱浸法金属回收与载体再用的工艺及要求。其中，金属回收和载体再用工艺及要求具体如下：

（1）检测分析。检测废脱硝催化剂中钒、钨、钛、硫、铁、钾、钠、砷等化学成分，测定比表面积等物理化学特性。

（2）工艺流程。碱浸法处理废脱硝催化剂回收有价金属主要工艺流程如图5-30所示，将废脱硝催化剂浸入碱性溶液，催化剂中的部分钒、钨形成可溶性盐进入液相，浸出液分离后可回收钒、钨化合物，浸出渣经处理后可得到再生钛白粉。具体生产工艺可根据产品用途及质量要求而有所调整。

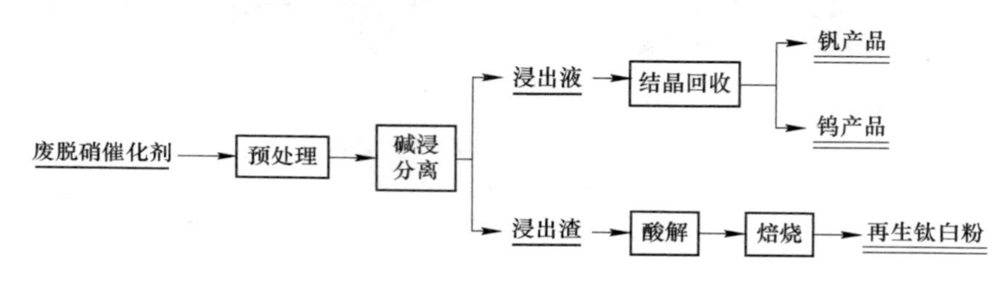

图 5-30 金属回收与载体再用主要工艺流程

（3）预处理。

1）拆除废脱硝催化剂模块铁框，将废脱硝催化剂与铁框、陶瓷纸等分离。

2）清除废脱硝催化剂表面及孔道的飞灰，宜采用吹扫、吸尘等方式进行清灰处理。

3）将清灰后的废脱硝催化剂进行破碎。

4）对破碎后的废脱硝催化剂筛分以进一步去除飞灰，宜采用振动筛进行筛分。

5）对废脱硝催化剂进行水洗，宜采用去离子水进行水洗，以进一步去除飞灰及钠、钾等杂质。

6）将清洗后的废脱硝催化剂研磨，宜采用冲击磨、球磨等方式。

（4）碱浸分离。

1）将研磨后的物料与碱液混合按一定固液比加入反应釜进行压浸反应。碱液宜采用20%~40%的 NaOH 溶液。

2）宜采用压滤等方法进行固液分离，得到浸出液与浸出渣。

（5）钒、钨回收。

1）调节浸出液温度，加入铵盐进行钒盐沉淀结晶，采用压滤方法进行固液分离，固体在 80~110 ℃烘干，得到钒产品（NH_4VO_3）。铵盐宜采用 NH_4Cl、NH_4NO_3、NH_4HCO_3、$(NH_4)_2CO_3$ 或其混合物。

2）滤液采用盐酸（HCl）调节 pH 值，加入 $CaCl_2$ 进行钨盐沉淀结晶，采用压滤方法进行固液分离，固体在 80~110 ℃烘干，得到钨产品（$CaWO_4$）。产生的滤液经处理后回用或达标后外排。

（6）TiO_2 回收。

1）以 H_2SO_4 溶液对产生的以钛酸钠为主要成分的浸出渣进行酸解，然后固液分离得到以钛酸为主要成分的固相。

2）采用去离子水对酸解后固相进行水洗，得到再生钛白粉前体物。

3）将再生钛白粉前体物焙烧得到再生钛白粉。

（7）载体再用。

1）根据物理性质与化学成分的不同，将再生钛白粉划分为一级、二级和三级。

2）根据再生钛白粉产品等级以一定比例替代原生钛白粉，重新制备脱硝催化剂。具体分级见表 5-1。

表 5-1 再生钛白粉分级

序号	项目		钛白粉产品等级		
			一级产品	二级产品	三级产品
1	晶型		锐钛矿	锐钛矿	锐钛矿
2	主要成分	$w(TiO_2)/\%$	≥95	88~95	80~88
3		$w(SO_3)/\%$	≤1.0	1.0~2.0	2.0~3.0
4	微量成分	$Fe_2O_3/\mu g \cdot g^{-1}$	≤300	300~1000	1000~2500
5		$Na_2O/\mu g \cdot g^{-1}$	≤150	150~300	300~800
6		$K_2O/\mu g \cdot g^{-1}$	≤100	100~300	300~500
7		$As_2O_3/\mu g \cdot g^{-1}$	≤100	100~300	300~800
8	水分（105 ℃挥发物）/%		≤3	≤3	≤3
9	比表面积/$m^2 \cdot g^{-1}$		≥90	70~90	50~70
10	D50/μm		≤2.0	2.0~4.0	4.0~6.0
11	替代比例/%		≤100	≤75	≤35

（8）次生废物无害化处置。金属回收和载体再用过程产生的废气、废水应进行净化处理，满足要求后回用或排放；产生的一般固体废物宜制备烧结砖等，危险废物应安全处理。

参考文献

[1] 张深根，张柏林．一种废脱硝催化剂模块全组分综合利用的方法：中国，CN114535245A [P]. 2022-05-27.

[2] Li Q, Liu Z, Liu Q. Kinetics of vanadium leaching from a spent industrial V_2O_5/TiO_2 catalyst by sulfuric acid [J]. Industrial & Engineering Chemistry Research, 2014, 53 (8): 2956-2962.

[3] 张振全，赵备备，李兰杰，等．废 SCR 脱硝催化剂钒、钛、钨选择性分离研究 [J]. 钢铁钒钛，2021，42 (1)：24-31.

[4] Kim H, Lee J, Kim J. Leaching of vanadium and tungsten from spent SCR catalysts for De-NO_x by soda roasting and water leaching method [J]. Journal of the Korean Institute of Resources Recycling, 2012, 21 (6): 65-73.

[5] 张新远，张柏林，张深根．废钒钛系脱硝催化剂碱法回收研究进展 [J]. 化工进展，2022，41 (S1)：580-594.

[6] 贾秀敏，陈天宝，黄永，等．钠化焙烧法从 SCR 废脱硝催化剂中回收钛 [J]. 钢铁钒钛，2020，41 (6)：1-5.

[7] 李化全，郭传华．废弃脱硝催化剂中有价元素钛钒钨的综合利用研究 [J]. 无机盐工业，2014，46 (5)：52-54.

[8] 张春平，秦川，杨岗，等．失活 SCR 脱硝催化剂处理技术进展 [J]. 华电技术，2020，42 (1)：8-14.

[9] Zhang Q J, Wu Y F, Zuo T Y. Titanium extraction from spent selective catalytic reduction catalysts in a NaOH molten-salt system: Thermodynamic, experimental, and kinetic studies [J]. Metallurgical and Materials Transactions B-process Metallurgy and Materials Processing Science, 2019, 50 (1): 471-479.

[10] 赖周炎．废弃 SCR 脱硝催化剂的回收利用方法：中国，CN105293573A [P]. 2016-02-03.

[11] Liu C, Shi J W, Gao C, et al. Manganese oxide-based catalysts for low-temperature selective catalytic reduction of NO_x with NH_3: A review [J]. Applied Catalysis A-General, 2016, 522: 54-69.

[12] 李智虎，丁万丽，李小海，等．废选择性催化还原脱硝催化剂中金属钨和钒的萃取分离及回收 [J]. 硅酸盐学报，2018，46 (11)：1639-1644.

[13] 刘子林，王宝冬，马瑞新，等．废 SCR 催化剂钠化焙烧回收钨和钒的机理探究 [J]. 无机盐工业，2016，48 (7)：63-67.

[14] 刘子林，林德海，何发泉，等．钠化焙烧法回收废 SCR 催化剂中钒和钨的浸出机理及浸出动力学研究 [J]. 材料导报，2021，35 (S1)：429-433.

[15] Choi I H, Kim H R, Moon G, et al. Spent V_2O_5-WO_3/TiO_2 catalyst processing for valuable metals by soda roasting-water leaching [J]. Hydrometallurgy, 2018, 175: 292-299.

[16] 朱跃，何胜，张扬．从废烟气脱硝催化剂中回收金属氧化物的方法：中国，CN101921916A [P]. 2010-12-22.

[17] 路光杰，汪德志，杨建辉，等．一种废弃 SCR 催化剂回收利用的方法：中国，

CN103849774A [P]. 2014-06-11.

[18] 李文军，许腾飞，刘雪松，等．微波焙烧法与马弗炉焙烧法处理废脱硝催化剂的效果比较 [J]. 化工环保，2017，37 (5)：572-575.

[19] 王宝冬，刘子林，林德海，等．废钒-钛系脱硝催化剂回收利用策略与技术进展 [J]. 材料导报，2021，35 (15)：15001-15010.

[20] Choi I H, Moon G, Lee J Y, et al. Hydrometallurgical processing of spent selective catalytic reduction (SCR) catalyst for recovery of tungsten [J]. Hydrometallurgy, 2018, 178: 137-145.

[21] Yao J X, Cao Y B, Wang J C, et al. Successive calcination-oxalate acid leaching treatment of spent SCR catalyst: A highly efficient and selective method for recycling tungsten element [J]. Hydrometallurgy, 2021, 201: 105576.

[22] 王光应，刘江峰，徐辉．一种失活钒钛钨系脱硝催化剂的回收方法：中国，CN107497416A [P]. 2017-12-22.

[23] Wang B, Yang Q W. Optimization of roasting parameters for recovery of vanadium and tungsten from spent SCR catalyst with composite roasting [J]. Processes, 2021, 9 (11): 1923.

[24] Yang B, Zhou J B, Wang W W, et al. Extraction and separation of tungsten and vanadium from spent V_2O_5-WO_3/TiO_2 SCR catalysts and recovery of TiO_2 and sodium titanate nanorods as adsorbent for heavy metal ions [J]. Colloids and Surfaces A-Physicochemical and Engineering Aspects, 2020, 601: 124963.

[25] Song C S, Zhou D L, Yang L, et al. Recovery TiO_2 and sodium titanate nanowires as Cd (Ⅱ) adsorbent from waste V_2O_5-WO_3/TiO_2 selective catalytic reduction catalysts by Na_2CO_3-NaCl-KCl molten salt roasting method [J]. Journal of the Taiwan Institute of Chemical Engineers, 2018, 88: 226-233.

[26] Wang J X, Miao J F, Yu W J, et al. Study on the local difference of monolithic honeycomb V_2O_5-WO_3/TiO_2 denitration catalyst [J]. Materials Chemistry and Physics, 2017, 198: 193-199.

[27] Li Q C, Liu Z Y, Liu Q Y. Kinetics of vanadium leaching from a spent industrial V_2O_5/TiO_2 catalyst by sulfuric acid [J]. Industrial & Engineering Chemistry Research, 2014, 53 (8): 2956-2962.

[28] Huo Y T, Chang Z D, Li W J, et al. Reuse and valorization of vanadium and tungsten from waste V_2O_5-WO_3/TiO_2 SCR catalyst [J]. Waste and Biomass Valorization, 2015, 6 (2): 159-165.

[29] Su Q F, Miao J F, Li H R, et al. Optimizing vanadium and tungsten leaching with lowered silicon from spent SCR catalyst by pre-mixing treatment [J]. Hydrometallurgy, 2018, 181: 230-239.

[30] 武文粉，李会泉，孟子衡，等．碱溶法回收废 SCR 脱硝催化剂中的二氧化钛 [J]. 过程工程学报，2019，19 (S1)：72-80.

[31] 唐丁玲，宋浩，刘丁丁，等．废弃脱硝催化剂碱浸提取钒和钨的浸出动力学研究 [J]. 环境工程学报，2017，11 (2)：1093-1100.

[32] 陈洋，金科，陈嘉宇，等．废脱硝催化剂钒、钨的浸出-搅拌对浸出率的影响 [J]. 功能材料，2020，51 (3)：3001-3006.

[33] 戚春萍，武文粉，王晨晔，等．燃煤电厂废旧 SCR 脱硝催化剂中 TiO_2 载体的回收与再利用 [J]. 化工学报，2017，68 (11)：4239-4248.

[34] 陈颖敏，谢宗，王超凡．燃煤电厂废弃催化剂回收钒的研究 [J]. 钢铁钒钛，2016，37 (4)：69-75.

[35] 李雄浩，刘志军，王玉龙，等．一种从废 SCR 催化剂中回收金属氧化物的方法：中国，CN104611564A [P]. 2015-05-13.

[36] 席晓丽，陈佳鹏，马立文，等．一种从废 SCR 脱硝催化剂中回收钨、钒的方法：中国，CN107699695A [P]. 2018-02-16.

[37] 黄力，王虎，李倩，等．V_2O_5-WO_3/TiO_2 脱硝催化剂回收研究进展 [J]. 中国资源综合利用，2016，34 (4)：34-37.

[38] 罗军，关文娟，张贵清，等．Na_2CO_3 高压浸出 SCR 脱硝废催化剂中的钨和钒 [J]. 稀有金属与硬质合金，2015，43 (6)：1-6.

[39] Moon G, Kim J H, Lee J Y, et al. Leaching of spent selective catalytic reduction catalyst using alkaline melting for recovery of titanium, tungsten, and vanadium [J]. Hydrometallurgy, 2019, 189: 105132.

[40] 武文粉．废脱硝催化剂回收钒钨及载体循环利用过程基础研究 [D]. 北京：中国科学院大学（中国科学院过程工程研究所），2020.

[41] Zhao Z P, Guo M, Zhang M. Extraction of molybdenum and vanadium from the spent diesel exhaust catalyst by ammonia leaching method [J]. Journal of Hazardous Materials, 2015, 286: 402-409.

[42] Zhou X J, Wei C, Li M T, et al. Thermodynamics of vanadium-sulfur-water systems at 298 K [J]. Hydrometallurgy, 2011, 106 (1/2): 104-112.

[43] 董子龙，杨巧文，贾卓泰，等．选择性催化还原脱硝废弃催化剂回收技术研究进展 [J]. 化工进展，2017，36 (S1)：449-456.

[44] 李力成，王磊，赵学娟，等．几种酸在废弃脱硝催化剂中提钒效果的比较 [J]. 中国有色金属学报，2016，26 (10)：2230-2237.

[45] 齐立强，陈凤桥，逄砚博，等．一种利用还原性有机酸回收废旧 SCR 脱硝催化剂中钒的方法：中国，CN106011472A [P]. 2016-10-12.

[46] 王仁虎．一种回收废旧 SCR 脱硝催化剂中组分物质的方法：中国，CN107416904A [P]. 2017-12-01.

[47] 陆强，陈晨，张阳，等．一种回收废旧 SCR 脱硝催化剂中五氧化二钒成分的方法：中国，CN104195342A [P]. 2014-12-10.

[48] 赵宝平，明蜀．一种用于废旧的 SCR 催化剂的回收处理方法：中国，CN105905945A [P]. 2016-08-31.

[49] 李寒春，丁溪锋，陈镜伊，等．一种从废弃 SCR 脱硝催化剂中分离回收钛、钨、钒的方法：中国，CN106756054A [P]. 2017-05-31.

[50] 王博，陈昱嘉，田可欣，等．废弃SCR脱硝催化剂回收工艺的研究进展［J］. 化工技术与开发，2022，51（7）：65-72.

[51] 段相锋，吴风华．废脱硝催化剂综合利用的现状和预测展望［J］. 河南科技，2017（17）：158-160.

[52] 刘清雅，刘振宇，李启超．一种从废弃钒钨钛基脱硝催化剂中回收钒、钨和钛的方法：中国，CN103484678B［P］. 2016-03-02.

[53] 陈敏．一种湿法从废催化剂中回收钨、钼、铝、钴的方法：中国，CN104232902A［P］. 2014-12-24.

[54] 韩桂洪，王早雨，苏胜鹏，等．溶解态钨钒选择性分离技术研究进展及探讨［J］. 中国有色金属学报，2021，31（11）：3380-3395.

[55] 丁建峰．从SCR脱硝催化剂中回收三氧化钨和偏钒酸铵的方法：中国，CN106186076A［P］. 2016-12-07.

[56] 朱跃，何胜，张扬．从废烟气脱硝催化剂中回收金属氧化物的方法：中国，CN101921916B［P］. 2014-05-28.

[57] 曾瑞．含钨、钒、钛的蜂窝式SCR废催化剂的回收工艺：中国，CN102936039B［P］. 2014-08-13.

[58] 王洪明，黄丽明，杨广华，等．一种整体湿法回收失效SCR脱硝催化剂中有价金属的工艺：中国，CN105002361A［P］. 2015-10-28.

[59] 邓文燕．SCR脱硝废催化剂中有价金属的分离和回收工艺研究［D］. 天津：天津大学，2015.

[60] Choi I H，Cho Y C，Moon G，et al. Recent developments in the recycling of spent selective catalytic reduction catalyst in South Korea［J］. Catalysts，2020，10（2）：182.

[61] 叶波．钨钼分离专利技术研究进展［J］. 矿产保护与利用，2016（1）：70-73.

[62] Sola A，Parhi P K，Lee J Y，et al. Environmentally friendly approach to recover vanadium and tungsten from spent SCR catalyst leach liquors using Aliquat 336［J］. RSC Advances，2020，10（34）：19736-19746.

[63] 张琛．废SCR催化剂中钒、钨的浸出与萃取分离研究［D］. 广州：华南理工大学，2016.

[64] 丁万丽．废SCR脱硝催化剂 V_2O_5-WO_3/TiO_2 中钨和钒的萃取分离与回收实验研究［D］. 马鞍山：安徽工业大学，2018.

[65] 张景文．一种基于废弃SCR脱硝催化剂的含钨溶液的钨回收方法：中国，CN104760998B［P］. 2016-11-30.

[66] 刘丁丁．废SCR脱硝催化剂中钒钨的分离和提取［D］. 杭州：浙江大学，2018.

[67] 郝喜才，胡斌杰，邱永宽．离子交换法回收废钒催化剂中钒的研究［J］. 无机盐工业，2007（2）：52-54.

[68] Wu W C，Tsai T Y，Shen Y H. Tungsten recovery from spent SCR catalyst using alkaline leaching and ion exchange［J］. Minerals，2016，6（4）：107.

[69] 吴坚，赵长多，陈嘉宇，等．钒、钨离子在D201树脂上的吸附分离性能［J］. 高校化学工程学报，2020，34（4）：897-903.

[70] Zhu X Z, Huo G S, Ni J, et al. Removal of tungsten and vanadium from molybdate solutions using ion exchange resin [J]. Transactions of Nonferrous Metals Society of China, 2017, 27 (12): 2727-2732.

[71] 汪流培, 张贵清, 关文娟, 等. 从含钒钨酸铵溶液中萃取分离微量钒的研究 [J]. 稀有金属与硬质合金, 2017, 45 (4): 1-5.

[72] 王福春, 王万坤, 张英哲, 等. 溶液中金属离子的分离方法综述 [J]. 广东化工, 2017, 44 (19): 93-94.

[73] 肖雨亭, 赵建新, 汪德志, 等. 选择性催化还原脱硝催化剂钒组分回收的方法: 中国, CN102732730B [P]. 2013-11-06.

[74] 夏启斌, 张琛, 杨晓博, 等. 一种废 SCR 催化剂的综合回收利用方法: 中国, CN105838885B [P]. 2018-04-13.

[75] 陈允至, 尹振兴, 陈国栋, 等. 一种处理废钒催化剂的方法: 中国, CN107416903A [P]. 2017-12-01.

[76] 马致远, 刘勇, 周吉奎, 等. 碱式焙烧—水浸法回收废催化剂中钒钼的试验研究 [J]. 矿冶, 2019, 28 (2): 82-86.

[77] 闫巍, 余智勇, 张畅, 等. 废弃 SCR 催化剂中钒和钨的浸出及回收 [J]. 化工环保, 2018, 38 (4): 471-475.

[78] Peng Y, Li J H, Si W Z, et al. Insight into deactivation of commercial SCR catalyst by arsenic: An experiment and DFT study [J]. Environmental Science & Technology, 2014, 48 (23): 13895-13900.

[79] 华攀龙, 李守信, 于光喜, 等. 一种从废旧 SCR 脱硝催化剂中回收钛白粉的方法: 中国, CN103130265B [P]. 2014-08-20.

[80] 郑荣钏, 刘志猛, 李寒春, 等. 一种从废弃 SCR 脱硝催化剂中分离回收锐钛型二氧化钛的方法: 中国, CN107055599A [P]. 2017-08-18.

[81] 朱建兵, 范以宁, 胡建平, 等. 一种失活 SCR 脱硝催化剂诱导重构方法及再生 SCR 催化剂载体: 中国, CN111974461A [P]. 2020-11-24.

[82] 张柏林, 张深根. 一种废脱硝催化剂回收制备钛硅载体的方法: 中国, CN114534706A [P]. 2022-05-27.

[83] 张涛, 胡建平, 朱建兵. 一种从废 SCR 催化剂中回收钛钨粉的方法: 中国, CN110923459B [P]. 2021-02-05.

[84] 张深根, 张新远, 张柏林, 等. 一种废弃 SCR 脱硝催化剂回收制备钛钨粉和钒产物的方法: 中国, CN115612846A [P]. 2023-01-17.

[85] 吴晓东, 许腾飞, 刘雪松, 等. 一种从废钒钨钛催化剂中回收锐钛矿型钛钨粉的方法: 中国, CN104789780B [P]. 2016-09-21.

[86] Ferella F. A review on management and recycling of spent selective catalytic reduction catalysts [J]. Journal of Cleaner Production, 2020, 246: 118990.

[87] 周昊, 国旭涛, 周明熙. 一种废弃 SCR 烟气脱硝催化剂冶金烧结处理方法: 中国, CN105907950B [P]. 2018-03-09.

[88] 樊永生，刘红辉，席文昌，等．脱硝催化剂废料的回收方法及其制备的脱硝催化剂：中国，CN102049317A［P］. 2011-05-11.

[89] 付淑珍．一种干法回收废 SCR 催化剂中金属钛钒钨的方法：中国，CN106319230A［P］. 2017-01-11.

[90] 王朋，代永强，洪挺，等．一种废 SCR 脱硝催化剂循环利用的方法：中国，CN104624050A［P］. 2015-05-20.

[91] 戚春萍．废旧 SCR 脱硝催化剂中 TiO_2 载体的深度净化与性能评价［D］. 北京：中国科学院大学（中国科学院过程工程研究所），2017.